A Color Handbook

Small Animal Fluid Therapy, Acid-base and Electrolyte Disorders

小动物液体疗法
彩色手册

主编 ［美］Elisa Mazzaferro

主译 张海霞 夏兆飞

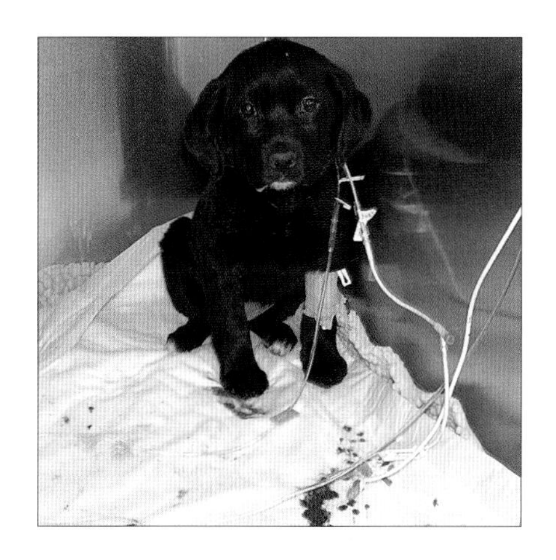

中国农业科学技术出版社

Small Animal Fluid Therapy, Acid-base and Electrolyte Disorders: A Color Handbook,1st Edition / by Elisa Mazzaferro /
ISBN: 978-1-84076-167-2

著作权合同登记号：图字 01-2020-0353 号

图书在版编目（CIP）数据

小动物液体疗法彩色手册 /（美）埃利萨·马扎费罗 (Elisa Mazzaferro) 主编；张海霞，夏兆飞主译 . —北京：中国农业科学技术出版社，2020.4

书名原文：Small Animal Fluid Therapy, Acid-base and Electrolyte Disorders: A Color Handbook

ISBN 978-7-5116-4666-8

Ⅰ. ①小… Ⅱ. ①埃… ②张… ③夏… Ⅲ. ①动物疾病－输液疗法－手册 Ⅳ. ① S858-62

中国版本图书馆 CIP 数据核字（2020）第 048429 号

责任编辑 张志花
责任校对 李向荣

出 版 者 中国农业科学技术出版社
北京市中关村南大街 12 号 邮编：100081
电 话 （010）82106636（编辑室）（010）82109702（发行部）
（010）82109709（读者服务部）
传 真 （010）82106631
网 址 http://www.castp.cn
经 销 者 各地新华书店
印 刷 者 北京科信印刷有限公司
开 本 185 mm × 260 mm 1/16
印 张 13
字 数 230 千字
版 次 2020 年 4 月第 1 版 2020 年 4 月第 1 次印刷
定 价 200.00 元

《小动物液体疗法彩色手册》

译　委　会

主译　张海霞　夏兆飞

译者　田　萌　张　润　林嘉宝　蒋玉洁

熊晨昱　张振彪　张海霞　夏兆飞

主译简介

张海霞

中国农业大学动物医学院在读博士。

曾任中国农业大学动物医院住院部主管和内科主治医生。在《中国兽医杂志》等国内核心期刊发表多篇文章，参与翻译和校对《小动物内科学》《兽医临床实验室检验手册》等外文专业书籍，参与编写《兽医临床病理学》等多部教材。

北京市宠物医师大会讲师和北京执业兽医继续教育讲师。曾到韩国、欧洲多国参观学习。主要兴趣方向：犬猫内科学、血液学和内分泌学。

夏兆飞

中国农业大学动物医学院教授、博士生导师。

现任中国农业大学动物医学院临床兽医系主任、教学动物医院院长，北京小动物诊疗行业协会理事长，中国兽医协会宠物诊疗分会理事长，亚洲兽医内科协会副会长，《中国兽医杂志》副主编。

长期在中国农业大学动物医学院从事教学、科研和兽医临床工作。主编/主译《兽医临床病理学》《住院小动物营养管理》《小动物内科学》和《动物医院管理流程手册》等20余部著作，在国内外发表论文近100篇。

主要研究领域包括：犬猫内科疾病、宠物营养需要与食品生产、动物医院经营管理等。

译者前言

《小动物液体疗法彩色手册》这本书终于要和大家见面了，我内心欢喜的程度甚至强于之前参与出版的任何一本书。回想起大学本科在动物医院实习的时候，当时，我就很好奇为什么一张处方中包括那么多组液体，根据什么选择的这些液体？在研究生入学之前，有幸听到我的导师夏兆飞关于液体疗法的讲座：输什么液？输多少？输多快？听完讲座，我突然有种醍醐灌顶的感觉，原来输液的奥秘是这样的。回想起来这已经是 10 多年前的事情了，至今仍记忆犹新。我相信许多初入临床的兽医和兽医学生一定会有同样的困惑。

认识到液体疗法的重要性后，我就开始找书读，唯一找到的是 *Fluid, Electrolyte, and Acid-Base Disorders in Small Animal Practice*。这本书非常精美，但美中不足的是内容多而繁杂，研读多遍之后，我才理清思路。虽然到现在我也很喜欢这本书，但以个人经历来看，它并不适合绝大多数的临床兽医和初学者。以至于初看到 *Small Animal Fluid Therapy, Acid-Base & Electrolyte Disorders* 这本书时，我眼前一亮。可以说，这本书符合了临床兽医对液体疗法的所有想象，所以当下就决定与夏老师商量把这本书翻译出来，供更多的年轻兽医和兽医学生学习，以少走弯路。

不知道你有没有思考过液体为什么会待在细胞内外？液体为什么能待在血管内外？到底是什么力量决定着这一切？这种力量打破的时候，又会发生什么样的事情？怎么通过治疗逆转这种变化？输液很简单，简单到每天不假思索就能出具处方；输液又很难，难到复杂的疾病出现时可能会一直纠结于到底如何选择液体。而我们必须承认的事实是正确的输液是治疗成功的关键。细微之处见真功。

本书适合临床兽医、兽医助理和兽医学生阅读参考。内容简单易懂，图文并茂，非常适合于临床实战。在了解关于液体真相的同时，你还可以了解到关于输血和肠外营养的内容。而最具特色的是本书的最后一章，这章阐述了 9 个案例，让你跟随案例再次进行演练，从而巩固之前所学习的内容。

带着你的疑问在本书中寻找答案吧，打开本书，开启你的揭秘之旅。

张海霞

2020 年 4 月 2 日

原著前言

对于小动物和大动物医学，液体疗法都是治疗中非常重要的一个方面。不同的疾病状态下，如何提供液体支持也存在许多的争议。在进行输液和输血治疗时，本书可以作为指导原则。

本书包括多个章节，第一章描述了液体存在的位置以及液体如何在身体的各个部位流动。第二章介绍了如何留置和维护静脉导管及骨髓内导管，以及静脉留置导管的潜在并发症。第三章和第四章介绍了各种类型的晶体液和胶体液，以及它们如何在体内发挥作用。接下来的两章介绍了输血和电解质紊乱，最后讨论了各种类型的休克，以及休克时如何复苏和监测。最后一章介绍了一些日常会遇到的病例。

我希望本书有助于读者的临床诊疗工作。

目 录

缩略词

ACD 枸橼酸葡萄糖
ACT 活化凝血时间
ACTH 促肾上腺皮质激素释放激素
ADH 抗利尿激素
ADP 二磷酸腺苷
APTT 活化部分凝血活酶时间
ATP 三磷酸腺苷
COP 胶体渗透压
CPDA 枸橼酸－磷酸盐－葡萄糖－腺嘌呤
CPP 脑灌注压
CRI 恒速输注
CRT 毛细血管再充盈时间
CSF 脑脊液
CVP 中心静脉压
D5W 5% 葡萄糖
DEA 犬红细胞抗原
DIC 弥散性血管内凝血
DKA 糖尿病酮症酸中毒
DOCP 特戊酸脱氧皮质酮
ECG 心电图
ELISA 酶联免疫吸附试验
FDP 纤维蛋白降解产物
FeLV 猫白血病病毒
FFP 新鲜冷冻血浆
FIP 猫传染性腹膜炎
FIV 猫免疫缺陷病毒
FP 冷冻血浆
GI 胃肠道
HBOC 血红蛋白携氧载体
ICP 颅内压
IFA 免疫荧光法
MAP 平均动脉压
MODS 多器官功能障碍综合征
PCR 聚合酶链式反应
PCV 红细胞压积
PN 肠外营养
PPN 部分肠外营养
pRBC 浓缩红细胞
PT 凝血酶原时间
PTH 甲状旁腺激素
REE 静息能量消耗
RSAT 快速玻片凝集试验
SIADH 抗利尿激素分泌不当综合征
SIRS 全身炎症反应综合征
TAT 试管凝集试验
TBW 总体液
TPN 全肠外营养
TS 总固体
VAP 输液港
VWf 冯·维勒布兰德因子

第 1 章

体液分布和总体液

简介

体液分布和总体液

不同部位间的液体交换

渗透压

脱水与低血容量

机体对低血容量的反应

维持液量

可感失水和不可感失水

体液平衡

“入量与出量”的测量

再水合

结论

简介

在小动物医学领域，目前认为给液体摄入减少或丢失增多的动物静脉补液是常规操作。一些人可能认为补液背后隐藏的科学原理及思考过程既神秘又复杂。但是，通过介绍液体成分和体液分布、液体如何在各部位移动、如何诊断治疗包括低血容量和脱水在内的液体紊乱，可使液体疗法变得简单一些。

体液分布和总体液

水是生命所必需的成分。水缺乏将损害机体的正常功能，若不及早介入治疗，最终会导致死亡。若不了解总体液（total body water，TBW）和体内不同部位的液体平衡，仅单独探讨静脉补液是不全面的。

水是动物体重的主要组成部分。需要了解体内的电解质和蛋白成分有助于维持内稳态，并可以针对不同的情况使用不同液体。一只健康动物，水分约占总体重的 60%。这个数值根据年龄、体重、胖瘦程度和性别会有轻微差异。如相对于成年动物，新生幼犬和幼猫体内水分所占比例相对较高。脂肪组织含水量比肌肉组织多，因此，肥胖动物体内水分占比更高。

水分在体内的分布并非是完全隔离的。机体内的水分可从理论上分为细胞内液和细胞外液（图 1）。细胞内液位于细胞内，约占总体液的 2/3（66%）。细胞外液位于细胞外，约占总体液的 1/3（33%）。细胞外液可以进一步再分为血液和组织间液。血液指血管中的液体，包含血浆、细胞成分、蛋白质和多种电解质。血管外间质液指存在于血管外的水分。其中，血液仅占 TBW 的 8% ~ 10%，间质液占 TBW 的 24%。跨细胞液是含量非常少的一部分液体，位于胃肠道、关节、软骨和脑脊髓腔中。据评估，一只健康犬的总体液接近 534 ~ 660mL/kg[1]。犬猫血管内总液体量为 80 ~ 90mL/kg。经估算，血管内液体量中的水分或血管内血浆含水量，犬约为 50mL/kg，猫约为 45mL/kg[1]。

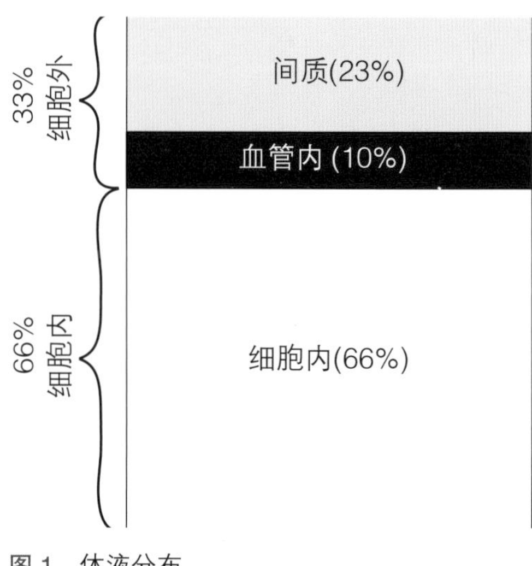

图 1　体液分布。

不同部位间的液体交换

体内不同部位内的体液处于不断变化之中。液体交换速度较大程度上依赖于有助于液体留在该部位内部的力与有助于液体移动或滤过的力之间的对抗性。一个部位内的胶体渗透压（colloid osmotic pressure，COP）由它的蛋白浓度决定。在这些蛋白中，白蛋白提供了 80% 的 COP。静水压是一个部位中液体产生的压力。COP 促进液体的储存，而静水压则促进液体在各部位间移动。Starling's 方程式预测了体内液体在各部位间的流动（图 2）[2]。该方程式如下：

$$V = [kf(P_c - P_i) - \sigma(\pi_c - \pi_i)] - Q_{lymph}$$

kf = 滤过系数（体内各组织间各有不同）；P_c 和 P_i 指毛细血管（P_c）和间质（P_i）中的静水压，σ 是毛细血管膜上的孔隙大小，而 π 是指蛋白，如白蛋白在毛细血管（π_c）和间质（π_i）中的胶体作用。最后，Q_{lymph} 是指淋巴在间质中的流动速度。

当静水压超过胶体渗透压时，液体会离开一个部位流向另一个部位（图 2）。相反，一个部位中的胶体渗透压相对增加能够将液体维持在该部位内，或将液体拉入该部位内。液体从一个部位中流出会使该部位的胶体渗透压升高，之后会增加该部位静水压。体内蛋白对液体流动影响的更详细解释见第 4 章。

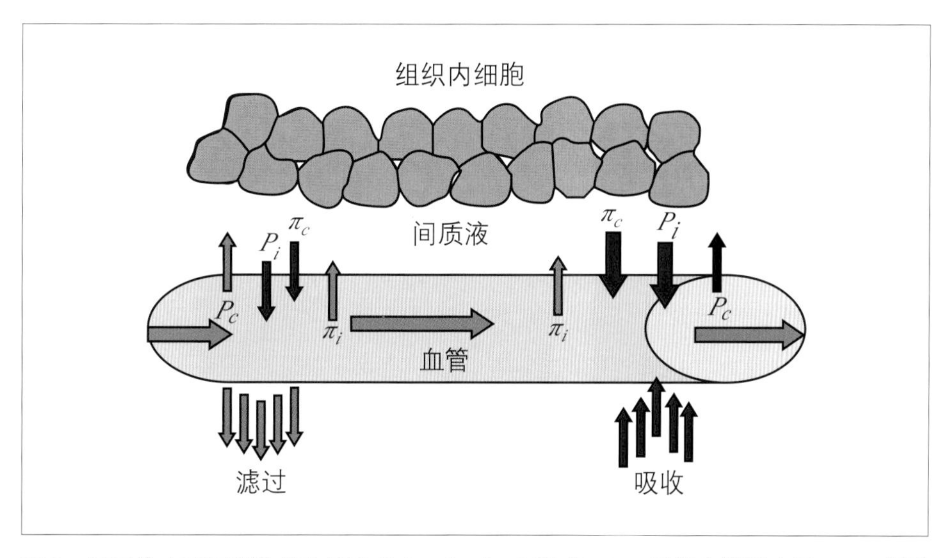

图 2　图示体内不同部位液体流动的 Starling's 方程式。P_c：毛细血管静水压；P_i：间质静水压；π：蛋白质，如白蛋白的胶体作用，毛细血管中（π_c），间质中（π_i）[2]。

渗透压

体内不同部位的液体中含有的微粒浓度不同。血清渗透压由溶液中大量具有渗透活性的微粒决定。这些微粒通常很容易从毛细血管内皮上的小孔扩散。毛细血管内皮对于大颗粒如蛋白质是相对无渗透性的。这使大颗粒能够留在血管和间质内，而较小的颗粒能够根据血管膜两侧的粒子浓度，自由穿过血管床。溶液中所有带电粒子都能产生血清渗透压。对血清渗透压贡献最大的微粒包括钠、钾、氯、碳酸氢盐、尿素氮和葡萄糖。某些粒子，如钠，可以经转运蛋白运输穿过细胞膜，而其他粒子，如尿素氮，能够自由地从高浓度区域向低浓度区域扩散穿过细胞膜，直至达到平衡。犬猫正常血清渗透压为 290 ~ 310mOsm/kg。血清渗透压可以通过以下公式计算：

渗透压（mOsm/L）= 2［（Na^+）+（K^+）］+［葡萄糖］/18 +［BUN］/2.8[1]

（注意：在上面的公式中，葡萄糖和 BUN 测量单位一般为 mg/dL，而不是 mmol/L，所以为了使单位一致，必须分别用系数 18 和 2.8 进行转换。）

也可以测量渗透压。一些情况下，存在无法测量的溶质会增加测量的渗透压值。实际测得的渗透压减去计算出的渗透压即为渗透压差。正常的渗透压差小于 10 ~ 15mOsm/kg。

低渗性液体丢失

低渗性液体丢失是指丢失的液体超过溶质，这会导致血清渗透压相对升高。能够使血清渗透压升高的情况包括库欣病（肾上腺皮质机能亢进）、血清醛固酮水平上升（有助于钠潴留）、肾衰竭、尿崩症、糖尿病及中暑（表 1）[3]。下丘脑的渗透压感受器能够感受到血清渗透压每时每刻的变化。当渗透压因摄入溶质或液体丢失超过溶质而增加时，下丘脑触发并释放抗利尿激素（antidiuretic hormone，ADH）。ADH 作用于肾集合管，开放水通道来帮助水分重吸收和保留。一旦动物的渗透压恢复正常，产生渗透压的物质被稀释，下丘脑即停止分泌 ADH。

等渗性液体丢失

等渗性液体丢失即丢失液体的渗透压与血浆渗透压等同。例如，因肾浓缩能力丧失而多尿，或出血的患病动物，液体丢失不会改变血浆渗透压。细胞内液体丢失并不

表 1　能够增加血清渗透压和渗透压差的情况
使用：
甘露醇
造影剂
磷酸钠灌肠剂
糖尿病
血清浓度升高：
磷酸盐
钠
硫酸盐
乙二醇
乙醇
酮酸中毒（乙酰乙酸和 / 或 β－羟丁酸）
乳酸酸中毒
甲醇
肠外营养
肾衰竭
水杨酸盐
盐中毒

会导致间质或血管内液体丢失。如果等渗液体过量丢失时，患病动物会表现低血容量的临床症状。

高渗性液体丢失

当溶质从机体中丢失时，会发生高渗性液体丢失。例如，存在钠消耗的动物，可见于严重的肾上腺皮质机能减退，钠丢失会导致显著的低钠血症。钠在血清渗透压中扮演着重要角色。动物的血浆渗透压下降，液体会转移至间质和细胞内，最终导致脑水肿。若以每 24h 超过 15mEq/L 的速度过快纠正血清钠,可能引起脑桥中央髓鞘溶解症。

脱水与低血容量

脱水涉及 TBW 下降，而低血容量主要指血容量不足。脱水也可以依据液体丢失类型分类，如是否为纯水丢失（失水而没有丢失溶质）或同时丢失水和溶质。

低血容量是指循环血量不足。过量出血如正在出血的脾脏肿物、维生素 K 拮抗性杀鼠药中毒或动脉撕裂引起的低血容量，会导致低血容量性休克。严重液体丢失和严重脱水，如患细小病毒性肠炎的幼犬或肾衰竭末期的老年猫也可发生低血容量。用于评估动物水合状态的指标不能用于评估血容量（图 3）。血容量和心输出量较大程度上决定器官灌注。在外周组织中，测量灌注的指标包括毛细血管再充盈时间（capillary refill time，CRT）和黏膜颜色。对于正常动物，黏膜应为粉色并且湿润，CRT<2s。黏膜呈粉白色至灰白色及 CRT 时间延长均可见于低血容量性休克或心源性休克。其他间接灌注标志包括尿量、血压和心率（表 2）。

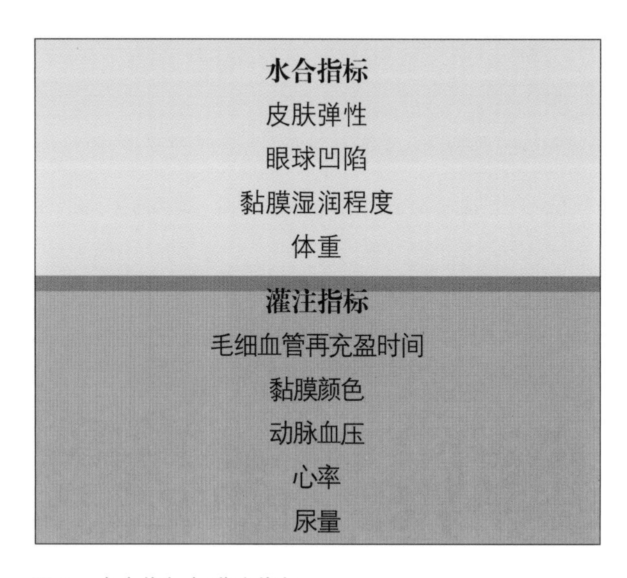

图 3　水合指标与灌注指标。

表 2　脱水的评估及相关临床症状（改编自 Wingfield 2002）[6]

评估脱水程度	临床症状
<5%	有呕吐或腹泻或其他液体丢失的病史，黏膜正常
5%	有呕吐或腹泻或其他液体丢失的病史，黏膜发黏或干燥，皮肤弹性轻度下降
7%	有呕吐或腹泻或其他液体丢失的病史，黏膜干燥，皮肤弹性下降，心动过速，脉搏质量和动脉血压正常
10%	有呕吐或腹泻或其他液体丢失的病史，黏膜干燥，皮肤弹性下降，心动过速，脉压下降
12%	有呕吐或腹泻或其他液体丢失的病史，黏膜干燥，眼球下陷 / 角膜干燥，皮肤弹性下降，心动过速或过缓，脉搏微弱或无脉，低血压，四肢冰冷，低体温，意识改变

机体对低血容量的反应

压力感受器位于颈动脉体和主动脉弓，它们可感受到血管壁受到的牵拉，后者与循环血量多少相关。对健康的血容量正常的动物，刺激牵张感受器会触发迷走神经反射，减慢心率。当循环血量减少时，牵张感受器感受到血管壁张力下降，因此减少迷走神经对大脑的刺激。这使得交感神经系统自我激活，导致心率反射性增加，以维持低血容量时的心输出量（图 4）。在低血容量性休克早期，如处于代偿期时，心率和血压可能是正常的，或当代偿机制无法维持心输出量后，可能出现伴有低血压的心动过速。随着低血容量的发展，交感输出耗尽，无法再增加心输出量和血压，心率和心收缩力下降。血管的交感神经张力下降，血管扩张。在失代偿休克末期，灌注指标显著恶化，并表现为心动过缓、CRT 延长、低血压、黏膜粉白至灰白色或发绀、中心静脉压下降和尿量减少（表 3）。在这种临床情况下，为了挽救动物的生命，必须采取迅速而积极的静脉内液体复苏。

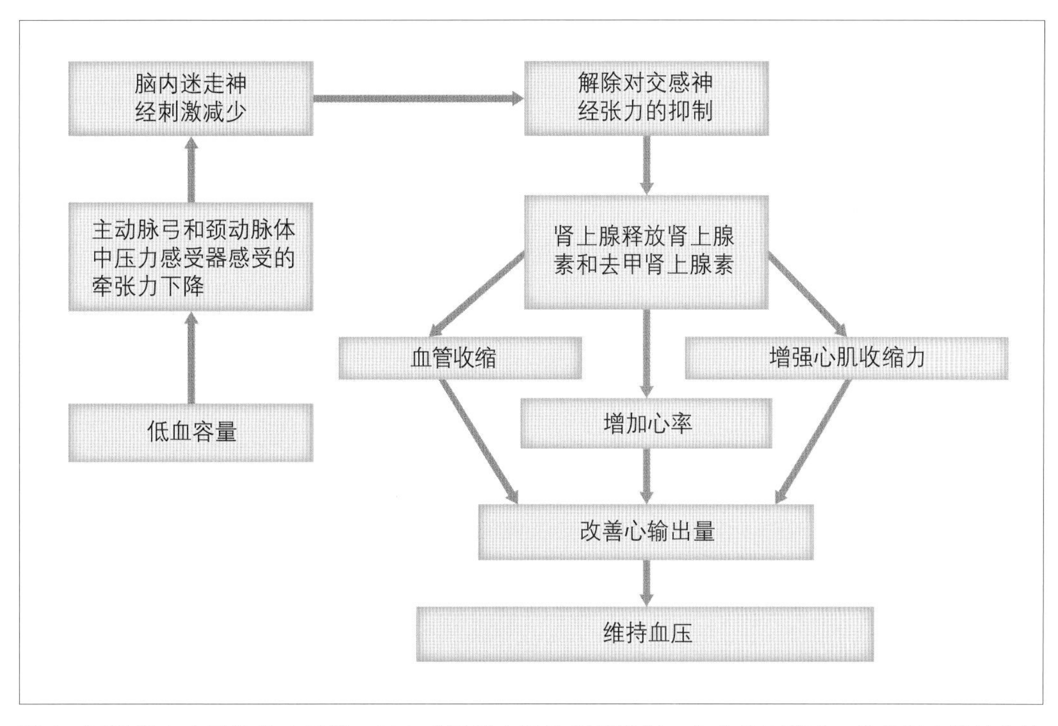

图 4　图示低血容量性休克早期，压力感受器主导的反馈机制。血容量下降时，机体尽力维持心输出量和动脉血压。（依照 Day TK, Bateman S, 2006. Shock syndromes. In: DiBartola SP（ed）. Fluid, Electrolyte, and Acid－Base Disorders in Small Animal Practice, 3rd edn. Saunders Elsevier, St Louis, p. 542.）

表 3 休克分期和相关临床症状

休克分期	临床症状	
代偿期	心动过速 黏膜充血或正常 CRT 正常或缩短	血压正常 体温正常
失代偿早期	心动过速 黏膜正常至苍白 CRT 缩短 正常至轻度低血压 正常至低体温	
失代偿末期	心动过缓 CRT 延长 低体温	黏膜苍白 低血压

维持液量

动物的维持液量由瘦体重（除去脂肪重量外的体重）决定。在过去，已对犬猫维持液量做了大量评估。推荐值主要由人类研究取得的资料推断而来，或来自研究性动物试验。近些年，由健康犬以及患严重疾病的犬取得的资料确定了动物的每日能量需求——静息能量消耗（resting energy expenditure，REE）。虽然在液体治疗的书中探讨 REE 似乎不太合适，但实际上当你要考虑一只动物的代谢水需要量时，这是必需的。每代谢 1kcal 能量，需要消耗 1mL 水。因此，计算动物的 REE 能够推断出 24h 中代谢所需的液体需要量。

计算动物 REE 和代谢水需要量的线性方程如下：

$$\text{REE}^{*} = \text{mL}H_2O^{*} = [30 \times 体重(\text{kg})] + 70$$

* 表示 24h 需要量。

对于体重在 2 ~ 100kg 的动物，这个公式非常精确（图 5）。有一件重要的事需要记住，REE 适用于处在餐后休息状态下的健康的血容量正常的动物。实际临床中脱水或低血容量的动物并不适用，但这是一个用来参考的基础。很多患病动物发生腹泻、呕吐、肾浓缩能力下降，或者处在应激状态下不进食而发生了严重的液体丢失。比较液体的入量和出量，认真地、规律性地给动物称重可以确定动物的间质内和细胞内脱水是否被纠正（表 4）。

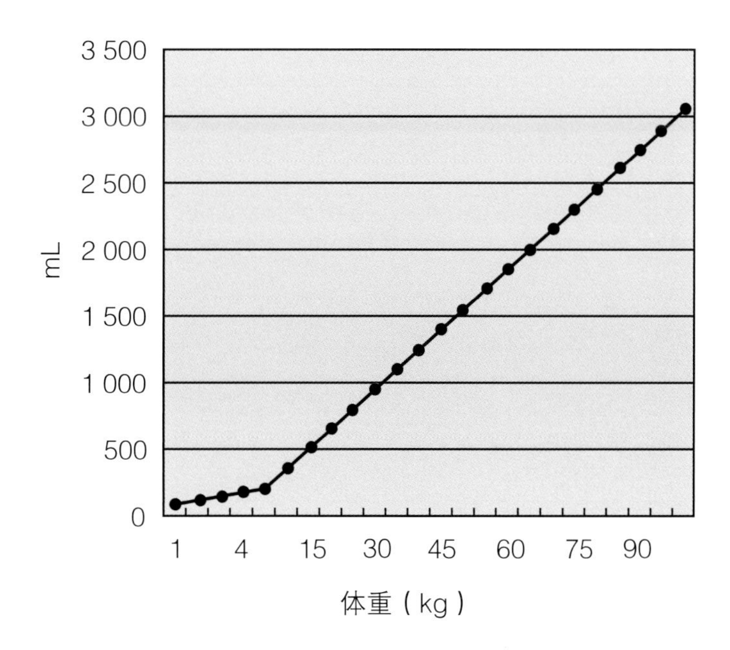

图 5　每日液体需要量以动物的代谢为基础。过去提倡的静脉补液方法易导致体重较低的动物水合不足，而体重偏高的动物水合过度。代谢水需要量以公式［30× 体重（kg）］+ 70 = mLH_2O/d 为基础。

可感失水和不可感失水

可感失水是指那些可以被测定的液体丢失，包括尿液、粪便、呕吐、伤口渗出（图 6）。可以通过自由收集样本的方法或通过与导尿管相接的密闭收集系统收集尿液，从而精确测定尿量。对于无法收集尿液的病例，可以在动物排尿、呕吐或腹泻前后称量垫料的重量，临床兽医可以通过这种方法评估液体丢失情况。对于这些病例，1g ≈ 1mL 水。同样，在包扎前称取动物的绷带重量使兽医能够通过计算得知经伤口渗出丢的液体丢失量。

不可感失水是指那些不能被测定的液体，包括汗液、唾液和过度喘气。正常情况下，经评估后的不可感觉失水为 20 ～ 30mL/（kg・d）。

体液平衡

体液平衡是健康动物保持摄入或代谢过程中产生的液体与尿液、粪便、呕吐、呼吸时丢失的液体间平衡的功能。正常情况下，液体以水的形式摄入或由食物中摄入。与干粮相比，罐装食品含有更多水分。每个患病动物的液体排出量不同，但在正常情

表 4　根据体重计算每日维持液量

体重（kg）	mLH_2O/d	约 mL/h
1	100	4
2	130	5
3	160	7
4	190	8
5	220	9
10	370	15
15	520	21
20	670	28
25	820	34
30	970	40
35	1 120	47
40	1 270	53
45	1 420	60
50	1 570	65
55	1 720	71
60	1 870	78
65	2 020	84
70	2 170	90
75	2 320	97
80	2 470	103
85	2 620	109
90	2 770	115
95	2 920	122
100	3 070	128

况下应与摄入量平衡，这与维持健康动物的总体液在本质上是相同的。在出血、呕吐、腹泻、烧伤和伤口渗出及过度喘气时，会发生液体丢失过度（图 7）。体重发生快速变化主要取决于总体液的变化。了解动物的体重并评估水合和脱水指标，能够推断出疾病状态下液体的缺乏情况，并有助于计算健康及关系到液体丢失的疾病状态下的液体需要量（表 5）。

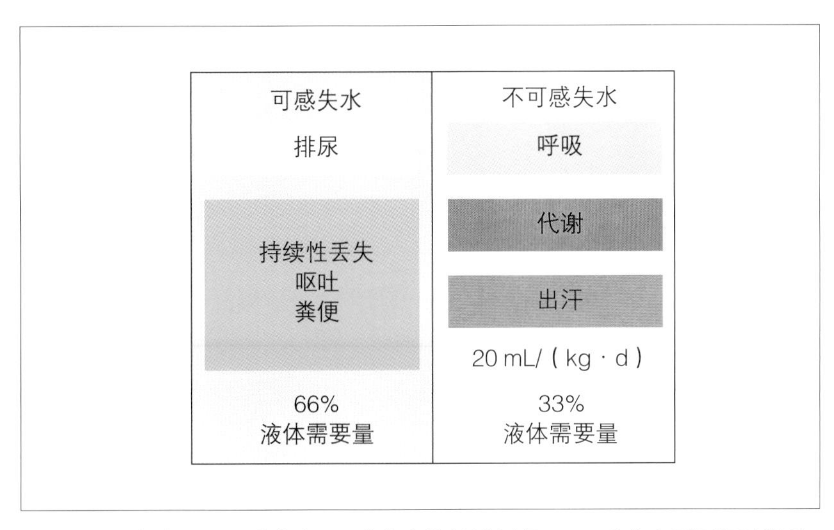

图 6　可感失水和不可感失水。可感失水能够被测得；不可感失水需要经过评估，总量为 20 ～ 30mL/（kg · d）。可感失水和不可感失水的总量等于测定某一动物的“入量与出量”时“出量”的部分。

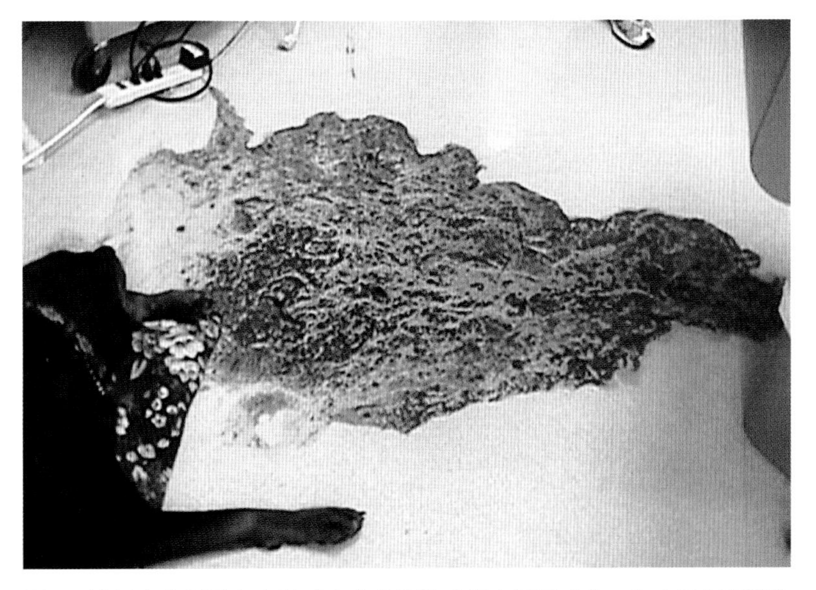

图 7　这只患有严重血小板减少症的动物吐出大量呕吐物，其中还含有消化后的血液。

表 5　每 24h 所需的维持量加纠正不同程度脱水所需的液体量（mL/h）

体重（kg）	脱水 5%	脱水 7%	脱水 10%	脱水 12%
1	6	7	8	9
2	9	11	13	15
3	13	16	20	22
4	16	20	25	28
5	19	24	30	34
10	36	44	57	65
15	52	59	84	96
20	70	86	76	128
25	86	107	138	159
30	103	128	165	190
35	120	149	193	222
40	136	170	220	253
45	154	191	248	285
50	169	211	273	315
55	186	231	300	346
60	203	253	328	378
65	219	274	355	409
70	236	213	381	440
75	253	318	410	472
80	270	336	436	503
85	286	248	463	534
90	303	378	490	565
95	320	399	518	597
100	336	420	545	628

“入量与出量”的测量

尽管给予了静脉内或肠内液体，某些重病动物的液体丢失量仍会超过液体摄入量并导致脱水。而对于肾功能较差的动物，液体摄入量会超过液体排出量，导致血管内和间质内液量过负荷。这两种情况最终都会增加患病动物的发病率和死亡率。

临床实践中所指“入量与出量”即计算输入的液体与可感失水和不可感失水（图 8）。再水合时，为了维持水合和血容量，不引起容量超负荷，血容量正常动物的“入量”在理想状态下应等于“出量”。

入量：过去 6h 给动物输注的液量？

45mL/h　6h=270mL

出量：可以再被细分为可感失水和不可感失水。

可感失水：

呕吐	60g ≈ 60mL
腹泻粪便	90g ≈ 90mL
排尿	100g ≈ 100mL

不可感失水：20 ~ 30mL/（kg · d）

保守情况下，20mL/（kg · d）　10kg=200mL/d　24h=8.3mL/h

8.3mL/h　6h=50mL

总丢失量：

60mL 呕吐物 +90mL 腹泻 +100mL 尿 +50mL 不可感失水 =300mL

270ml　vs.　300mL

关键信息：对于该患病动物，如果液体丢失持续，动物将会处在恒定液体缺乏状态。动物接受的静脉内液体量应当增加。其中一种方法是除初始给液速度外（45mL/h），在下一个 6h 中纠正液体缺乏量（对于本病例，30mL）。对于该病例，静脉输液速度可增加 5mL/h（至 50mL/h），并在 6h 后重新进行评估（重新计算）。任何持续的液体丢失都要继续测量，也就是测量的动物体重，确保患病动物的液体缺乏量和持续丢失量与摄入量相一致。

图 8　一只体重为 10kg 的动物计算 6h“入量与出量”。经测量，该动物的呕吐量为 60g，腹泻量为 90g，总共产生了 100mL 尿液。开始时，该动物评估后的脱水程度为 7%，但液体缺乏量经 36h 输液后已经发生变化。该患病动物当前的输液速度为 45mL/h，输注的液体为平衡晶体液。

再水合

一旦临床兽医主观确定了动物的脱水程度，就可以计算用于补充液体缺乏量所需的液量，计算公式如下：

脱水量（%）× 体重（kg）×1 000 =液体缺乏量（mL）

液体缺乏量应当再加上动物的维持液量。以多快的速度纠正动物的液体缺乏量还存在争议。一些临床兽医在 4 ~ 6h 内补充缺乏量，而其他人选择在 24h 内纠正 80% ~ 100% 的缺乏量。在补充动物的液体缺乏量时没有绝对正确或错误的方法，只要在计算需要给予脱水动物的总液量时将缺乏量考虑在内。所以举例来说，一只 30kg 的犬在捡拾垃圾后，已经存在 24h 的呕吐和腹泻病史。该犬的黏膜干燥，皮肤弹性下降。它的心率为 150 次 /min，股动脉脉搏质量良好并与心率同步。纠正它的脱水情况需要多少液体？同样，要记住这其中包括维持量！

根据所给的指标，包括皮肤弹性下降、黏膜干燥、心动过速和股动脉脉搏质量良好，由此主观评估该犬的脱水程度为 7%。因此，

液体缺乏量为：0.07 × 30kg × 1 000 = 2 100mL

液体维持量为：（30 × 30）+ 70 = 970mL

两者相加为：需要在下一个 24h 中输入的液体量为（2 100 + 970）= 3 070mL，如果动物持续呕吐和腹泻，加上所有可能出现的额外持续性丢失量。看，这并不是那么难，是吗？

结论

进行静脉补液时需要了解液体丢失类型、存在的潜在疾病过程、动物的水合及血容量、动物将液体维持在血管内的能力，以及在治疗脱水和不同形式的休克时，确定复苏的目标。当间质和细胞内缺乏的液体被重新补充后，与脱水相关的临床症状（皮肤弹性下降、黏膜干燥、眼球下陷）将会消失。同样，当引起低血容量的血管内液体量得到补充后，心率、血压、CRT 和尿量将会恢复正常。晶体液和胶体液的类型、如何补液、液体治疗的潜在并发症，以及特殊疾病的液体治疗将在后面的章节中进行讨论。

第 2 章

血管通路放置技术和并发症

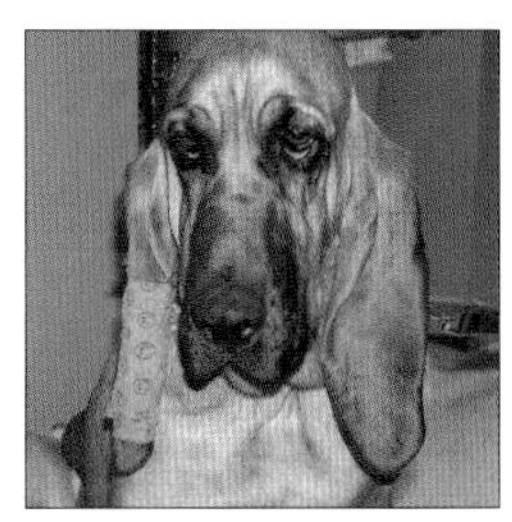
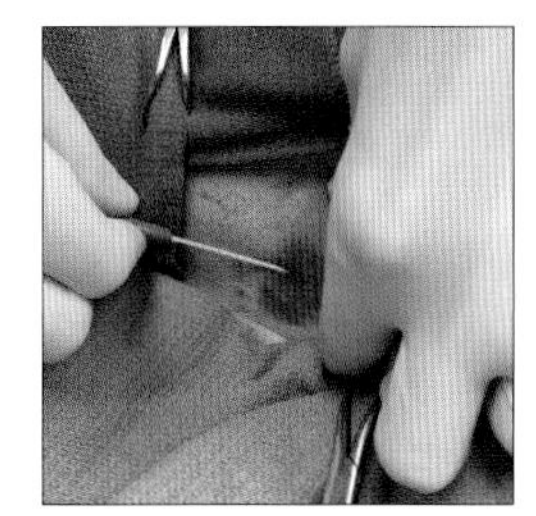
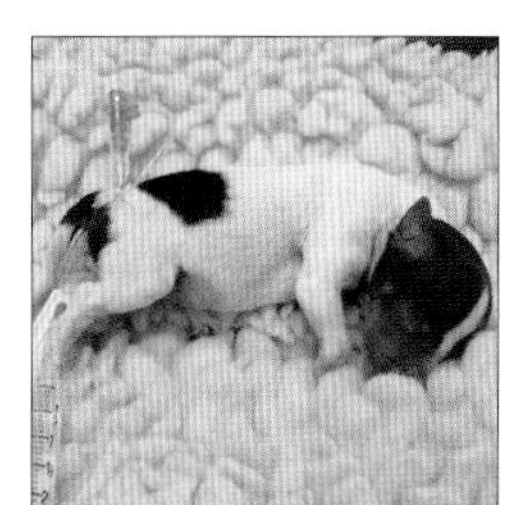

简介

小心地进行静脉补液是急诊患病动物护理中最重要的方面之一。放置用于补液的静脉导管很重要，可用于纠正酸碱和电解质紊乱，补充血管内和间质内液体缺乏量，治疗并预防脱水或低血容量性休克。血管通路在给予药物、血液制品和肠外营养上都非常重要。因此，对于所有动物医院来说，放置并维护静脉导管在所有需要掌握的技术中是最重要的。内径较大的导管可以用来采集血样，避免进行引发不适的反复静脉穿刺。毋庸置疑，静脉通路有很多优点，但并非完全无害，某些病例会出现危害患病动物的并发症。因此必须小心避免与静脉导管相关的内在风险。在比较罕见的情况下，因外周水肿、极度脱水或低血压、血栓性静脉炎、广泛性皮肤损伤或凝血障碍而无法放置静脉导管时，可能需要手术切开暴露血管或放置髓内导管。

静脉导管类型

静脉导管可以根据导管类型或放置位置进行分类。外周静脉导管放置在外周血管，而中心静脉导管既可放置在中心静脉如颈静脉，也可以经外周静脉插入，使导管末端位于中心静脉，如后腔静脉中。通常，外周导管较短，主要用于给予胶体液和晶体液、药物和血液制品。能否从导管中抽出血液取决于导管直径，有时仍需要进行静脉穿刺来采集血样。

根据使用目的和患病动物体型大小，中心静脉导管有很多种直径和长度（表 6）。中心静脉导管的规格通常比外周静脉导管大，且更长，这是为了能够留置在中心静脉内。给予高渗溶液时，必须使用孔径更大且更长的导管，从较细的血管输注这些溶液会造成血栓性静脉炎。除了输注胶体液和晶体液及血液制品，中心静脉导管也常用于采集血样，以及通过测量中心静脉压来监测血容量（表 7）[1]。

表 6　导管标签中的法式规格与普通规格

单腔导管的标注为导管规格（catheter gauge），而多腔导管的标注为法式尺寸（French size），这两种都是指导管的外径。多腔导管内的独立导管使用导管规格标示

法式	英寸①	规格
	0.016	27
	0.018	26
	0.020	25
	0.022	24
	0.024	23
	0.028	22
	0.032	21
	0.035	20
3	0.039	
	0.042	19
	0.049	18
4	0.053	
	0.058	17
	0.065	16
5	0.066	
	0.072	15
6	0.079	
7	0.092	
	0.083	14
	0.095	13
8	0.105	
	0.109	12
9	0.118	
	0.120	11
10	0.131	
	0.134	10
11	0.144	
12	0.158	
13	0.170	
14	0.184	
15	0.197	
16	0.210	

① 1 英寸≈ 2.54cm，全书同。

表 7　不同静脉导管的类型、放置位置、适应证和禁忌证

导管类型	位置	适应证	禁忌证
短的外周导管	头静脉	液体治疗、给予药物和血液制品；用于排尿或排便失禁，或腹泻的动物	血栓性静脉炎或头静脉表面皮肤损伤或感染；避免用于呕吐、流涎、抽搐或鼻衄的动物
	外侧隐静脉	液体治疗、给予药物和血液制品；用于呕吐或流涎、抽搐或鼻衄的动物	血栓性静脉炎或外侧隐静脉表面皮肤损伤或感染；避免用于失禁或腹泻的动物
	内侧隐静脉	液体治疗、给予药物和血液制品；用于呕吐或流涎、抽搐或鼻衄的动物	血栓性静脉炎或内侧隐静脉表面皮肤损伤或感染；避免用于失禁或腹泻的动物
长的单腔中心静脉导管	颈静脉	液体治疗、给予药物和血液制品、反复采集血样、肠外营养；用于排尿或排便失禁，或腹泻的动物	凝血疾病、高凝血状态；避免用于颅内压增高、抽搐，或血栓性静脉炎或颈静脉表面皮肤损伤或感染的动物
	外侧隐静脉	液体治疗、给予药物和血液制品、反复采集血样、肠外营养；用于呕吐或流涎、抽搐或鼻衄的动物	患有血栓性静脉炎或外侧隐静脉表面皮肤损伤或感染的动物应避免使用，失禁或腹泻的动物避免使用
	内侧隐静脉	液体治疗、给予药物和血液制品、反复采集血样、肠外营养；用于呕吐或流涎、抽搐或鼻衄的动物	患有血栓性静脉炎或内侧隐静脉表面皮肤损伤或感染的动物应避免使用，失禁或腹泻的动物避免使用
长的多腔中心静脉导管	颈静脉	液体治疗、给予药物和血液制品、反复采集血样、肠外营养；用于排尿或排便失禁，或腹泻的动物	凝血疾病、高凝血状态；避免用于颅内压增高、抽搐，或血栓性静脉炎或颈静脉表面皮肤损伤或感染的动物
	外侧隐静脉	液体治疗、给予药物和血液制品、反复采集血样、肠外营养；用于呕吐或流涎、抽搐或鼻衄的动物	患有血栓性静脉炎或外侧隐静脉表面皮肤损伤或感染的动物应避免使用，失禁或腹泻的动物避免使用
	内侧隐静脉	液体治疗、给予药物和血液制品、反复采集血样、肠外营养；用于呕吐或流涎、抽搐或鼻衄的动物	患有血栓性静脉炎或内侧隐静脉表面皮肤损伤或感染的动物应避免使用，失禁或腹泻的动物避免使用
骨髓内	骨髓内	液体治疗、给予药物和血液制品；用于因动物大小、低血容量、低体温、低血压而无法放置静脉导管时	放置导管处如有感染或损伤应避免使用；会引起疼痛

外周静脉导管

在头静脉、外侧隐静脉、内侧隐静脉放置外周静脉导管的方法相似。一般来说，头静脉是放置导管最常用的位置，该处放置简单，且动物易于保定。但是，对于前肢极短的动物，放置头静脉导管会产生一些问题，当动物将腿向身体方向回缩时，导管会在肘部弯曲处发生梗阻。而对于呕吐、流涎或抽搐的动物，在该处放置导管相对来说是禁止的，因其具有污染导管的潜在风险，或在抽搐时可能会给操作人员带来危险。在这种情况下，采用外侧或内侧隐静脉可能更合适。而对于腹泻或大小便失禁的动物，在后肢放置导管是相对禁止的，这可能会造成导管处被污染。

放置外周导管必须使用的工具包括推头干净的推子、消毒剂及灭菌盐水或抗生素溶液、纱布块、1 英寸黏性医用胶带、导管、肝素冲洗液，也可以将三通或肝素帽接在导管插口处（图 9）。

图 10 ~ 12 中分别展示了放置头静脉、外侧隐静脉和内侧隐静脉导管时适当的保定方法。

放置外周静脉导管时，环绕动物腿部一周剃毛，注意要剃掉长毛，这样毛就不会污染导管放置处。让一位助手在放置导管处的近端压迫血管，使血管充血，以便更容易看到或触摸到血管（图 13）。对于肥胖、严重脱水、低血容量、低血压或低体温的动物，可能很难观察和 / 或触摸到血管。接着，将导管以约呈 30° 角向前推，使其穿过皮肤进入血管（图 14）。未绝育的公猫或显著脱水的动物，有时皮肤可能会非常有

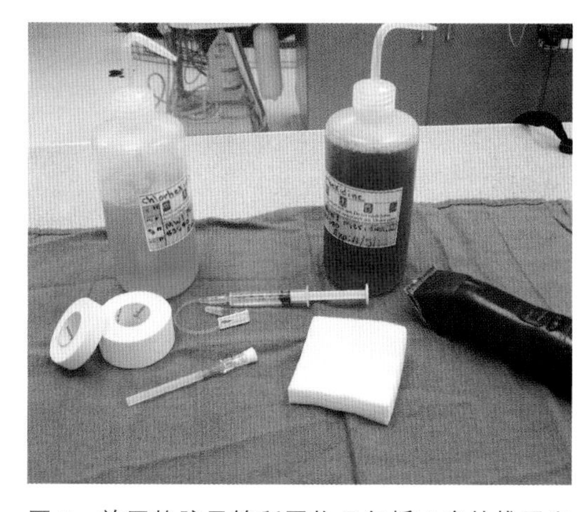

图 9　放置静脉导管所需物品包括干净的推子和推头、消毒剂、灭菌纱布、所选的静脉导管、0.5 英寸白色外科胶带和 1 英寸白色外科胶带、肝素盐水、三通阀或肝素帽。

图 10　为了放置头静脉导管，保定的方式包括固定动物的头部，使其紧贴保定人的身体，防止移动和潜在的被咬危险。保定人抓住前肢，向前推肘部使其前伸，同时压住动物肘部的背侧（前面）以阻塞头静脉回流。

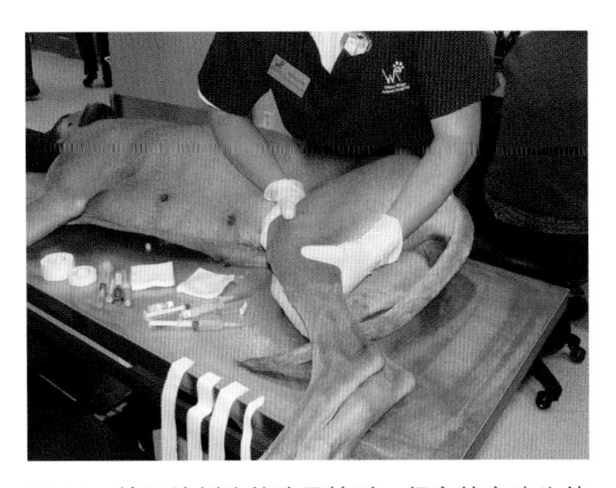

图 11 放置外侧隐静脉导管时，保定的方法为使动物侧卧，一位助手将其前臂跨过 / 越过动物的颈部，防止动物起身。助手的另一只手抓住后腿，于膝关节远端紧邻跗骨近端处压迫后肢尾侧，阻断外侧隐静脉回流。

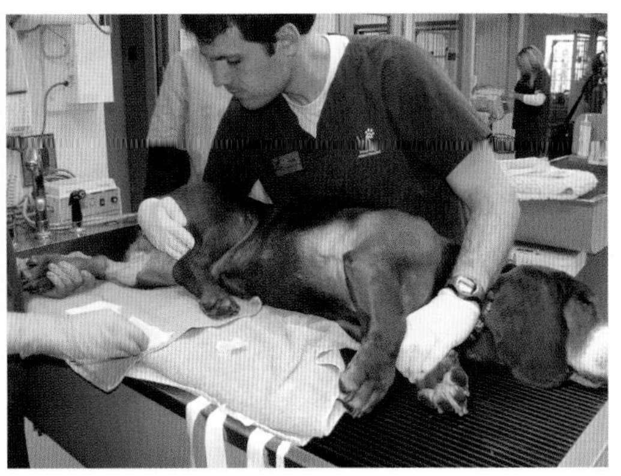

图 12 放置内侧隐静脉导管时，保定的方法为使动物侧卧，一只手固定头部以防动物移动或咬到操作者。助手的另一只手将动物上方的后肢朝向腹部弯曲，同时用手掌边缘于膝关节近端，腹股沟区域阻断内侧隐静脉回流。

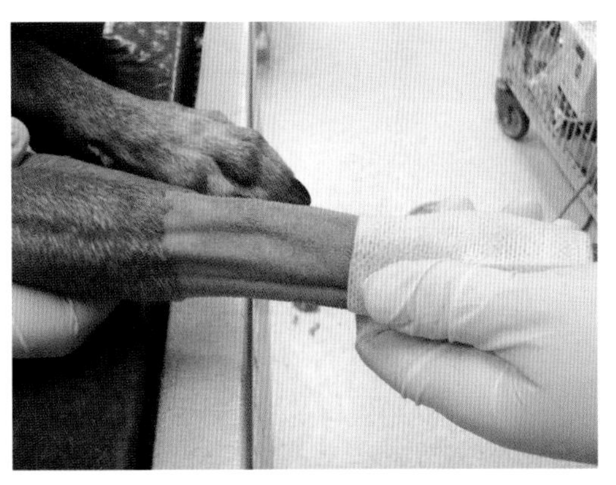

图 13 助手如何阻断犬头静脉回流的特写照片。在肘部远端或弯曲处压迫腿的前侧。

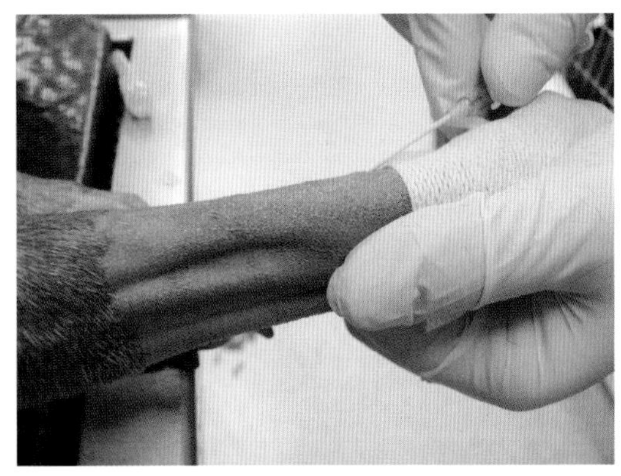

图 14 在肢远端的毛上包裹一片纱布，操作者准备将导管插入动物的头静脉。握住导管时，导管与静脉呈 15° ~ 30° 角。

韧性。为了防止在进针时造成针尖卷曲，有时需要进行经皮辅助穿刺。经皮辅助是指用 18G 或 20G 针头锋利的斜面，轻轻地在血管表面皮肤上做一个小刻痕。这种技术也被称作“辅助切口”或“减张孔”（图 15）[2]。在使用该技术时，要小心避免撕裂下层血管。之后经切口放置导管，使其穿过皮肤，并进入血管。

不管是否使用经皮辅助穿刺，导管穿过皮肤后应当能在针座中看到回血（图 16）。

一旦观察到回血，将钢针和导管再向血管中推进 1 ~ 2mm，然后将导管向前推进血管。当导管埋入血管后，保定人员可以在紧贴导管插入点近端处轻轻地按压血管，

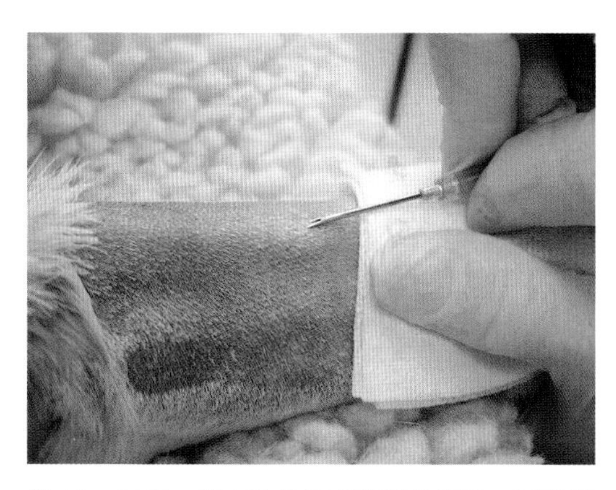

图 15　对于一些皮肤较厚或较韧的动物，可能需要在静脉上方的皮肤上做一个刻痕。可以用具有锋利斜面的皮下针完成这项工作。该方法被称为“经皮辅助”技术。

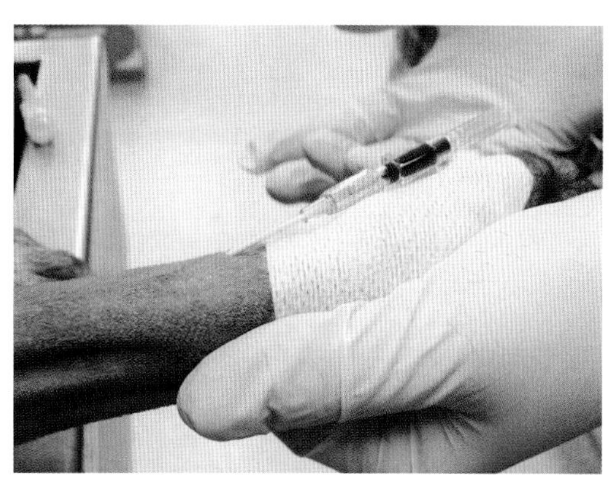

图 16　当导管进入血管后，血液会流到针座中。

防止血液从导管头中漏出。助手应戴手套，防止污染导管（图 17）。然后插入 t-port 接口或肝素帽，并用胶带固定导管。

用胶带固定导管时，导管头和周围皮肤应洁净并干燥，使胶带可以牢固地粘在皮肤上。如果导管头或皮肤潮湿，或被血液污染，那么胶带将失去黏性，导管会在胶带中旋转，常常会从血管中移出并脱落。

首先，环绕导管头缠一条 0.5 英寸的白色黏性外科胶带（图 18），并围绕腿周缠牢。其次，将一长条 1 英寸白色黏性外科胶带放置于导管头下方并环绕腿部（图 19）。最后，

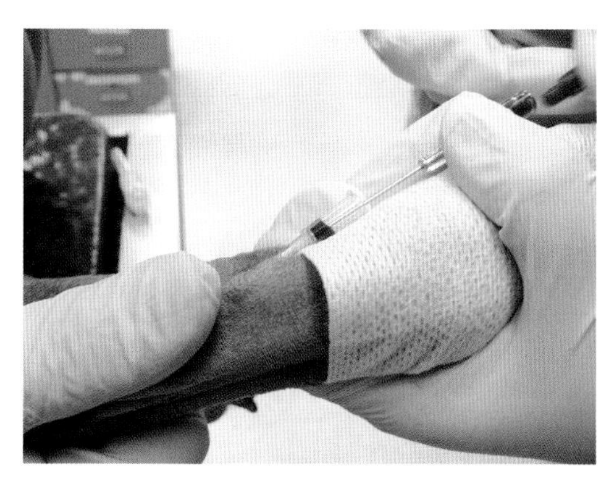

图 17　在针座中看到回血后，将导管和钢针再向前推进 1 ~ 2mm，然后将导管向前推，进入血管。助手用戴着手套的手，以一个手指压迫紧贴导管入口近端处，防止在拔出钢针并连接三通阀和肝素帽时，血液从导管里流出。

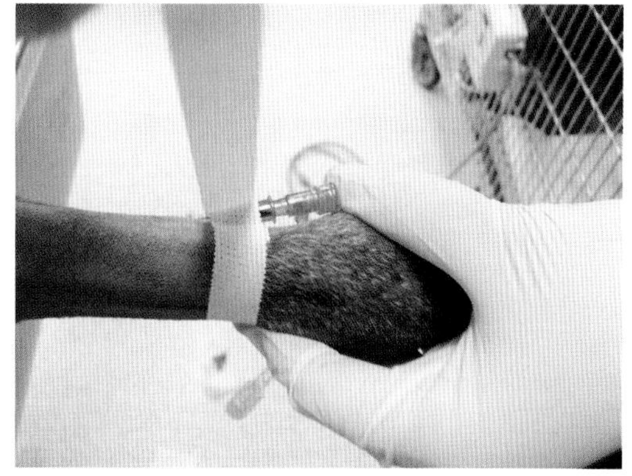

图 18　环绕动物肢体和导管缠 0.5 英寸白色外科黏性胶带。这层胶带非常重要，如果导管头没有充分固定，整个导管就很容易从血管中脱出。

用第三条胶带在导管头上方进行固定，并环绕腿部。如果使用 t-port 接口，可以用第四条胶带环绕三通阀固定后，再环绕四肢固定（图 20），注意避免 t-port 接口的管打结，t-port 接口管打结后会阻碍液体流入导管。

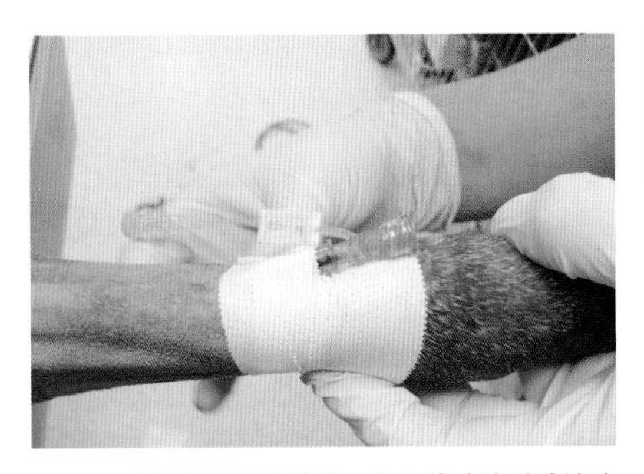

图 19 在导管头下方放第二条 1 英寸外科黏性胶带，先环绕四肢，再缠到导管头上方，以进一步将导管固定在血管里。

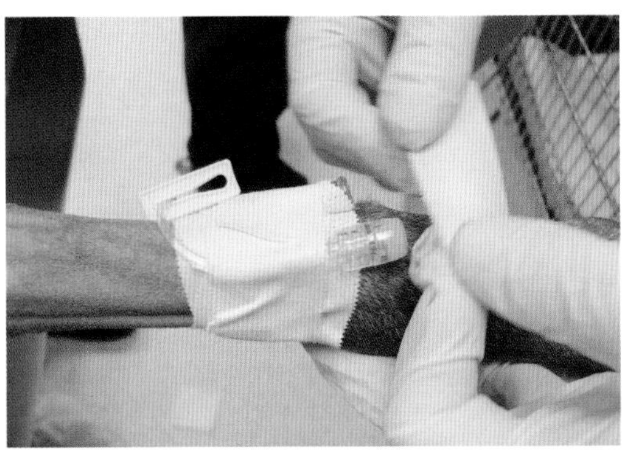

图 20 在导管头和 t-port 接口下方放第三片外科黏性胶带，之后环绕腿部并回到 t-port 接口上方，进一步固定导管。

外侧隐静脉导管的放置和固定方法与头静脉导管相同。在放置外侧和内侧隐静脉导管时，动物侧卧（图 21）。内侧隐静脉导管常用于猫和四肢较短的小型犬，如腊肠犬和短头品种，如北京犬、西施犬和巴哥犬。在腹股沟区域和膝关节之间常常可直接看到内侧隐静脉（图 22）。用胶带固定内侧隐静脉导管的方法与固定其他导管的方式相同，只需将 t-port 接口的末端固定在腿的外侧面，使导管通路更易于操作。

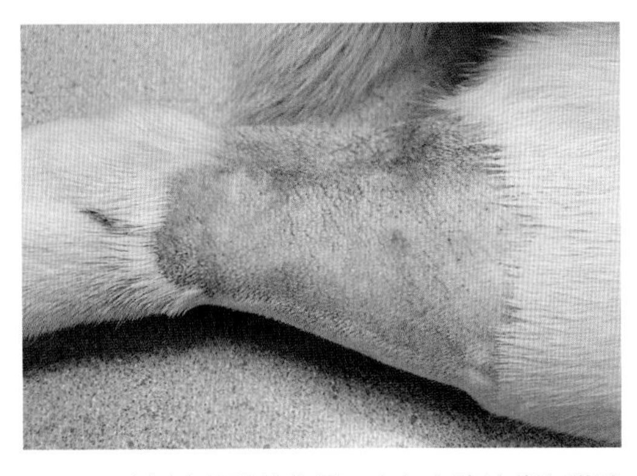

图 21 内侧隐静脉的位置，走向在膝关节和跗关节之间，位于腿的内侧面。这张照片显示动物的皮肤非常敏感，很容易被剃刀擦伤。通过仔细练习来避免擦伤或撕裂，这使动物更容易发生导管相关性感染。

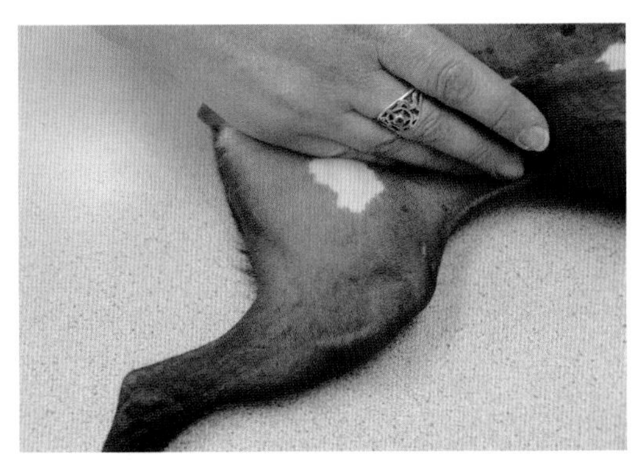

图 22 在腹股沟区域和膝关节之间常常可以直接看到内侧隐静脉。

耳缘静脉导管

一些耳部较大、耳静脉较粗的品种，像腊肠犬和猎犬类，可以在耳部放置静脉导管（图 23）。耳部的背外侧面剃毛，如前所述做无菌准备。将数片 4 英寸 ×4 英寸的纱布块卷成卷，并用 1 英寸的黏性胶带固定。纱布卷放在耳下方，在纱布卷上将耳部塑形。在耳廓的背外侧面可见耳静脉。用手指将耳部展平，用食指和中指阻断血管近端。导管经皮肤直接插入血管，插入时导管与耳部保持平行（图 24）。看到回血后，将导管推入血管，用长胶带环绕耳部固定导管。使用纱布卷稳定耳部，防止导管滑出或弯折（图 25）。耳缘静脉导管常用于手术中和极危重患者。一旦动物可以活动，由于耳缘静脉导管很容易随动物活动而滑出，通常必须再放置不同的外周或中心静脉导管。

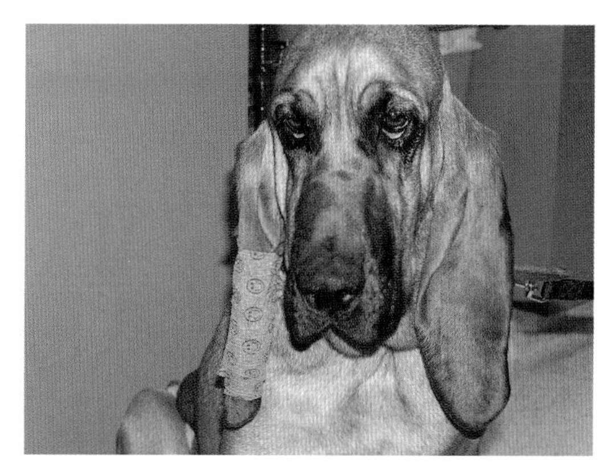

图 23　对于长耳品种犬，如这只寻血猎犬，可以放置耳静脉导管。

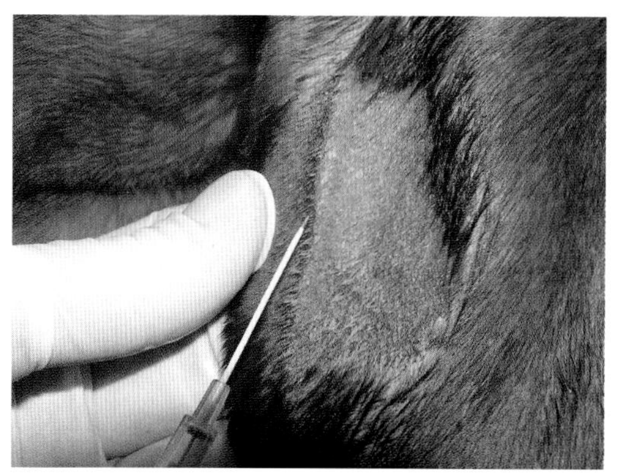

图 24　在患病动物耳部的背外侧剃毛并作无菌准备。保持耳部平展，同时阻断耳静脉的血流，操作者可由耳背侧面插入导管。

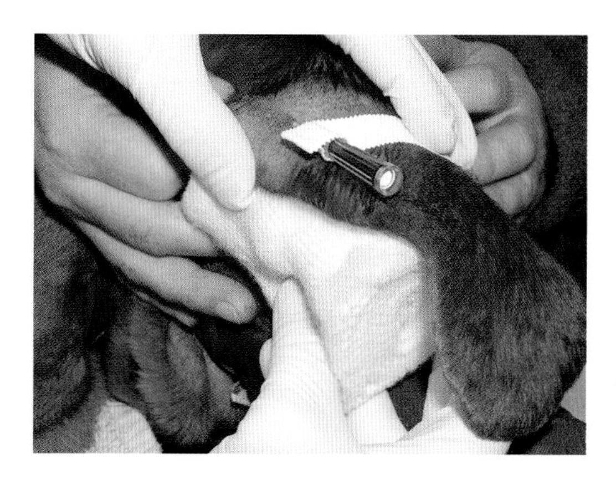

图 25　将导管插入耳静脉后，环绕导管头缠 0.5 英寸的外科黏性胶带。为了固定导管防止移动，使胶带更容易环绕耳部固定，在耳部的腹侧面放一个纱布卷，这样就可以环绕纱布卷缠胶带了。

中心静脉导管

中心静脉导管是一种长一些的导管，它们的末端终止于前腔或后腔静脉，紧邻心脏。多数情况下，这种导管从外侧颈静脉，或外侧或内侧隐静脉放置。对某些患病动物，导管可放置在头静脉中，经奇静脉进入前腔静脉。一般情况下，中心静脉导管比外周导管更长，直径更大，可用于多次采集血样或输注高渗溶液，如肠外营养液。

经针导管

经导管穿刺针放置的导管有很多种长度，可以放入中心静脉。长导管可以从颈静脉、内侧和外侧隐静脉放置，对较大的犬可以从头静脉放置。对于大多数病例，动物病情严重而无须镇静，但可以根据情况进行适当镇痛。一些爱动和活跃的动物，在放置中心静脉管时可能需要轻度镇静。

经导丝导管（塞丁格技术）

经导丝放置导管也称为塞丁格技术。导丝外导管有多种长度和直径可供使用。某些为单腔导管，其他为多腔导管，这种多腔导管的近端具有多个灌注接口，与导管腔内的不同导管相接。一旦熟悉了导丝外装置的每一部分后，这种插管技术实际上非常简单，并能够放置多用途可长期使用的导管。

不同厂家间生产的导丝外导管组件通常类似。多数装置同时包含导丝外短静脉导管和相似规格的皮下注射器针头，一个血管扩张器、一根J形导丝，以及长导管（图26）。一些套装还包含注射器、局部麻醉剂、抗生素湿巾、灭菌创巾、刀片和肝素帽。虽然这些物品很易得，但它们常常会增加导管套装的价钱，并从医院购买的过程中获得更高经济利益。放置导丝外导管所需的其他物品包括灭菌手套、推头干净的推子、消毒刷和溶液、不可吸收线、镊子、持针器、灭菌创巾和绷带套装。

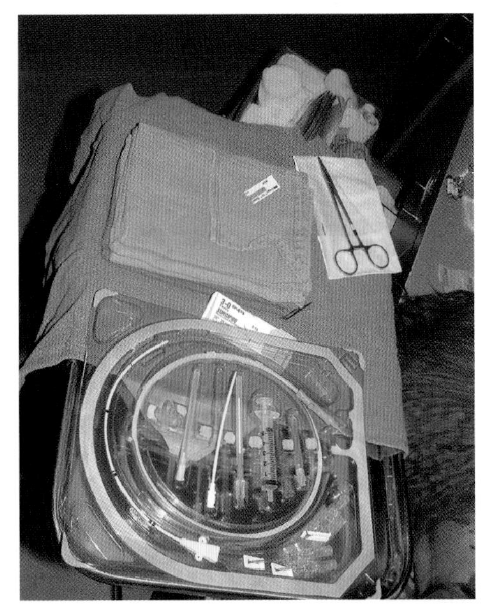

图26 导丝外导管的预制工具盒样品。多数工具盒包括一根导丝外导管和/或皮下注射器针头、J形导丝和J形导丝引导器、血管扩张器，以及导丝外导管。

经导丝导管可以放置于颈静脉、内侧隐静脉和外侧隐静脉。放置颈静脉导管时，动物侧卧，下颌支至胸腔入口的颈部外侧剃毛，剃毛范围包括颈部背中线至腹中线（图 27），仔细剃除长毛，它们可能污染导管入口处。之后无菌刷洗颈部外侧，保持适当的接触时间。用灭菌盐水、灭菌水或消毒液冲掉皮肤上的擦洗液。当插管处经过适当的剃毛、消毒，并铺好创巾后，在计划放置导管处上方的皮肤内注入少量局部麻醉剂（图 28）。小心避免将局部麻醉剂直接注射进血管。在局部麻醉起效后，提起皮肤，用 11 号刀片在该处做一个非常小的切口（图 29），要小心避免撕裂下层血管。之后可以将针外导管或皮下针经小切口从皮肤插入血管，类似于在同一血管中放入一根短导管（图 30）。在导管头内看到回血后，拔出管芯。血液能够自由从导管头中流出（图 31）。

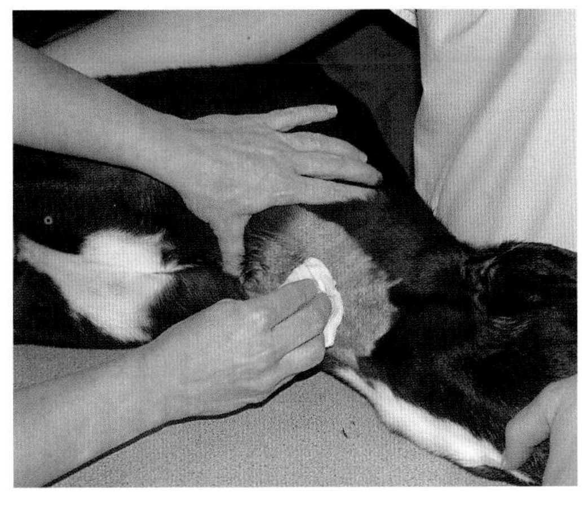

图 27　将导管放入颈静脉时，动物侧卧，给下颌骨至胸腔入口间的颈外侧剃毛。

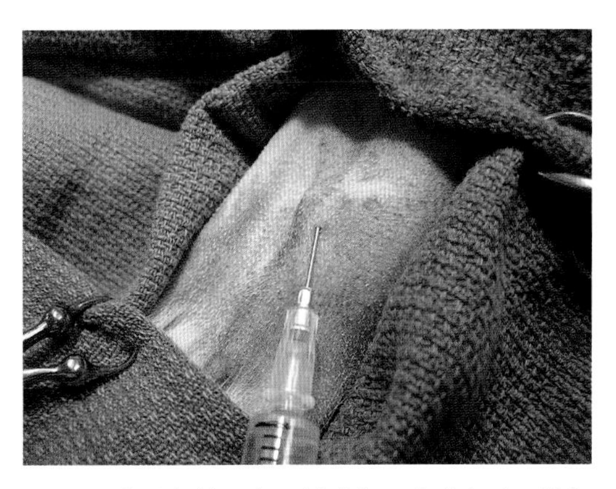

图 28　在对血管上方区域进行无菌准备后，提起皮肤，用少量局部麻醉剂，如 0.5 ~ 1mg/kg 利多卡因在血管上方区域进行浸润麻醉。

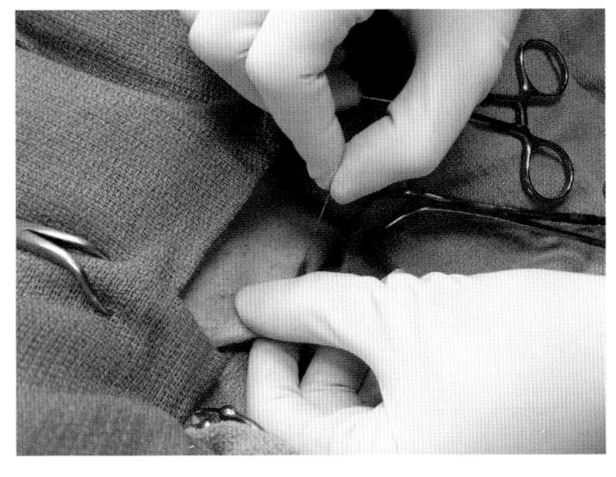

图 29　提起皮肤，在血管上方做一小口，注意避免撕裂下层血管。

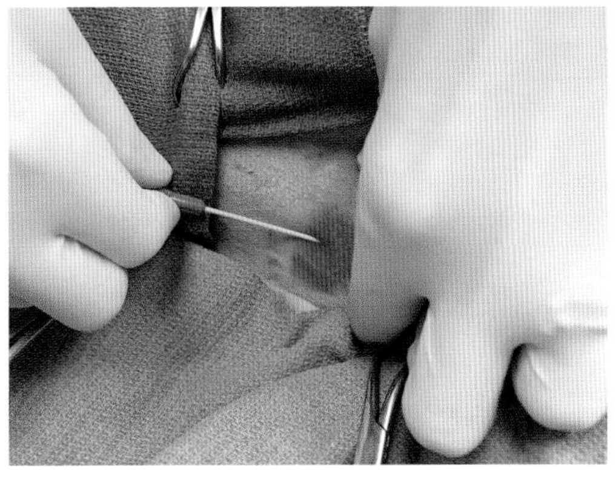

图 30　助手按压胸腔入口处，阻断外侧颈静脉回流。用针外导管或皮下针经切开的皮肤插入下层血管。

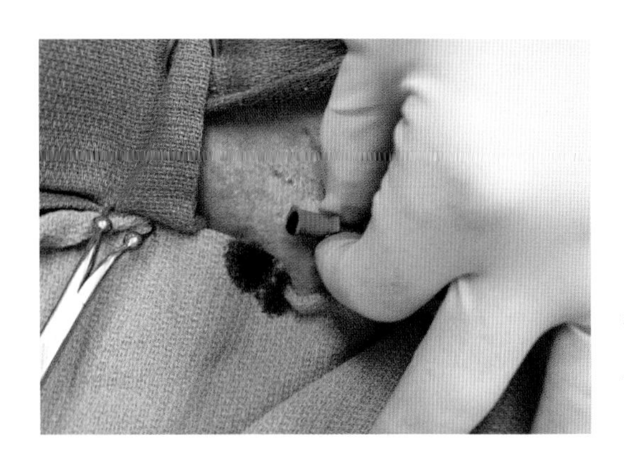

图 31　在管头内看到回血后，将导管推入血管，拔出管芯。除非动物处于极度低血容量或低血压状态，否则，多数情况下可见血液从导管头中自由流出。

下一步是经导管或针头，将 J 形导丝插入血管（图 32）。J 形导丝通常位于一个转接头内，这个转接头能够牢固地与导管或针的插口处相接。可以先将 J 形导丝拉回转接头，那么当导丝被推入血管后，松脱的柔软导丝会形成 J 形，这样能够防止其刺破血管壁或心脏（图 33）。

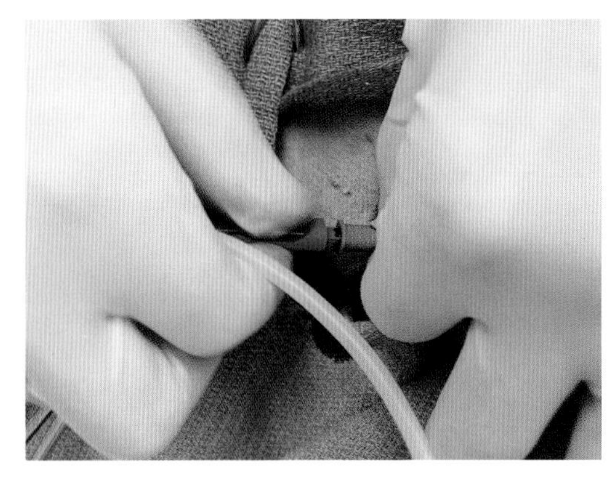

图 32　J 形导丝引导器的接头插入导管头，将 J 形导丝推入血管。

图 33　进入血管后，J 形导丝会形成弯曲状，类似字母 J，这能够防止导丝尖端刺穿血管或心房壁。

之后，几乎将整个 J 形导丝推入血管，注意不要松开导丝（图 34）。当 J 形导丝全部进入血管后，从导丝外侧取下导管或针头，血管中仅留下导丝。经皮在导丝外推入血管扩张器，轻轻捻转着将其送入血管（图 35）。血管扩张器不用一直插到尾端，它仅用来扩大血管上将要穿过导管的孔。当感觉到“噗”的一下，血管扩张器进入血管，那么就可以取下血管扩张器，然后插入导管（图 36）。应注意，一旦取下血管扩张器，血管将会出血，有时出血极多。这是正常现象，因为此时血管上有一个较大的孔。导管和所有的导管接口用肝素盐水充满，灌注前确保导管及连接管中没有气泡。注入大的气泡很可能会危及生命，造成右心室气栓，导致血液无法流动而造成死亡。

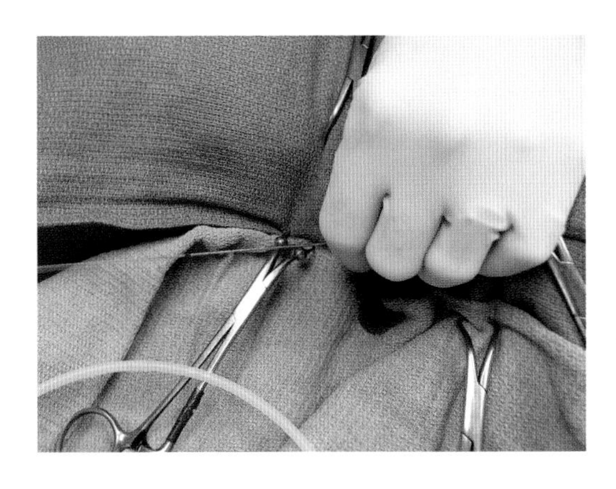

图 34　从血管中拉出针外导管，并从 J 形导丝外将其取下。这样将 J 形导丝留在血管中。几乎将整根 J 形导丝推入血管，但是一旦看到导丝末端时，必须将其抓住。

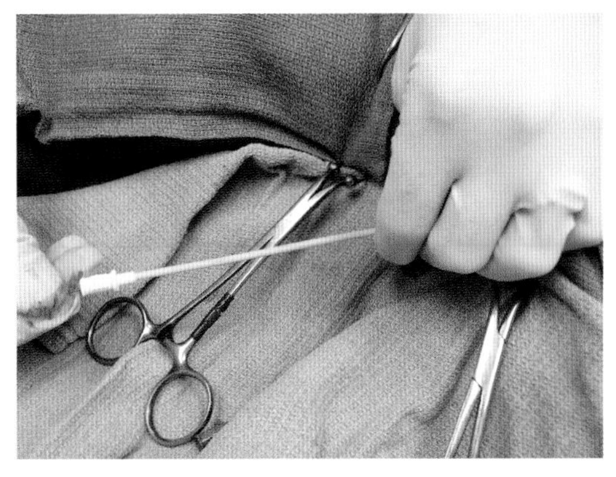

图 35　从导丝外插入血管扩张器，保持血管扩张器紧贴皮肤，捻转推入血管内。

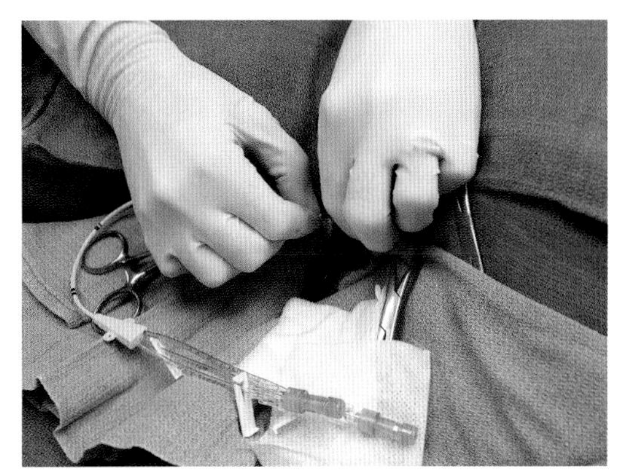

图 36　从血管中取出血管扩张器，从导丝上将其取下，将充满的导管从导丝外插入血管。

将血管扩张器从血管中和导丝上取下，然后从 J 形导丝外穿过导管。在很多情况下，可以一边推入导管，一边拉出导丝。最后可以在导管的近端接口之一中看到导丝（图 37）。当可以从导管近端接口中取出导丝时，整个导管都已经被插入血管中。某些情况下，导管放置得是否得当可以先通过导管长度和患者大小来确定。对于其他病例，导管应插入适当长度，然后盘绕在动物外侧，应避免推入太深，如进入心脏（在做颈静脉导管时）。多数导丝外导管的近端导管接口上有小孔，可以穿过缝线并固定在相邻皮肤上（图 38）。将导管缝合固定，包扎防止导管入口处污染（图 39）。

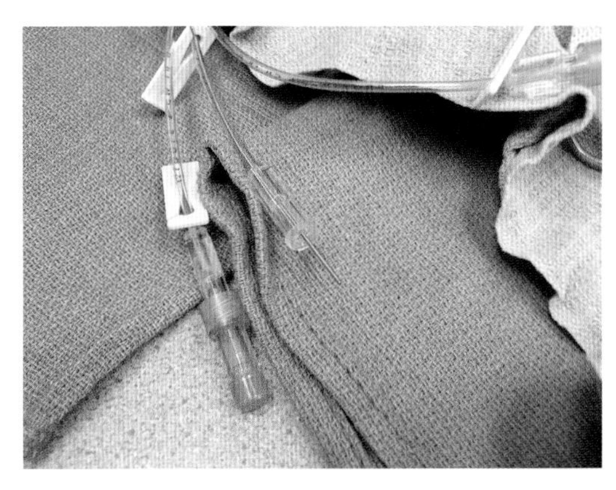

图 37　一边轻轻向外拉导丝，一边推导管，最后可以从导管近端接口之一中看到 J 形导丝。此时，将导丝夹住，将导管推入血管。

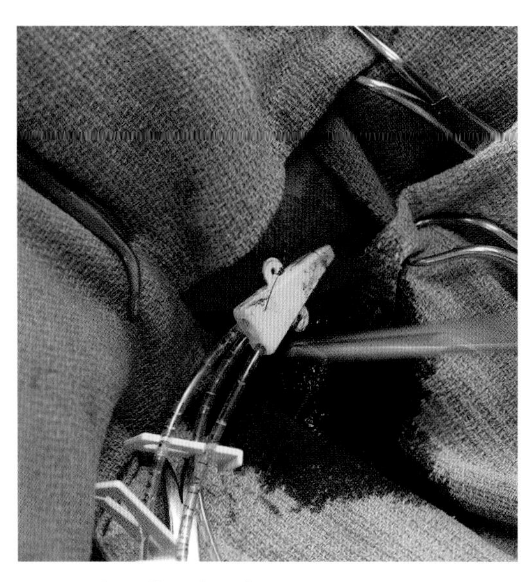

图 38 将导管缝合固定。

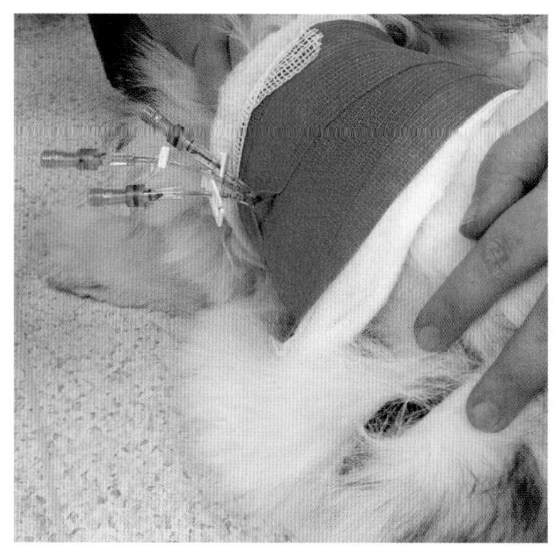

图 39 在导管入口处包裹棉纱布并包扎，防止污染。

剥离导管

一些厂家生产的导管通过经针导管引入血管。一旦长导管插入血管，用于获取血管通路的导管外鞘被剥离，而针头从血管中取出，仅留下长导管。这项技术很简单，如何选择厂家通常依赖于操作者的个人偏好和费用。

髓内导管

当因体型小、解剖结构（稀有动物）、肥胖、严重脱水、低血压、低血容量或低体温而无法建立血管通路时，可以考虑髓内导管[3,4]。一般来说，任何情况下，包括血液、肠外营养制品、低渗溶液，能够经静脉导管输注的液体也能通过髓内导管输注，输液速度等于静脉导管的速度，包括极快速或“休克”速度输注液体[3,4]。放置髓内导管的禁忌证包括插入位置擦伤或感染，或插入处骨折。很多位置可用于放置髓内导管，包括髂骨翼、股骨、胫骨及肱骨近端（图 40 和图 41）。根据患病动物体型大小，脊髓穿刺针、皮下针或骨髓穿刺针都可作为髓内导管（图 42）。对于意识清醒的动物，在放置导管前，先在骨膜处注射局部麻醉剂，并结合全身性镇痛药来避免其不适感。

为了放置髓内导管，计划插管处先剃毛并做无菌刷洗。之后兽医触摸股骨大转子，用惯用手持导管，轻轻地将带芯导管经皮肤推入下方的股骨滑车间窝，一边推一边捻转（图 43）。当针穿过第一层骨皮质，操作者几乎感觉不到阻力，此时针已进入骨髓腔。

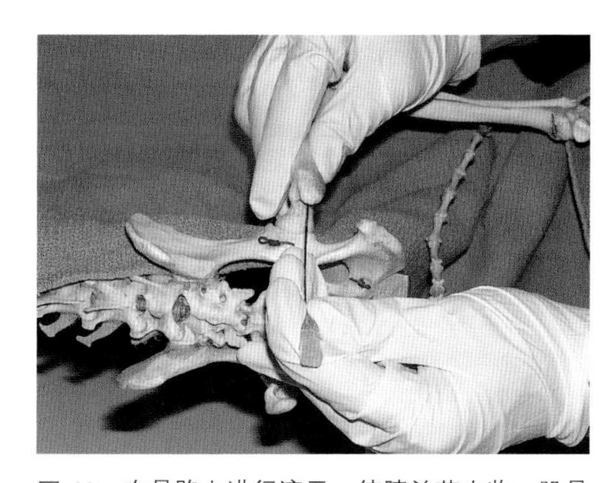

图 40　在骨骼上进行演示，使膝关节内收，股骨近端外展，显露股骨滑车间窝周围区域，此处为髓内导管放置点。

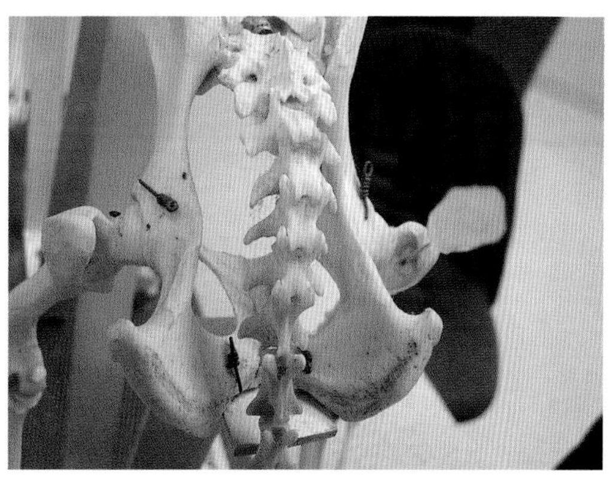

图 41　在股骨内放置脊髓穿刺针。

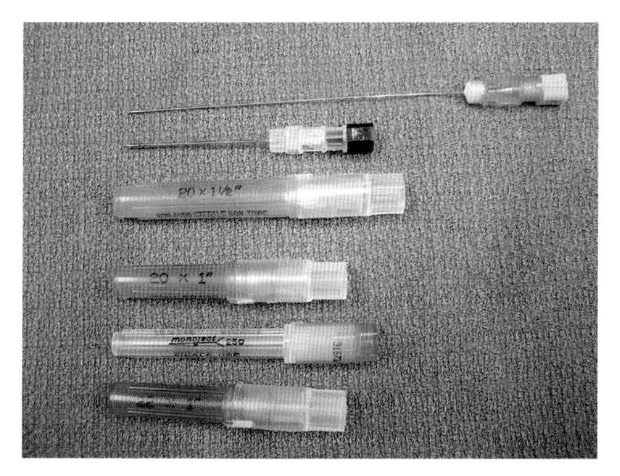

图 42　可用作髓内导管的针头种类，包括带芯脊髓针，或用于较小患病动物未骨化骨骼皮下针。

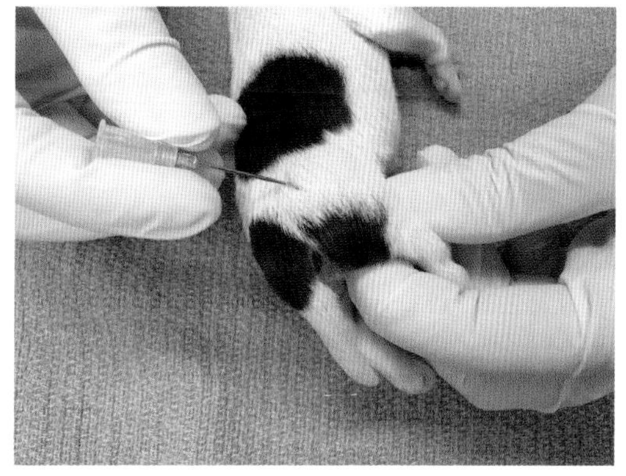

图 43　股骨远端向腹中线内旋，使注射器针头穿过皮肤，捻转针头使其进入股骨凹槽或股骨滑车间窝。

导管可以用肝素或非肝素盐水充满。盐溶液很容易在导管中流动。如果灌注的溶液不易流动，应考虑两个问题：导管位置不合适，或骨碎片阻塞导管。骨碎片常常会堵塞导管。脊髓穿刺针或骨髓活检针具有内芯，能够防止导管被骨堵塞。对于放置皮下针的病例，例如非常小的幼龄或小体型动物，应移除被堵住的针头，在该处换一根同样的针。之后将 t-port 接口固定于针座或导管上（图 44）。然后用一段胶带固定，或用一根长线在 t-port 接口上简单系一下，并固定在皮肤上，固定好后使用方法同静脉导管。使用前应进行影像学检查，确认位置是否正确（图 45）。由于髓内导管会引起不适，在可能时要将髓内导管更换为静脉导管。放置髓内导管的潜在并发症包括感染、神经损伤、相关骨骼骨折、栓塞、输注的液体溢出[3]。

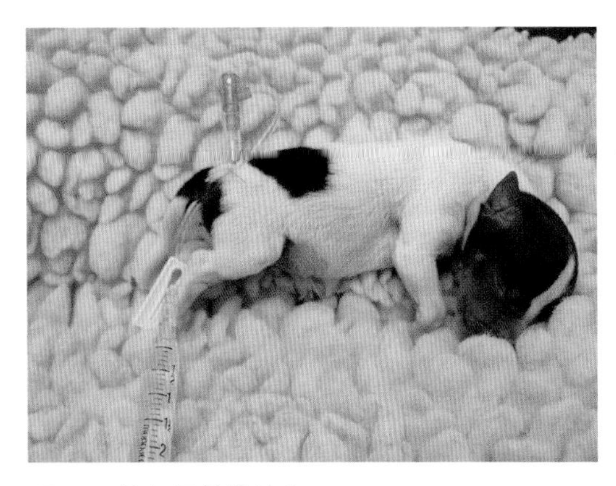

图 44 放好导管的幼犬。

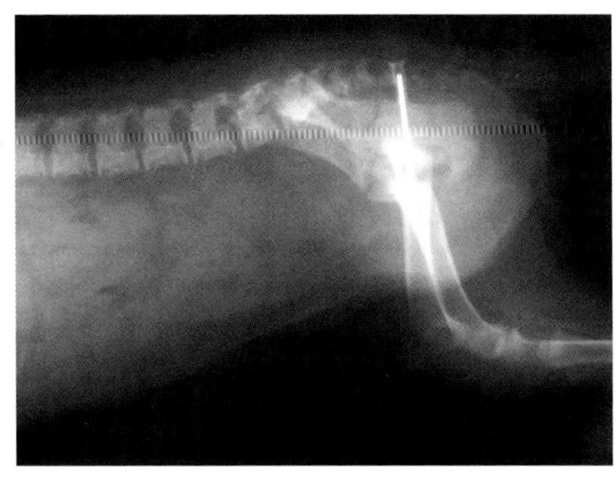

图 45 X 线检查确认髓内导管位置。

动脉导管

当需要持续监测血压或需要频繁采集动脉血样时，应考虑放置动脉导管[6]。放置动脉导管的禁忌证包括凝血障碍、计划插管处表面感染，以及某些患血栓栓塞疾病的病例。动脉插管的常用位置包括足背动脉、耳动脉、股动脉和尾动脉。足背动脉最不容易出现动物移动引起的导管脱出、肢远端至插管处的栓塞和无血管坏死，以及污染，所以只要可能应优先选择此位置[6]。

放置动脉导管所需工具与外周静脉导管所需工具类似，包括推头干净的推子、消毒刷和溶液、4 英寸 ×4 英寸纱布块、0.5 英寸和 1 英寸外科黏性胶带、包扎材料、肝素盐水、3mL 注射器、充满肝素的 t-port。

先将动物保定好。耳动脉、足动脉和尾动脉需要在麻醉下插管，通常在围手术期短期使用。足背动脉插管可使用更长时间。进行足背动脉插管时，动物侧卧，需要插管的腿紧贴桌子。腿部伸展，助手抓住跗关节或膝关节处，防止动物移动。足背动脉上方剃毛并做无菌刷洗。触摸动脉，它从跖骨间穿过（图 46）。经皮肤，以接近 15° ~ 30° 角插入带管芯的针外导管，然后将其推入动脉，直到在管头中看到回血（图 47）。如果没有看到回血，将管芯向前推进几毫米使其进入动脉。观察到回血后（图 48），管芯和导管再推进 1 ~ 2mm，然后将导管推入动脉。当导管位于动脉中的适当位置时，在导管头中可以看到血液搏动（图 49）。在导管头下方放数块纱布，防止因血液造成的医源性污染，并保持该处干燥，促进胶带粘在皮肤上。用一条 0.5 英寸白色黏性外科胶带环绕导管头进行固定，然后环绕后肢，之后再用一条 1 英寸（24mm）的胶带于导管头下方固定导管。第三条胶带可以放在导管头上方并环绕后肢。

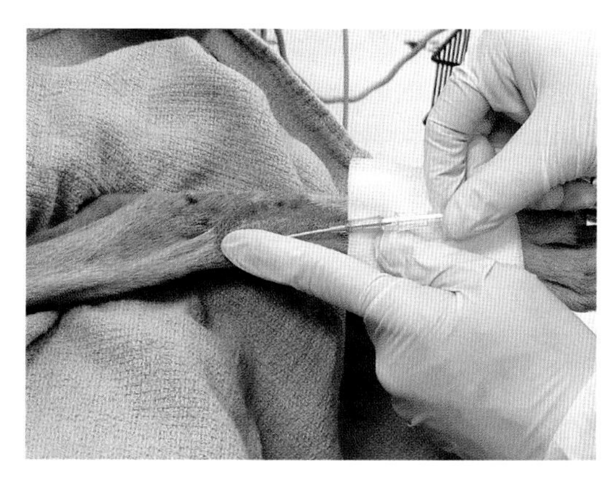

图 46　触摸后肢弯曲处，跗骨远端，跖骨上方来自足背动脉的脉搏。

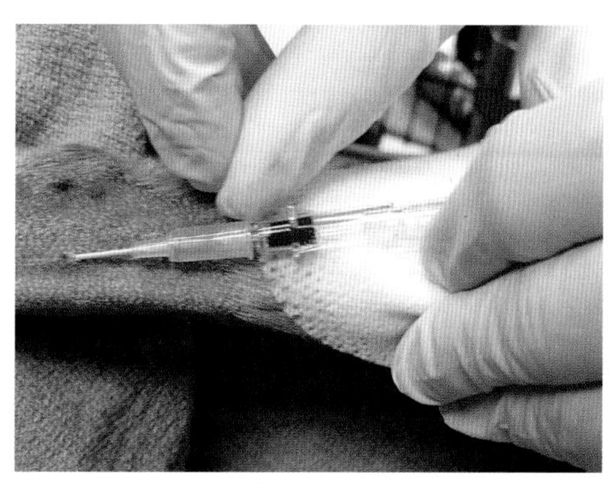

图 47　将导管插入动脉后，管头中可见回血。从管芯上推下导管，进入动脉。

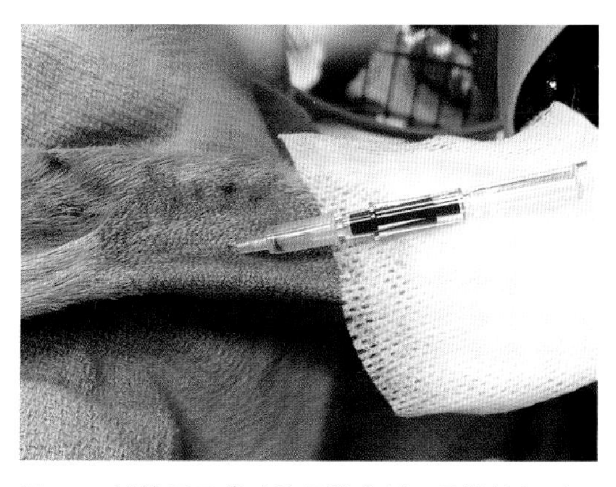

图 48　以放置足背动脉导管为例。导管放好后，将一块纱布放在导管头下方，防止弄脏下面的皮肤和毛发，否则会妨碍胶带黏附并固定在皮肤上。

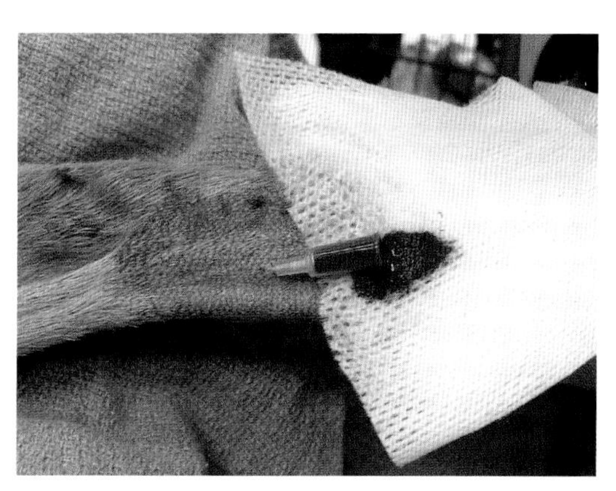

图 49　当导管放入动脉后，血流可以自由地搏出。

然后用肝素盐水将导管充满（图 50）。从技术上讲，此时导管已经可以使用了。很多临床兽医还会用绷带环绕导管进行固定，并仔细标记导管和导管连接管，防止导管被用于血压监测或采集动脉样本以外的其他用途（图 51）[6,7]。

血管切开

严重脱水、低血容量、低血压、低体温、肥胖或外周水肿的动物可能很难建立血管通路[2,7]。在这种情况下，同样很难放置髓内导管，特别是体型较大的成年或肥胖动物。因此，兽医应当能在紧急情况下熟练进行血管切开术。

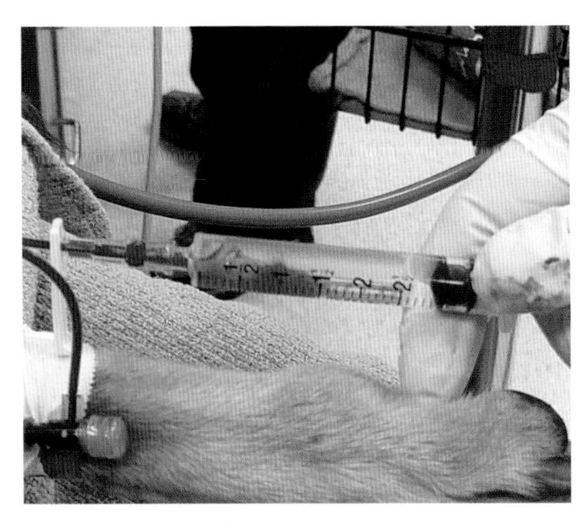

图 50 用肝素盐水填充动脉导管。

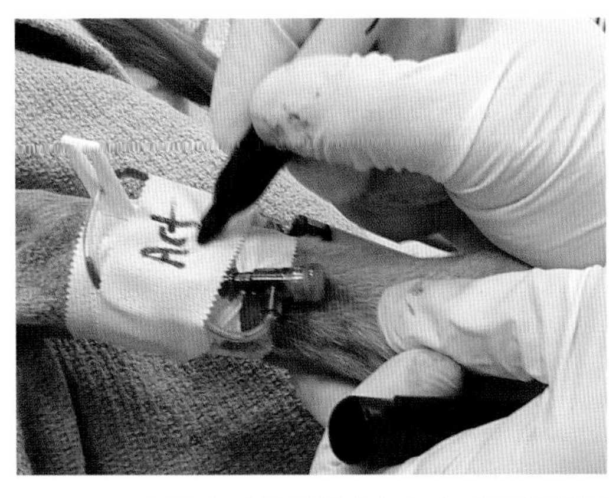

图 51 一定要在动脉导管上标记好“不能用于IV（静脉输液）”。

进行紧急血管切开所需的物品应当包在一个手术包内，并放在罕见的紧急情况发生时能够随手拿到的地方。最好将手术包放在同一个地方，如急救车上。每个手术包内应包括一个刀柄、刀片、弯的和直的止血钳、蚊式止血钳、镊子、可吸收线（3–0）、Mayo 剪和 Metzenbaum 剪、4 英寸 ×4 英寸纱布块和创巾。

所有能通过经皮方法放置外周导管的血管都可以作为经血管切开放置导管的备选血管。因其大小和位置，颈静脉、头静脉和外侧隐静脉比较容易定位并插管[5]。

做紧急血管切开时，将计划放置导管的位置剃毛并做无菌刷洗。此处用灭菌创巾隔离，防止污染插管处。在计划插管处上方的皮下注射少量局部麻醉剂，注意避免将局麻药直接注射到血管内（图 52）。下一步，用镊子提起血管上方的皮肤，在血管上方做皮肤切口，注意不要撕裂下方的血管和组织（图 53）。切口大小应足以看清结构并辨别血管。钝性分离下层组织至血管（图 54）。将血管周围所有结缔组织筋膜都去除极为重要。用一把蚊式止血钳，在血管下放置两条独立的牵引线，并用止血钳固定（图 55）。助手向上提起血管，使其与皮肤切口平行（图 56）并将导管插入血管，注意推导管时不要穿出血管。当导管在血管内放好后，可以用可吸收的牵引线将导管轻轻地固定在血管内（图 57）。缝线不要太紧，因为最终会从血管中将导管取出。像缝合其他皮肤切口一样缝合导管上方的皮肤（图 58），用胶带固定导管，方法同经皮穿刺导管。一旦可以通过经皮方法放置导管，便可以拆除经血管切开放置的导管，这种方法发生污染和感染的风险远高于非紧急状态下放置的导管。

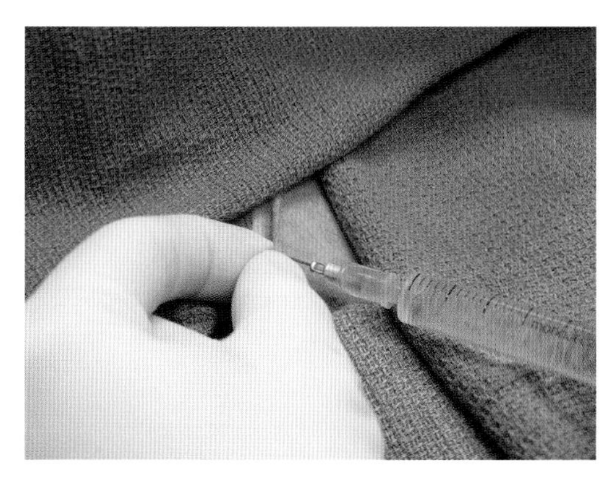

图 52　提起皮肤，用局部麻醉剂，如 0.5 ~ 1mg/kg 利多卡因浸润血管上方区域。

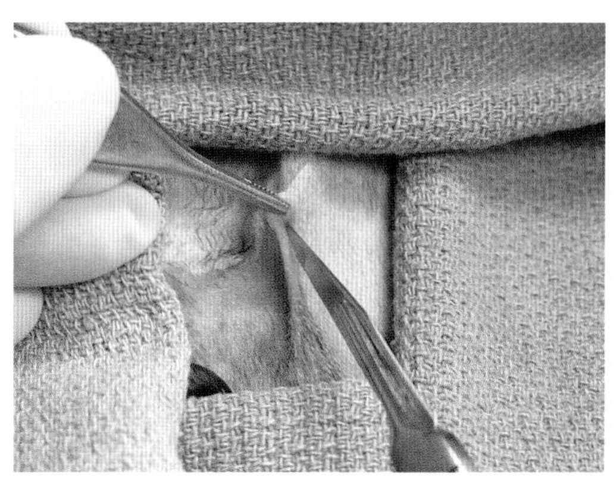

图 53　用刀片切开血管上方的皮肤，注意不要撕裂下层血管。

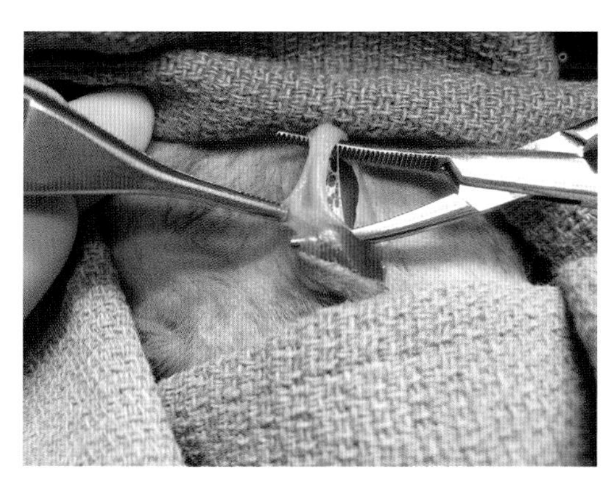

图 54　分离血管，钝性分离周围筋膜 / 结缔组织显露血管。

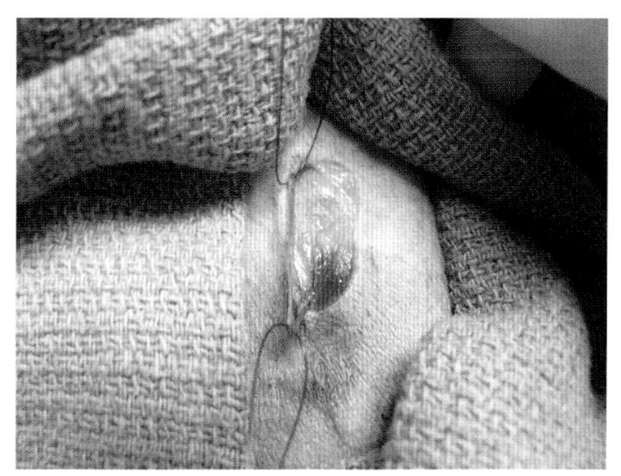

图 55　在血管下放置两根可吸收牵引线。这样可以将血管提到皮肤水平，有利于放置导管。

图 56　将导管插入血管，注意不要刺破血管底壁。

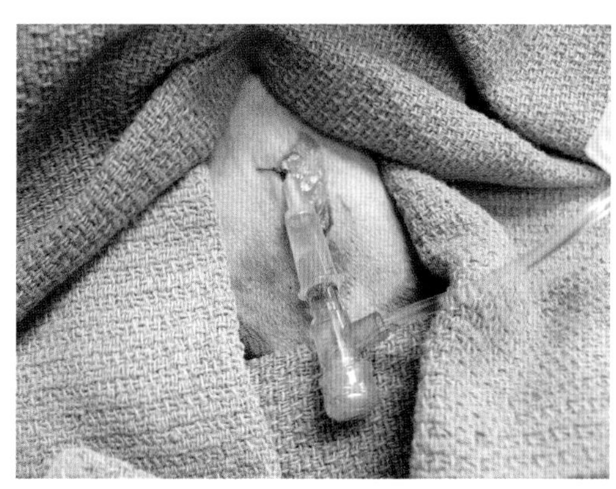

图 57　导管在血管中放好后，可以用吸收线松松地围绕导管进行固定。

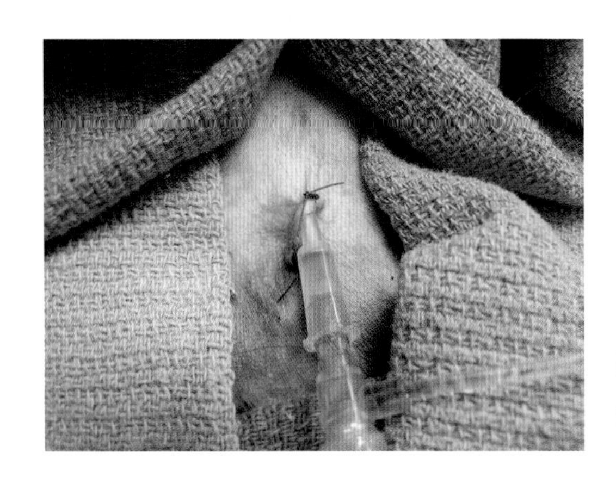

图 58 缝合导管上方皮肤，如之前经皮放置导管介绍的方法一样，用胶带固定导管头。

三针采血技术

三针采血技术是一种从外周或中心静脉导管中取得纯血样本，然后将肝素抗凝血注回动物体内的技术。应戴上灭菌手套，防止污染导管。准备三支注射器，包括一支抽好 0.5mL 肝素盐水的 3mL 或 6mL 注射器。拔下肝素帽或静脉输液管，连接含肝素注射器，慢慢抽出 3mL 或 6mL 血（根据导管是外周管还是中心管抽出不同的血量）。肝素化血样连接上针头，防止污染。然后用灭菌注射器以相同的方法采集纯血样，再将样本转移到合适的收集管内。之后将肝素化血样注射回静脉，而不是注射入动脉导管，用第三支注射器向导管中填充 3mL 或 6mL 肝素盐水。

静脉导管的维护

静脉导管的维护和放置静脉导管同样重要，目的是防止导管处被污染并避免医源性感染。在预防导管污染过程中，最重要的就是首先判断哪些情况可能潜在引起导管污染，如呕吐、腹泻或尿失禁。导管应当放在不太容易被患病动物体液污染的位置。每天至少要检查导管 2 ~ 3 次，检查是否出现周围发红、肿胀或注射处疼痛，这些意味着静脉炎、感染或血栓 [2]。

每当操作导管和液体通路时，医院工作人员都应用灭菌刷或洗液仔细洗手，然后戴上手套，防止导管污染。包扎物被浸透或弄脏时需要及时更换。一般情况下，只要导管仍通畅且没有出现以上列出的任何并发症，而动物没有出现发热情况，导管就能继续使用。频繁更换导管不会使细菌感染的发生率降低，但会明显增加动物的住院费用。

静脉导管相关并发症

导管处被动物体液和排泄物，或医院环境中的微生物侵入是导管诱发的并发症中最常见的原因。在医院环境中，医源性微生物经器械和员工的手转移后能够成为显著的感染来源（图 59）。伊丽莎白圈能够防止舔咬导管或静脉输液管（图 60）。另外，导管或液体通路的无菌性被破坏会增加导管相关感染的可能性。

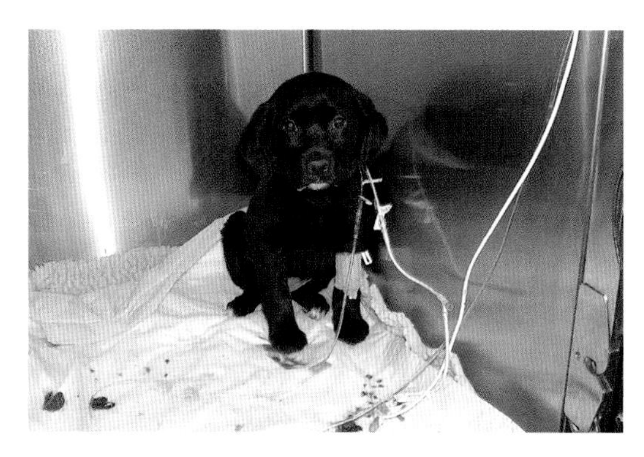

图 59　患细小病毒性肠炎幼犬的呕吐物和腹泻粪便污染了导管处和静脉液体通路。

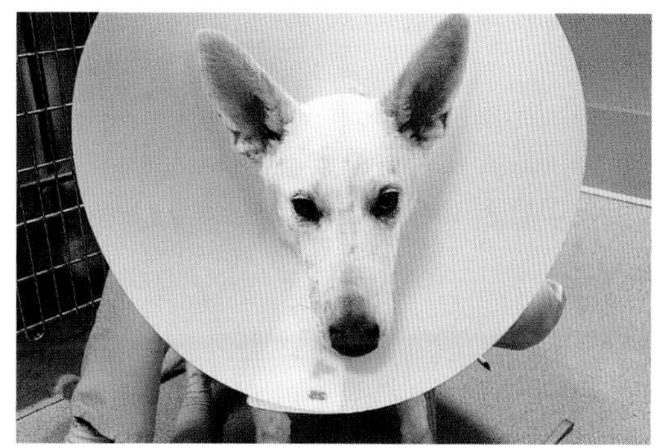

图 60　可能需要使用伊丽莎白圈防止动物啃咬导管和绷带。

大孔径的中心静脉导管对于处在高凝血或凝血不良状态的动物来说是相对禁止的。例如，将大孔径中心导管放置于患弥散性血管内凝血（disseminated intravascular coagulation，DIC）或维生素 K 拮抗杀鼠药中毒的动物，能够引起导管处非必要的医源性出血。与凝血过快相关的状况，如免疫介导性溶血性贫血、肾上腺皮质机能亢进、DIC 或蛋白丢失性肠病或肾病，会增加血栓栓塞的风险。已经有关于颈静脉插管继发前腔静脉栓塞的报道[8]。

在放置和维护静脉导管时要始终采用无菌技术，以降低导管被细菌污染的风险。除动物自身原因外，导管诱发性感染最常见的来源之一就是设备和医院员工的手。兽医技术人员和医生能够采取的预防导管相关感染的方法中，洗手是目前来说最重要的方法之一。在一家兽医危重护理单位中记录了肠杆菌污染静脉导管的发生率。在同一研究中，更换员工使导管相关感染的发生率显著下降。某些员工缺乏卫生意识导致了静脉导管细菌培养阳性率显著增加。

放置静脉导管时，所有人员在使用抗生素刷洗液刷洗插管处过程中和刷洗后均应戴手套。对于免疫功能受损，如患糖尿病、癌症和化疗，以及细小病毒性肠炎的动物，这点尤为重要，对于这些动物，导管被细菌污染的发生率可高达 22%[10]。分离出的主要病原体来自胃肠道或环境，多种抗生素无效[10]。因细菌耐药的发生率极高，可能的污染源来自环境病原体，可能是经动物护理人员的手从环境转移而来。另一项研究记录显示，使用4%氯己定刷洗四肢远端，接触时间保持1min，能够极大减少细菌在静脉插管处皮肤上的定植[11]。但是，插入血管前，静脉导管触碰到动物四肢远端的毛发也会导致污染。为了避免这种潜在的污染来源，放置静脉导管前，应先在毛上垫一块4英寸 ×4英寸的纱布。

在紧急放置静脉或髓内导管过程中，非无菌技术会导致导管相关感染和并发症。甚至是严格遵守无菌规程时，每天也应至少检查一次导管处，检查是否出现注射上方疼痛、红疹、血管呈“绳状”或增厚、发热或导管处出现渗出物。如果发现任何异常，或者之前没有出现发热的动物开始发热，应拆除导管，并对导管头做需氧菌培养（图61）。

曾经的金标准是每三天定期拆除并重新放置静脉导管，即使导管仍保持通畅且没有引起问题。目前更多研究证明，静脉导管留置时间超过72h，并没有使导管相关并发症，包括细菌污染的风险增加[12]。导管留置时间超过72h的动物细菌污染的风险并没有明显不同，实际上细菌污染的整体风险更低。由导管中培养出的细菌包括产气肠杆菌、金黄色葡萄球菌、铜绿假单胞菌、多杀性巴氏杆菌和芽孢杆菌。有趣的是，本文作者发现纱布海绵成为芽孢杆菌的污染源。当污染源被发现并去除后，导管相关感染的发生率显著降低。因此，注意维护放置时所用的物品与维护导管同样重要，而且如果出现并发症，这可能会成为被忽视的感染来源。

其他研究记录证明导管放置时间的长短与细菌感染或其他导管相关并发症无关[9]。在一项超过600例放置导管的人类患者的观察性研究中，延长导管放置时间没有增加感染、血栓性静脉炎或医疗并发症的风险[13]。因此，如果需要使用导管且导管还能使用，最新建议是除非出现问题，否则不需要太过频繁地更换导管。不过，如果出现发热、注射上方疼痛或发生血栓性静脉炎，应拆除导管并对导管头进行细菌培养。一般来说，一旦不再需要导管，应尽快拆除，它终究是感染和血栓性静脉炎的潜在来源。

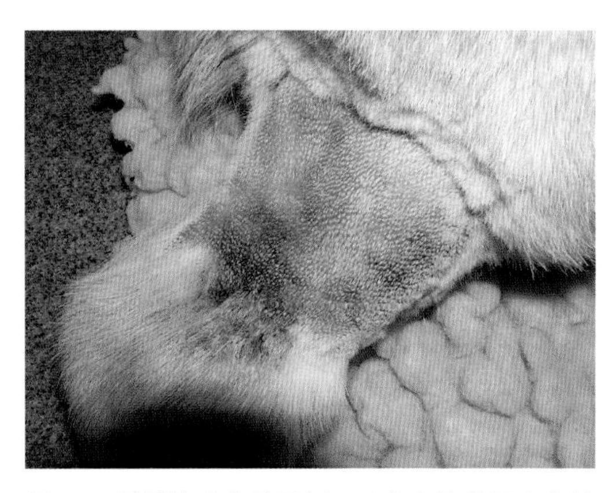

图61　插管处瘀血的示例。下方血管发展为血栓栓塞并增厚。经导管输液时引起上方疼痛，所以将导管拆除。

第 3 章

晶体液的成分及静脉输液的潜在并发症

简介

晶体液的成分

静脉输液的潜在并发症

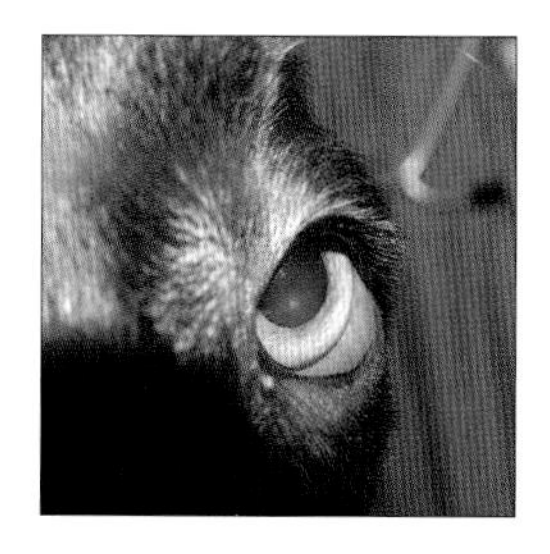 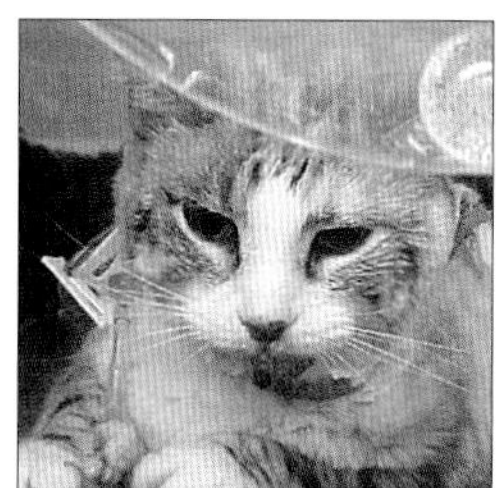 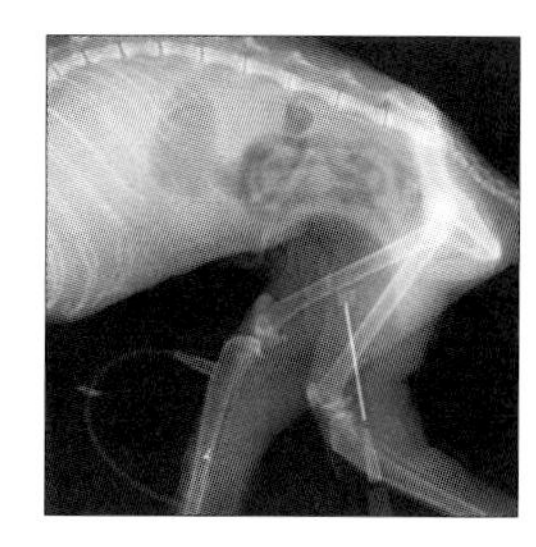 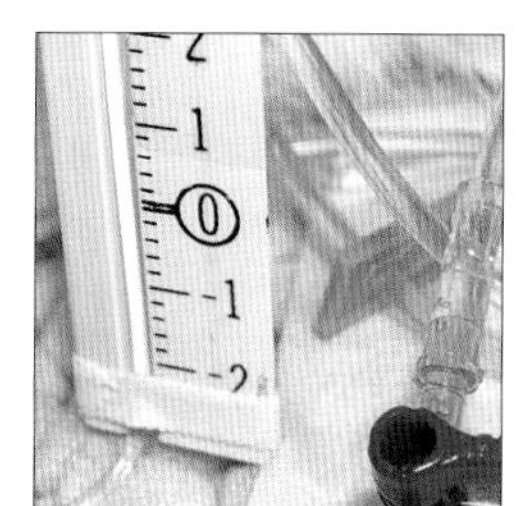

简介

当需要选择一种液体治疗某种特定疾病时，护理人员要认真考虑动物的原发性和继发性，代谢和酸碱平衡状态，以及是否存在潜在问题，如心脏或肾功能不全或血管炎，这些问题都会影响动物对治疗产生适当反应的能力，甚至会产生不良反应。理想情况下，针对某一疾病选择所需晶体液类似于为不同的细菌感染选择抗生素。

晶体液是由水和不同形式的电解质或盐类或糖类晶体为基础组成的溶液（图 62）[1]。根据晶体液相对于血浆渗透压的结果对其进行分类。电解质可以通过渗透作用穿过半透膜或屏障（图 63）[1,2]。在多数情况下，电解质顺浓度梯度由高浓度区域向低浓度区域移动。因此，输液后，晶体液中有渗透活性的颗粒浓度将会影响能够保持在血管中的液体量。

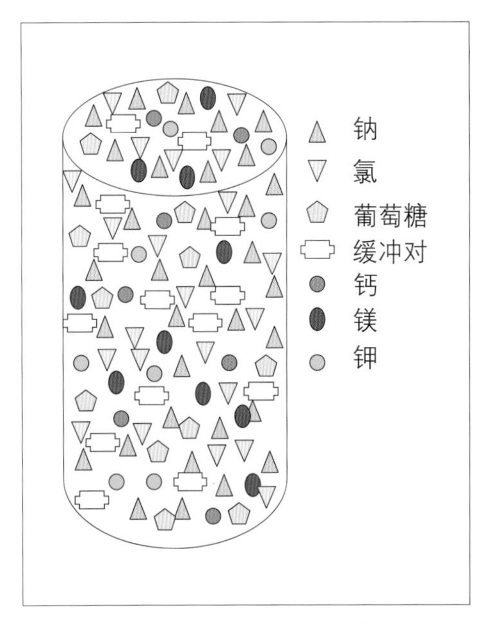

图 62　晶体液中含有水和不同浓度的钠、氯和 / 或葡萄糖分子。其他可能不存在或以不同浓度存在的成分包括钾、镁、钙和缓冲成分。根据液体类型，缓冲成分可能为乳酸盐、醋酸盐或葡萄糖酸盐。

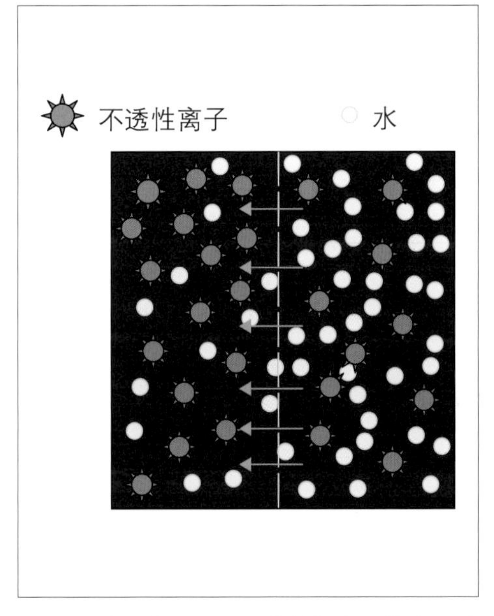

图 63　渗透作用图示。大的橙色颗粒为不透性离子以较高的浓度存在于半透膜的左侧，水以相对较高浓度存在于半透膜右侧。水分子可以通过孔自由地渗（穿）透半透膜，但较大的颗粒并不能通过。水可以沿着其浓度梯度（右侧浓度更高，左侧浓度更低）到达膜的左侧，直到半透膜的两侧都有等量的水，但较大的颗粒不能从一侧到另一侧。

等渗晶体液的渗透压等于血浆和细胞外渗透压。液体渗透压低于细胞外液称为低渗液，能够促使液体进入红细胞并引起溶血 [1,2]。液体渗透压高于细胞外液称为高渗液，可用于低血容量动物，用来扩张血容量。在给液后 1h 内，约 80% 的等渗晶体液会离开血管进入到组织间，除非采取一些方法如同时静脉输注胶体液 [3]。

很多情况下都可以进行静脉输液，包括扩充血容量、使组织间和细胞内再水合、维持并纠正酸碱和电解质异常，以及建立并维持血管通路（表 8）[4]。

表 8　使用等渗、低渗和高渗晶体液的相关适应证和禁忌证

液体	适应证	相关禁忌证
Normosol-R	补液、代谢性酸中毒、厌食、呕吐、低血容量性休克、腹泻、肾衰竭	高血钾、代谢性碱中毒
Plasmalyte-A	补液、代谢性酸中毒、厌食、呕吐、低血容量性休克、腹泻、肾衰竭	高血钾、代谢性碱中毒
0.9%NaCl	补液、低血容量性休克、厌食、呕吐、腹泻、代谢性碱中毒、高血钾、高血钙、低血钠、肾衰竭	心脏疾病、肝脏疾病、代谢性酸中毒
乳酸林格液	补液、低血容量性休克、呕吐、厌食、腹泻、低血钙、代谢性酸中毒、肾衰竭	高钙血症、高钾血症、输血、肝脏衰竭
5% 葡萄糖	给药、纠正高钠血症和自由水缺乏、充血性心力衰竭	作为肠外营养时不能提供充足的能量
0.45%NaCl + 2.5% 葡萄糖	维持、补充不可感觉失水、纠正自由水水缺乏	不能作为替代液；低钠血症；不能用于休克复苏
Normosol-M	补充不可感觉失水	低钠血症；不能作为替代液；不能用于休克复苏
Plasmalyte-M	补充不可感觉失水	低钠血症；不能作为替代液；不能用于休克复苏
3%NaCl	扩充血管内容积、低血容量性休克	间质脱水、高钠血症
7%NaCl	扩充血管内容积、低血容量性休克	间质脱水、高钠血症

为特定疾病选择的液体应基于其成分考虑（表 9）。除以与细胞外液渗透压相比为基础进行分类外，液体还可根据它们扮演的角色进行分类，如补充或维持血液酸碱和电解质状态，或将液体保留在血管内。

静脉液体也可以根据它们在补充血管内或间质内液体或电解质缺乏，或维持电解质平衡中的角色来分类。平衡晶体液是所含成分与细胞外液极为相似的液体[5]。非平衡晶体液是缺乏一种或一种以上可见于细胞外液中成分的液体。等渗晶体溶液含有类似于细胞外液的成分[5]。通常，用作替代液体和电解质缺乏的等渗晶体液中钠浓度与血浆及细胞外液中的浓度相似[1,2,4]。很多种溶液可以用来扩充液体容积，纠正电解质异常和酸碱紊乱，包括 Normosol-R、Plasmalyte-A、生理盐水（0.9%）及乳酸林格液。所列内容并不详尽，读者应当用这里提到的信息和概念来评估实际使用时所需使用的晶体液。

与细胞外液相比，维持晶体液所含钠和其他成分浓度较低，主要用于补充可感失水和不可感失水[3]。例如，0.45%NaCl + 2.5% 葡萄糖就是一种等渗的维持晶体液（也就是我们所知的“半糖半盐”液）。等渗晶体液中其他需要考虑的重要成分包括缓冲成分、钙、镁、钾和氯（表 9）。

表 9 晶体液的成分

液体	渗透压	缓冲成分	钠	氯	钾	钙	镁	葡萄糖
Normosol-R	296	醋酸 27 葡萄糖酸 23	140	98	5	0	3	0
Plasmalyte-A	294	醋酸 27 葡萄糖酸 23	140	98	5	0	3	0
0.9%NaCl	308	0	154	154	0	0	0	0
乳酸林格液	272	乳酸 28	130	109	4	3	0	0
5% 葡萄糖	252	0	0	0	0	0	0	50g/L
0.45%NaCl+ 2.5% 葡萄糖	280	0	77	77	0	0	0	25g/L
Normosol-M+ 2.5% 葡萄糖	363	醋酸 16	40	40	13	0	3	50g/L
Plasmalyte-M+ 5% 葡萄糖	377	醋酸 12 乳酸 12	40	40	16	5	3	100g/L
3%NaCl	1 026	0	513	513	0	0	0	0
7%NaCl	2 400	0	1 283	1 283	0	0	0	0

晶体液的成分

缓冲成分

缓冲成分是一种混合物，能够在体内转化或代谢成碳酸氢盐。碳酸氢盐是体内主要的缓冲对，有助于调控血液 pH 值。乳酸是一种可通过功能正常的肝脏转化为碳酸氢盐的缓冲成分。但是，肝功能异常的病例，肝脏将乳酸转化为碳酸氢盐的能力下降。这些病例更适合使用含醋酸或葡萄糖酸的晶体液，这两者都能够在肌肉中转化为碳酸氢盐。某些病例，如麻醉引起的低血压，一些兽医会避免使用含醋酸的溶液，因为他们相信醋酸有引起低血压的潜在风险。

乳酸是乳酸林格液中的主要缓冲成分。其他晶体液如 Plasmalyte-（-A、148、-M、56）中含有醋酸并以其作为主要缓冲成分。在理想情况下，治疗引起代谢性酸中毒的疾病使用的晶体液，应含有最终能够代谢为碳酸氢盐的缓冲成分。

静脉补液后，首先会扩充血容量，并有望改善灌注，从而使乳酸及其他无氧代谢的副产品被稀释。晶体液中的缓冲成分会转化为碳酸氢盐，并增加血清 pH 值。不过，有些情况如糖尿病性酸中毒，推荐选用生理盐水（0.9%）来纠正循环血量。在使用胰岛素和葡萄糖后，酮酸也会转化为碳酸氢盐，使血清 pH 值升高。一般来说，静脉 pH 值 <7.1 的严重代谢性酸中毒，除了使用含缓冲成分的等渗晶体液之外，还应当使用碳酸氢盐进行治疗。可以计算患病动物缺乏的碳酸氢盐量，然后给予如碳酸氢钠，使用以下公式：

碳酸氢盐缺乏量（mEq/L）＝缺碱量 ×0.4× 体重（kg）

由于输入含缓冲成分的等渗晶体液，能够促进血容量扩充并稀释患病动物体内的酸中毒，一种补充碳酸氢盐的保守方法是计算碳酸氢盐缺乏量，然后慢慢推注计算值的 1/3，剩余量在 24h 内补充。过度给予碳酸氢盐能够潜在导致与之相矛盾的脑脊液酸中毒和代谢性碱中毒，这两种情况都很难治疗。因此一些医生推荐，除非在采用适当的液体复苏后 pH 值仍低于 7.2，否则不要使用碳酸氢钠。生理盐水（0.9%）中不含缓冲成分，但它被称为酸化晶体液，这是因为它能够促进肾小管分泌碳酸氢盐[4]。对于代谢性碱中毒的病例，如上消化道梗阻时，不含额外缓冲成分的酸化溶液如 0.9% 生理盐水更合适，它可以避免增加其他额外的碳酸氢盐来源，同时也能够补充因呕吐丢失的氯离子。

钠

钠是体内主要的细胞外阳离子。犬正常的钠浓度为 140 ~ 150mEq/L，猫为 150 ~ 160mEq/L[4]。多数等渗晶体液中钠含量的范围为 130 ~ 154mEq/L。

血清钠浓度迅速变化会产生不利影响，这与动物的钠平衡及血清钠浓度的变化速度有关。高钠血症是自由水缺乏的最主要特征，也就是液体的缺乏程度超过了电解质。腹泻、中暑、体温过高、没有获取水的途径都会引起不同程度的高钠血症。相反，肾上腺皮质机能减退、假性肾上腺皮质机能减退、腹腔积液或胸腔积液能够引起血清钠浓度下降，或者说低钠血症。理想情况下，血清钠浓度在 24h 内降低或升高不应超过 15mEq。激进地使用含钠液体如生理盐水（0.9%）治疗严重低钠血症会导致脑水肿和脑桥中央髓鞘溶解[6]。对于引起高醛固酮血症和钠潴留的疾病，如充血性心力衰竭和肝衰竭，使用钠浓度较低的液体可能更有利一些，如 0.45% 氯化钠（NaCl）或 5% 葡萄糖。

用来补充血管内及间质容积缺乏的液体应含有 130 ~ 154mEq/L 钠。生理盐水（0.9%）是钠浓度最高（154mEq/L）的晶体液，而与血浆相比，乳酸林格液所含钠浓度最低（130mEq/L）。

维持液可以用来补充每日持续丢失的钠。液体如 Plasmalyte-M 和 Plasmalyte56 约含 40mEq/L 的钠。如果这些液体被当作平衡液使用，会使患病动物的血清钠浓度降低并导致低钠血症。

高渗生理盐水含有超生理浓度的钠，能够使间质液被吸收，主要用于扩充血容量。顾名思义，高渗盐水的渗透压（5% 溶液为 1712mOsm/L，7.5% 溶液为 2567mOsm/L）比血清 / 血浆要高得多。输入高渗盐水使血浆相对组织间质液变为高渗，这样液体就会从间质移动到血管内以降低相对升高的血清渗透压（图 64）。

间质中建立相对较高的渗透压，将液体从细胞内拉到间质中。为了补充因给予高渗盐水后间质缺乏的液体，还应输注等渗晶体液。之后给予晶体液进行再平衡，使间质和细胞内缺乏的液体恢复正常。因高渗盐水会通过吸收间质和细胞内的液体，促使血容量扩张，所以存在间质脱水或高钠血症的动物不能使用[7]。高渗盐水对血容量扩张的作用时间相对较短（约 20min），所以这种液体应当与合成胶体液一同使用，以达

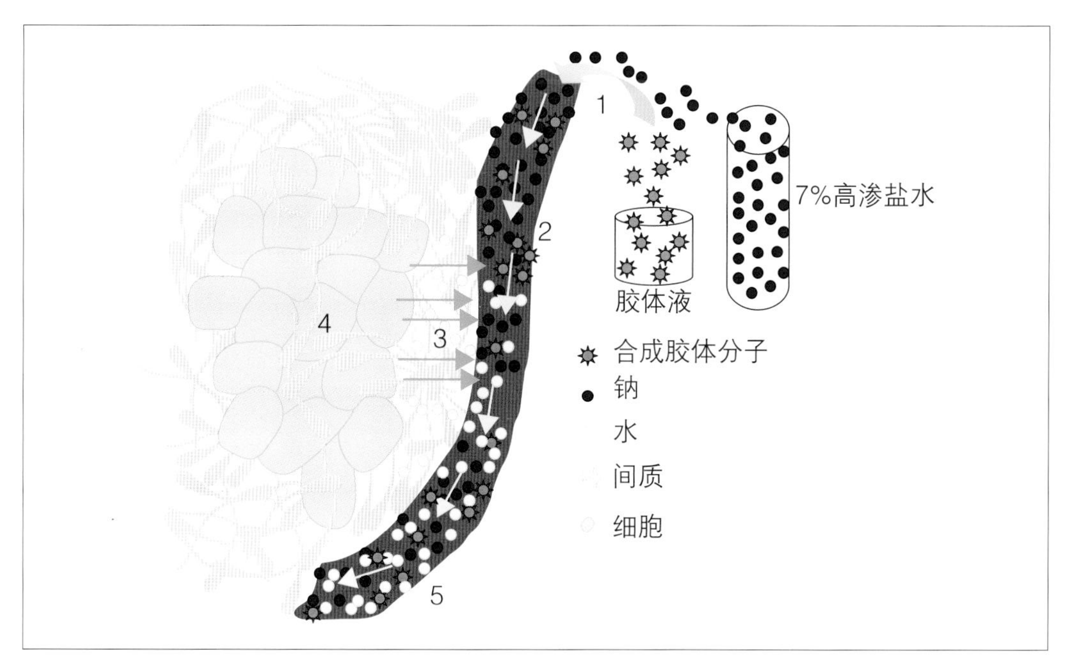

图 64　静脉输注高渗盐水（第 1 阶段）后，血管中出现大量渗透活性颗粒，使血管内相对于间质和细胞变为高渗（第 2 阶段）。因渗透压的变化，液体离开间质（第 3 阶段），之后是细胞内部（第 4 阶段），以尝试使血清渗透压恢复正常。间质和细胞内的水移动进入血管内，在短时间内增加血容量。当血清渗透压被稀释，趋近平衡并逐渐恢复正常后（第 5 阶段），除非高渗盐水与胶体一同输注，否则血管中的液体会回到间质和细胞内。胶体保护并维持血管内的液体负荷，以维持循环血量。由于间质和细胞内受到脱水的影响，应在使用等渗晶体液之后再给予高渗盐水和胶体，这样所有部位的液体才能正常。

到更持久的效果。理想情况下，添加了胶体液（犬 5 ~ 10mL/kg，猫 2mL/kg）的高渗盐水应缓慢输注，单次剂量的输注时间应超过 15min，以避免低血压[4]。

氯

氯是细胞外主要的阴离子。会经上消化道梗阻引起的呕吐丢失，或者由腹泻的粪便丢失。上消化道梗阻时代谢紊乱的特征包括低氯性代谢性碱中毒。生理盐水（0.9%）中氯浓度超过生理浓度（154mEq/L），常用作低氯血症时的氯离子补充液。其他等渗晶体液含不同浓度的氯（55 ~ 103mEq/L）。虽然氯离子很重要，但在为某些特殊疾病选择替代液时，考虑钠离子及其他电解质浓度更加重要。

钾

钾是主要的细胞内阳离子。严重脱水、肾上腺皮质机能减退、代谢性酸中毒、糖尿病酮症酸中毒和肾衰竭时血清钾会升高。肾功能不足也会导致不同程度的低钾血症。多数替代和维持晶体液均可以补钾。动物出现高钾血症时，最好避免使用含钾液体。不过，单独进行静脉输液时，当血管内液体量得到补充后，即便是液体中含有少量的钾，也会被稀释。对于低钾血症的动物，钾的补充量应当与低钾血症的程度相符（表 10）[8]。静脉输钾的速度最好不要超过 0.5mEq/（kg・h）（表 11）。

钠 - 钾 ATP 酶泵的调节和正常功能需要镁。对于患顽固性低钾血症的动物，如某些患糖尿病酮症酸中毒的动物，除钾外，还应补充镁［0.75 mEq/（kg・d）］。

表 10　低钾血症时补钾推荐剂量

血清钾（mEq/L）	1L 液体中需要添加的钾（mEq）
≤ 2.0	80
2.1 ～ 2.5	60
2.6 ～ 3.0	40
3.1 ～ 3.5	30
3.6 ～ 5.0	20
>6.0 *	0

* 一定要考虑和不含钾并能够促进钾分泌的晶体液一同补充。理想的选择之一为 0.9%NaCl。

表 11　补钾量（mEq/L）和输液最大速度［mL/（kg・h）］，输液速度避免超过推荐的 0.5mEq/（kg・h）

补钾量（mEq/L）	最大输液速度［mL/（kg・h）］
80	6.25
70	7.1
60	8.3
40	12.5
30	16.7
20	25

钙

钙是正常肌肉传导和凝血必需的重要离子。乳酸林格液中含少量钙（3mEq/L）。例如，对于产后抽搐（子痫）的动物，除使用 10% 葡萄糖酸钙或氯化钙治疗外，乳酸林格液可能是最佳液体。某些情况下，如在进行甲状旁腺切除术或甲状腺切除术时，有意或无意切除了甲状旁腺，此时动物很容易发展为低钙血症。对于这些病例，除标准用药规程外，提前使用含钙液体如乳酸林格液可能有利于辅助预防术后低血钙。多种病因可引起高钙血症（表 12）。

相对来说，如果可以使用其他晶体液，则不要使用含钙液体。高钙血症时可以选择使用生理盐水（0.9%）进行治疗，不仅是因为其中不含钙，还因为生理盐水能够促进钙从尿中排出。

表 12　高钙血症的原因
肉芽肿性疾病（Granulomatous disease）——芽生菌病及其他真菌性疾病
骨性（Osteogenic）——转移性骨肿瘤
假性（Spurious）——实验室结果错误
甲状旁腺功能亢进（Hyperparathyroidism）
维生素 D 中毒 / 维生素 D_3 杀鼠药中毒（Vitamin D toxicity/cholecalciferol rodenticide intoxication）
艾迪生病 / 肾上腺皮质功能减退（Addison's disease/hypoadrenocorticism）
肾衰竭（Renal failure）
肿瘤（Neoplasia）——淋巴瘤、顶浆分泌腺腺癌、多发性骨髓瘤、白血病、纤维肉瘤
特发性（Idiopathic）（猫）
温度和毒素（Temperature and toxins）——维生素 D_3 杀鼠药、补钙

葡萄糖

含糖液体与血浆相比一般为低渗液。D5W（5% 葡萄糖）类似于纯水溶液。因为纯水与血浆相比严重低渗，输注纯水会引起迅速而严重的溶血。加入 5% 葡萄糖（50mg 葡萄糖 /mL）能够使液体的渗透压达到可接受的范围。输液时，葡萄糖会迅速代谢并保持液体在血管、间质和细胞内重新分布。含糖液体如 D5W 和 0.45%NaCl + 2.5% 葡萄糖常用作治疗糖尿病酮症酸中毒、肝衰竭、心脏疾病时的维持液，并用于携带某些药物制品。对于患肝脏和心脏疾病的动物，高醛固酮血症会引起钠潴留。因此，最好使用 D5W 或 0.45%NaCl + 2.5% 葡萄糖，而不是将葡萄糖加入含 130 ~ 154mEq/L 钠的等渗晶体液中。这些液体中浓度列表标出的葡萄糖被快速代谢，但还远远不足以达到动物每日代谢能的需求量。

静脉输液的潜在并发症

血容量超负荷

总体液约占动物体重的 60%。约 67% 的总体液位于细胞内，剩下的位于细胞外的血管内和间质中。在细胞外 33% 的水中，24% 位于细胞间质，8% ~ 10% 位于血管内。液体在各部位间的流动或移动受控于每个部位内部静水压和胶体渗透压间的微妙平衡，以及血管内皮孔隙大小。

静水压是水对血管壁各处产生的压力：也就是说，在血管内部称为血管内静水压，而在血管壁的外侧，则称为间质静水压。如果胶体渗透压不理想，升高静水压有助于液体从一个部位流向另一个部位。相反，胶体渗透压能够将液体保留在某个部位内，如果血管健康，这有助于避免间质水肿。Starling 扩散法则描述了液体的流动，或液体从一个部位向另一个部位的移动，此处：

$$液体移动 = k\left[(P_c+\pi_i)-(\pi_c+P_i)\right]$$

此处的 k = 滤过系数，P_c = 毛细血管静水压，P_i = 间质静水压，π_c = 指毛细血管胶体渗透压，π_i = 间质胶体渗透压。

滤过系数由毛细血管上的小孔或孔隙大小决定。胶体渗透压是指能够吸引液体或水，并有助于将液体保留在某一部位内的力量。胶体渗透压是由溶液中微粒的大小和数量与间质中微粒的大小和数量的比例决定的。毛细血管静水压和间质胶体渗透压影响液体向间质中移动。相反，毛细血管胶体渗透压和间质静水压有助于液体留在血管内。最终，决定液体流动方向的滤过力和吸收力之间达到平衡。

当血管内静水压超过血管胶体渗透压，液体就会进入间质，造成间质水肿。晶体液没有胶体渗透压，所以能够稀释血清胶体渗透压（COP）、白蛋白及其他血清蛋白。过度输注晶体液，尤其是存在低白蛋白血症时，会增加间质水肿的风险[1,2]。这对肺尤为不利：当肺毛细血管压超过 25mmHg，便可发生肺水肿，同时肺的淋巴引流系统失效。

对于所有病情严重的动物，并不提倡用肺动脉导管直接监测心输出量及测量肺毛细血管梗阻压。在右心功能、血管顺应性和胸内压力正常的情况下，使用微创设备测量中心静脉压简单易行，并可用于测量血管内液体容积的间接趋势[10]。胶体渗透压测定法是另一种监测工具，用于确定患病动物的胶体渗透压以及对胶体液治疗的反应[11]。在过去，兽医从业者曾尝试从动物的血清总蛋白推断出血清渗透压；不过，得出的结果不定，而且与直接测量出的 COP 间的相关性并不是非常好[12-14]。

血管内胶体渗透压和液体量必须进行准确测定，以满足动物所需的液体治疗。水肿的后果包括损害细胞供氧和酶功能、损害细胞氧交换、细胞肿胀和细胞溶解[8]。水合过度的相关临床症状可能包括浆液样鼻液、球结膜水肿、呼吸急促、坐立不安、咳嗽、肺水肿及发抖。呼吸急促和咳嗽常常在出现浆液样鼻液、球结膜水肿（图 65）、外周水肿（图 66），或急性肺水肿（图 67）的临床症状前发生。因此，多次评估动物的呼吸情况是动物监护中非常重要的组成部分。

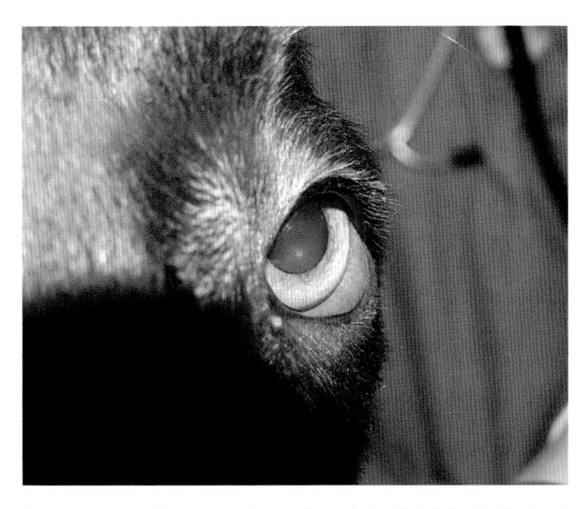

图 65　因低蛋白血症及间质中液体过负荷发生球结膜水肿的动物。

图 66　因继发于严重胰腺炎的血管炎及全身炎症反应综合征导致严重外周水肿的阿拉斯加雪橇犬。在这个病例中，血管炎连同胶体渗透压下降及间质中晶体液过负荷同时引发了显著的外周水肿。

图 67 充血性心力衰竭患猫出现肺水肿。

监测中心静脉压

中心静脉压（CVP）是一种间接测定血管内液体容积的方法。更准确地说，CVP 测量的是不存在静脉梗阻性疾病时，紧临右心房外侧前腔静脉中的静水压[10]。其他影响动物 CVP 的因素包括血管收缩张力、右心功能、胸膜腔内压及血管顺应性[10]。可以将一个压力传感器连接在位于右心房外侧的中心静脉管的尖端上，直接测量 CVP。如果不能使用压力传感器，可以用一根静脉延长管和水压计测量 CVP。在大型犬，用尖端紧邻右心房外侧的颈静脉中心静脉管测得的 CVP 最准确（图 68）。不过对于猫和幼犬，使用颈静脉中心静脉管，或经外侧或内侧隐静脉放置管头位于后腔静脉的中心静脉管也可以精确测得 CVP（图 69）[15,16]。

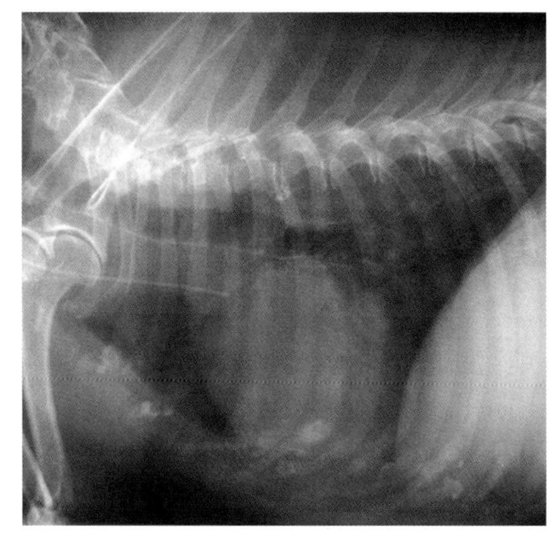

图 68 一只患病动物的侧位胸片，它的颈静脉中有一长导管。注意导管的尖端位于或紧邻右心房，该导管可用于测量中心静脉压。

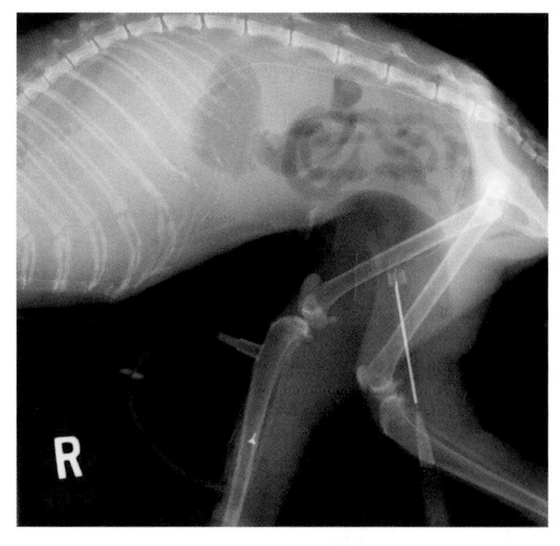

图 69 一只经内侧隐静脉放置中心静脉管的猫的腹部侧位 X 线片。导管尖端位于后腔静脉，如果需要可以用它测量中心静脉压。

具有阻断旋钮的三通头有两个内止口和一个外止口。为了测量 CVP，将一根长静脉输液延长管接在三通管其中一个内止口上。之后将含肝素生理盐水的 20~35mL 注射器接到另一个内止口上。将水压计连接到三通头的第 3 个接口上（图 70）。旋转三通开关，使肝素生理盐水能够充满静脉输液延长管（图 71）。之后，将延长管的外止口连接到中心静脉管的内止口上。关闭三通，阻止液体流入动物体内，使水压计的液体柱被注满（图 72）。注意不要使气泡进入水柱，这会影响 CVP 测量值的准确性。一旦液体柱 >20cmH_2O，将水压计的 0 刻度处靠近动物的胸骨柄（此处约等于靠近右心的导管尖部），旋转旋钮关闭注射器通道（图 73）。这样在水压计和动物之间形成一个液体柱。液体柱会缓慢下降，直到液面稳定并随着动物的心搏动和呼吸上下起伏。此时，液面最低点的读数为 CVP。应多次读取测量值，去掉所有虚假的高值或低值。一定记住要精确记录用于测量 CVP 时水压计上的 0 刻度点，以避免不同员工测量同一只动物时得到的结果相互矛盾。

健康且血容量正常的动物正常的 CVP 值为 0 ~ 5cmH_2O。CVP 测量值较低（指 < 0cmH_2O）通常提示血容量减少，或可能继发于血管扩张。CVP 值超过 10 ~ 12cmH_2O 通常提示血容量超负荷风险极高，或可能见于液量显著的胸腔积液 / 或右心衰。在理想情况下，动物的 CVP 应为 7 ~ 10cmH_2O（表 13）。在某些动物，测出的 CVP 基础值可能会超过 10cmH_2O，这是由于导管扭转或导管位置不当，或因循环血量增加造成的。对于这些动物，CVP 在 24h 中的增加值不会超过 5cmH_2O。如果有血容量超负荷的内在风险，应密切监测其他指标，包括呼吸频率和力度、胸腔听诊是否有肺啰音、浆液样鼻液或球结膜水肿。如果出现这些临床症状，应减少或停止静脉输液，并使用利尿剂。

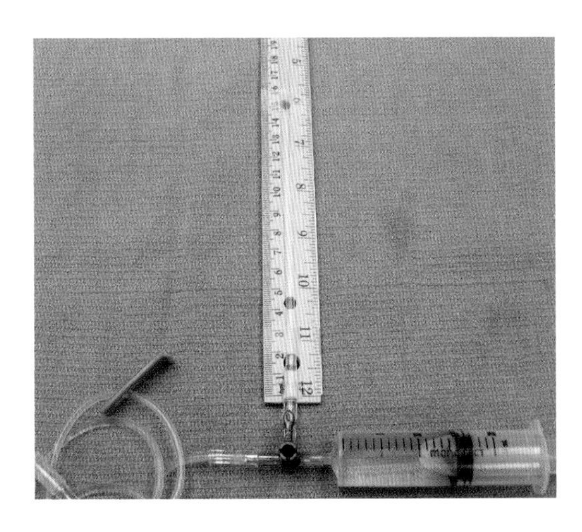

图 70　除了长的中心静脉管，测量中心静脉压需要的物品包括含 0.9% 灭菌生理盐水的 20mL 或 30mL 注射器、静脉输液延长管及水压计或柱形压力计。如果没有可用的压力计，可以将一根静脉输液延长管用胶带粘在以厘米为单位的米尺上作为压力计使用，花费少。

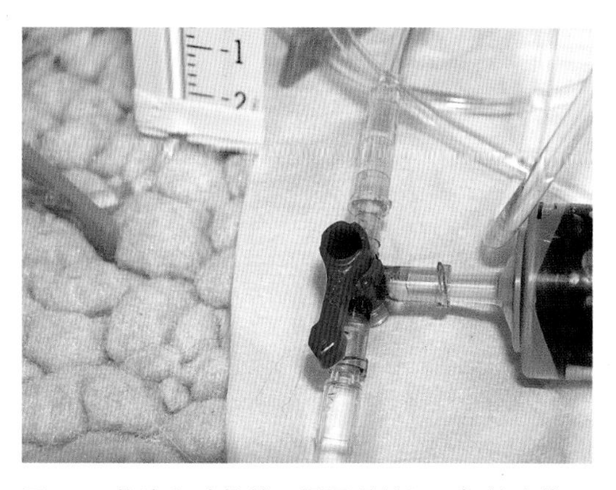

图 71 将流向动物的三通通道关闭，把盐水推入压力计。注意不要使压力计中进入气泡。旋转三通的旋钮，使肝素盐水充满静脉输液延长管。

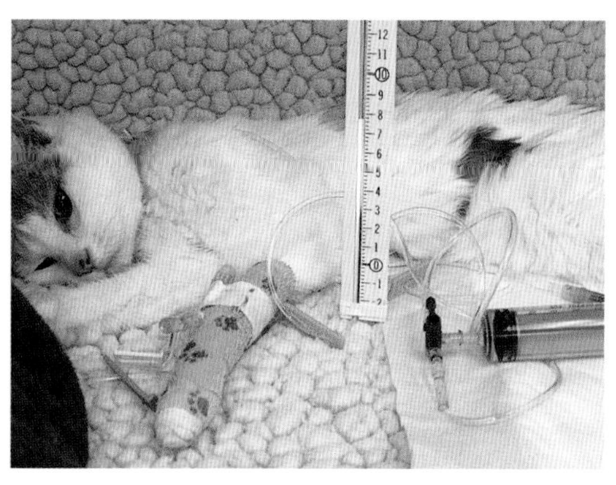

图 72 放置颈静脉和头静脉导管的猫。压力计的 0 刻度线（注意在这个病例中，压力计是由一根静脉输液延长管和米尺组成的）位于猫的胸骨柄，或与胸骨水平，该处处于右心房水平线。

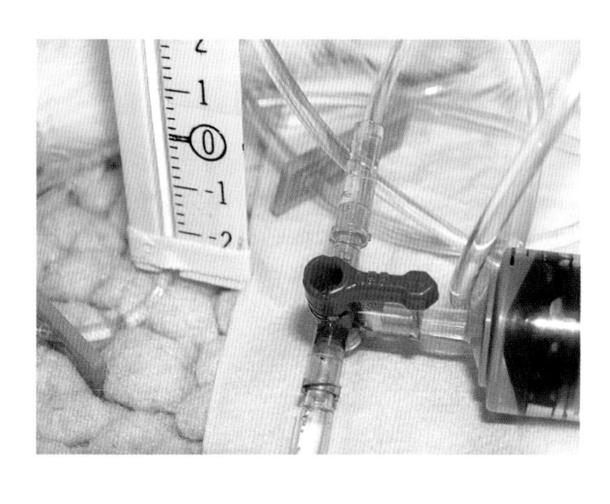

图 73 三通旋钮关闭注射器通道，且压力计 0 点位于猫的右心房水平，此时水柱达到平衡。当水柱随动物的心搏动上下移动时，液面最低点为中心静脉压的测量值，单位为厘米水柱（cmH_2O）。

输注晶体液导致的电解质紊乱

有很多可用于患病动物的晶体液。在理想状态下，选择静脉液体时应基于动物的酸碱和电解质情况。例如，幽门流出道梗阻导致的低氯性代谢性碱中毒，从理论上来讲，使用含缓冲成分的液体是不合适的，但可以使用其他氯离子含量较高且更偏酸性的液体，如 0.9% 氯化钠。但是，使用 0.9% 氯化钠会潜在地加重高钠血症或高氯血症，用于代谢紊乱的患病动物时要谨慎。对于患代谢性酸中毒的动物，使用不含缓冲成分的酸性溶液，如 0.9% 氯化钠或 D5W，很可能会使代谢性酸中毒恶化，或好一点的情况是延长低 pH 值的纠正时间。对于因严重低灌注及供氧受损导致代谢性酸中毒的病例，使用任何等渗晶体液，甚至是没有缓冲成分的液体，都有助于恢复灌注及改善供氧，以及在血管内液体容积恢复后纠正乳酸酸中毒。

表 13 测量并解读中心静脉压

中心静脉压（cmH_2O）	解读	可能的原因
< -2	严重低血容量	严重血管内液体容积缺乏 严重脱水 测量不准确 血管扩张
-2 ~ 0	低血容量	严重血管内液体容积缺乏 血管扩张 测量不准确
0 ~ 5	血容量正常	血管容积正常 右心功能正常
5 ~ 10	CVP 正常至轻度上升	可能正常 血管内液体容积增加 流入右心的量减少（心肌病、心基肿瘤、心包渗出） 测量不准确 可能即将出现液体容积过负荷，使用时当心
> 10	CVP 上升	血管内液体容积增加 导管扭结 流入右心的量减少（心肌病、心基肿瘤、心包填塞） 测量不准确 血管内液体容积即将超负荷

乳酸林格液含少量钙。这对低钙血症的动物，如发生子痫的母犬有一定好处，但可能不适合继发于恶性肿瘤或甲状旁腺机能亢进的高钙血症动物。同样，含钾液体对低钾血症的动物是有益的，但对严重高血钾的动物是有害的。一般来说，对于血管内容积减少和脱水的动物，输液能够恢复血管内和间质的容积，并能够稀释血清电解质浓度。恢复血管内液体容积同样也有助于纠正酸碱失常如代谢性酸中毒，而纠正后也可以通过钠 – 钾 –ATP 酶泵交换钾与氢来改善高钾血症。

过快输注低渗溶液如 D5W 能够潜在导致血管内溶血，并出现高血糖。输注速度较慢时，D5W 中的葡萄糖会迅速代谢，从本质上讲如同在输未导致血管内溶血的纯水。输注大量含糖液体会引起高血糖，并潜在导致脑水肿，这会使患有创伤性脑损伤的动物预后恶化 [17]。迅速输注高渗盐水会导致红细胞破坏并变为锯齿状 [13]。快速输注高渗盐水还会刺激迷走神经，引起低血压和心动过缓，所以不应用于严重脱水或高钠血症的动物 [3]。用同一个液体通路输注含钙液体和血液制品会引起柠檬酸钙沉淀，所以应避免这样做。

第 4 章

胶体液

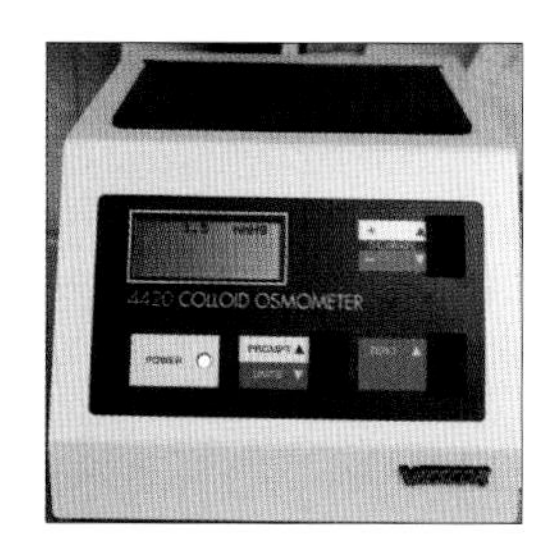

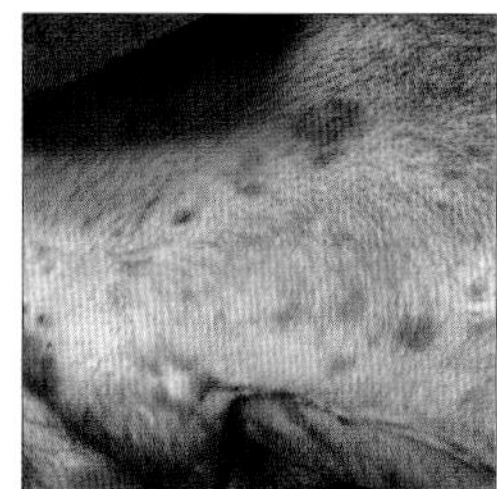

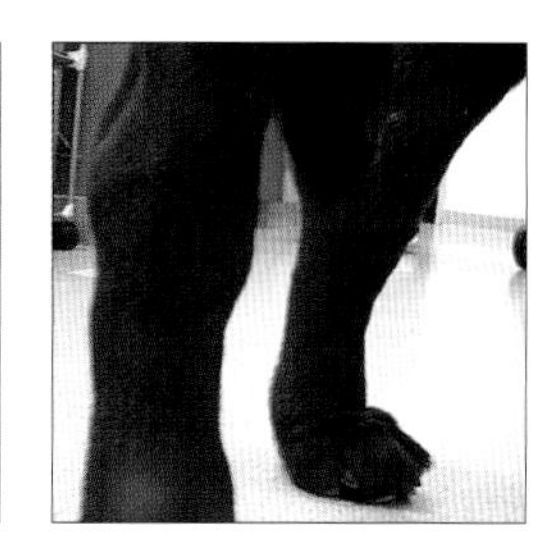

简介

胶体液中含大分子颗粒，难以穿透具有半透性的血管壁。胶体颗粒能够促进钠和水聚集在颗粒周围并留在血管内。根据溶液胶体渗透压（colloid oncotic pressure，COP）的不同，有些胶体还能够将液体从其他部位吸收到血管内[1]。胶体液可分为天然胶体和合成胶体。天然胶体液包括含血浆蛋白的全血、血浆、浓缩白蛋白溶液[2]。合成胶体液包括右旋糖酐 -70、氧化聚明胶、羟乙基淀粉和喷他淀粉。胶体液有助于治疗低血容量性及败血性休克、血管炎、低蛋白血症、第三腔（如胸腔和腹腔）液体丢失以及外周水肿[1]。

胶体液的特性

胶体渗透压

液体在不同部位间的移动受到血管半透膜两侧 COP 和静水压间相对平衡的调节（图 74）。其他影响颗粒在血管和间质中移动或潴留的因素为颗粒大小、血管直径大小及颗粒电荷。COP 大小取决于半透膜两侧大分子物质的体积和数量。血浆白蛋白、球蛋白和纤维蛋白原形成了血管内 COP[3]。这些蛋白所产生的胶体渗透压 75% ~ 80% 来源于白蛋白，20% ~ 25% 源自球蛋白[3]。犬正常 COP 为（19.95 ± 2.1）mmHg，猫为（24.7 ± 3.7）mmHg[4,5]。如果动物的 COP 低于 14mmHg，发生间质水肿的风险显著增加[6]。使用胶体液的目标或终点应为产生 14 ~ 18mmHg COP[6]。由于每种胶体的有效维持时间各有不同，建议不论使用何种胶体液，应持续输液直到动物能够维持自身血清 COP 而不需要额外支持为止。

就像在第 1 章中讨论过的一样，静水压是在不同部位内水分子产生的力。大量输注晶体液能够有效增加血管内静水压，并稀释其中的胶体分子，血管内静水压增加后促使液体从血管进入间质。而输注天然或合成胶体液时，则会使血管内 COP 升高，且高于间质内 COP。

输注含小分子相对较多的胶体液时，血浆胶体渗透压开始时会先升高[2]。颗粒越小降解速度越快，大颗粒胶体寿命更长，有助于维持血管内胶体渗透压。大分子颗粒不易穿透健康血管，这些颗粒可以在血管内产生对水的吸引力。血管内保水胶体颗粒数量增多，血管保水能力会随之升高。输注胶体液后，液体从间质被吸收进入血管。

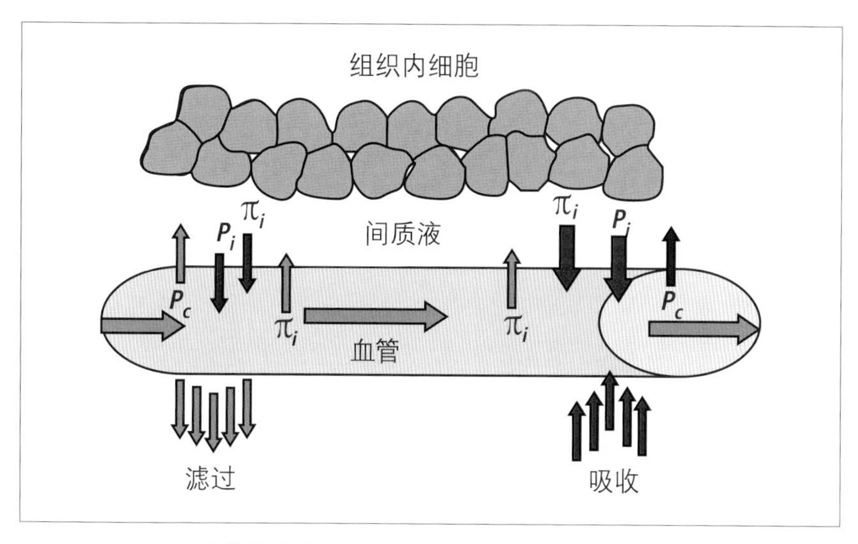

图 74　Starling's 力控制液体在不同部位，也就是间质和血管间的流动，或移动。液体流动取决于间质和血管间的胶体渗透压（π）和静水压（P）的压力差、毛细血管孔径大小及滤过系数。

多数情况下，与单独输注晶体液相比，同时输注胶体和晶体液有助于晶体液中的水分在血管中保留更长时间。

单独输注晶体液，接近 80% 的液体会在 1h 内离开血管。若同时使用胶体液，晶体液在血管内保留的时间更长，可能导致毛细血管静水压升高，发生间质（包括肺）水肿。为了避免这种潜在并发症，在同时输注胶体液时，晶体液的液量应减少 25% ~ 50%。即应输入计算液量的 50% ~ 75%，以避免发生间质水肿的可能性。无论临床还是实验，在从失血性休克复苏的过程中，肺血管内的水分增加会降低血清 COP 并减少氧气交换[7,8]。

Gibbs-Donnan 效应

溶液中的蛋白携带负电荷。正电荷离子（如钠）被吸引到蛋白核心周围以平衡电荷维持电中性[3]。静脉输注胶体液，水伴随着钠被吸引到蛋白分子的核心结构周围，使水留在血管内（图 75）。

由于溶液中的负电荷胶体颗粒具有吸水性，血浆 COP 大于仅存在蛋白时的渗透压（图 76）[3]。

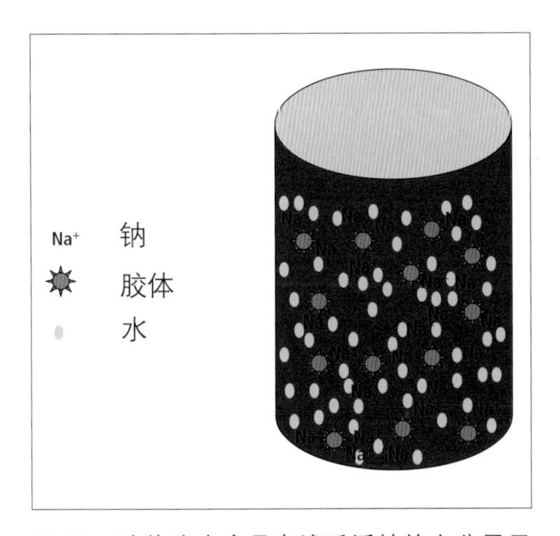

图 75 胶体液中含具有渗透活性的大分子量颗粒，能够将钠离子吸引到核心结构周围。水随着钠离子运动。通过将钠和水吸引到颗粒周围，水被保留到血管内 [3,6]。

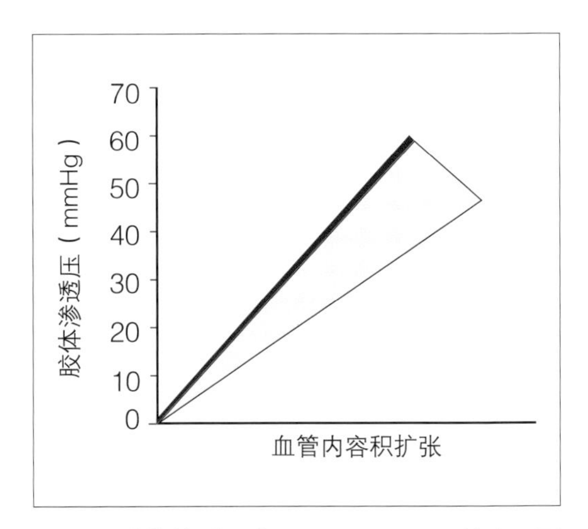

图 76 胶体渗透压和 Gibbs-Donnan 效应。正常的血清胶体渗透压范围是 17 ~ 22mmHg。当液体的胶体渗透压（COP）超出生理数值并超过该患病动物正常的 COP 时，静注胶体液会将液体从间质吸收入血管内。液体的扩张特性超过单纯的胶体液本身就是所谓的 Gibbs-Donnan 效应，产生原因是阳离子（如钠）和水被吸引在胶体的阴性核心结构周围 [3,6]。

胶体渗透压测定法

Landis-Pappenheimer 等式可以根据动物的总蛋白（TPr）估算血浆 COP：

$$\text{COP（mmHg）} = 2.1（\text{TPr}）+ 0.16（\text{TPr}^2）+（\text{TPr}^3）$$

受血清 pH 值、酸碱平衡状态、白球比，以及是否同时使用合成胶体液的影响，此等式对重症动物的敏感性或准确度下降 [9-11]。

胶体渗透压力计是用来测定液体 COP 的工具 [6]。Wescor 4420 胶体渗透压力计（图 77）具有压力传感器，能够检测充满生理盐水的检测池和充满血液或血浆的样品池之间的压力差。由于液体的渗透压不同，测试池中的液体净流入样本池，产生一个压力梯度，以 mmHg 为单位 [6]。如果没有胶体渗透压力计，血浆白蛋白浓度和总固体也可作为评估所需胶体治疗的一种粗略指标。不存在高白蛋白血症的情况下，白蛋白约占血浆总固体的 50%。如果总固体低于 4.0g/dL（40g/L），或白蛋白低于 2.0g/dL（20g/L），则需要补充胶体渗透压。

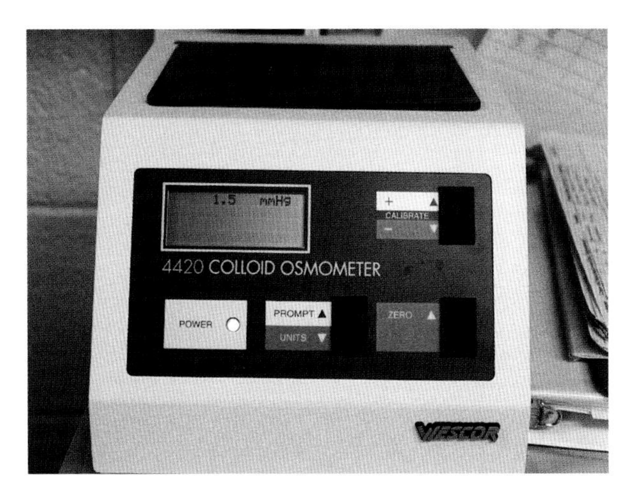

图 77　Wescor 4420 胶体渗透压力计。

胶体液的适应证

75% ~ 80% 静注的等渗晶体液会在输液后 1h 内离开血管。晶体液和胶体液同时输注有助于液体在血管中保留更长时间，血容量扩张效果更持久。因此，在低血容量性休克时，胶体液常常与晶体液一同使用。液体也可以经由血管内和间质中胶体渗透压和静水压力差效应而保留在血管中。血管孔径大小也是液体潴留的重要因素之一。涉及败血症、血管炎或全身炎症反应综合征的疾病会使血管中的液体倾向于泄漏到间质中（表 14）。另外，低白蛋白血症［白蛋白 < 2.0g/dL（20g/L）］相关疾病会导致血管内 COP 下降，毛细血管静水压起主要作用，使血管内液体流向间质。在正常情况下，淋巴回流（lymphatic drainage）会收集过量的组织间液并将其运回血管。当血管内静水压升高或胶体渗透压降低，或在毛细血管扩张的情况下，淋巴回流作用减弱，导致间质水肿。

胶体液的潜在并发症

胶体液的使用不应被看作完全无害或有害的，应谨慎使用。在权衡患病动物是否适合使用天然或合成胶体液时，必须要考虑到潜在风险。在低血容量性休克和第三腔液体丢失的治疗过程中，胶体液有助于恢复血容量、血压、灌注以及向重要器官输送氧气。由于含胶体液体有中度至强效的吸水力，能够将水分吸到血管中，对于有血容量超负荷倾向或轻度至中度心功能不全的充血性心力衰竭的患病动物，胶体液有导致血容量超负荷的潜在可能。任何存在血容量超负荷潜在可能性的动物都应仔细监测是

表 14 导致血管炎及毛细血管孔径增大的疾病

- 白蛋白生成减少
  - 肝衰竭
  - 饥饿
  - 营养不良
  - 过量输入胶体液
- 蛋白丢失增加
  - 蛋白丢失性肾病
  - 蛋白丢失性肠病
    - 炎性肠病
    - 淋巴管扩张
    - 肿瘤
  - 第三腔液体
    - 腹膜炎
      - 猫传染性腹膜炎（Feline Infectious Peritonitis，FIP）
      - 败血症
      - 胰腺炎
    - 胸腔积液
      - FIP
      - 乳糜胸
      - 脓胸
    - 创伤
      - 剪切伤
      - 烧伤
- 血管炎
    - 细小病毒性肠炎
    - 胰腺炎
    - 子宫积脓
    - 免疫介导性血管炎
    - 中暑
    - 蛇毒
    - 烧伤
    - 肿瘤
    - 挤压伤
    - 创伤

低白蛋白血症可能与因肝衰竭或严重饥饿导致的生成减少有关；但在大部分病例中，低白蛋白血症是由感染、炎症或免疫介导性疾病导致蛋白丢失增加引起的。

否出现球结膜水肿、呼吸频率和深度增加、肺啰音、浆液样鼻液及皮下水肿等症状。在理想状态下，应根据胶体渗透压力计测量出的动物 COP 值来计算所需胶体液量。实际上，胶体渗透压测定法并非适用于所有兽医临床。当没有胶体渗透压力计时，如果需要使用胶体液，总固体浓度或血浆白蛋白浓度可作为粗略评估指标。在这种情况下，应根据动物的体重、CVP 及治疗过程中灌注指标的反应调整决定晶体液和胶体液的使用。对每种胶体液相应的潜在并发症将会分别进行详细讨论。

胶体液

用于兽医临床的胶体液特性及推荐剂量见表 15 和表 16。

羟乙基淀粉溶液中含合成支链淀粉聚合物，是一种含多支链淀粉分子的 0.9% 生理盐水或乳酸林格液（表 15）。聚合物的支链特性使溶液中分子大小从 10 000 ~ 106 道尔顿（Da）不等。溶液的平均分子质量为 69 000 ~ 71 000Da，接近动物机体的人血白蛋白分子量[1]。在人，约 1/3 的羟乙基淀粉能在循环内停留 3d 以上，最长到 17 周时仍能在血清中检测到[12]。较小的颗粒（< 50 000Da）被血清淀粉酶降解，并由肾脏排泄。较大的分子经网状内皮系统代谢。在犬，羟乙基淀粉的半衰期较短，为 7 ~ 9d，约 30% 会在 24h 内降解并清除[13-15]。在犬猫，羟乙基淀粉的推荐剂量为 20 ~ 30mL/（kg · d），但由于支链淀粉聚合物能够与血管性血友病因子结合，具有潜在的凝血障碍风险。实际应用羟乙基淀粉溶液改善血压时，该推荐剂量可能会过量。可逐次输注 5 ~ 10mL/kg 胶体尝试纠正低血压，再继续进行恒速输注以提供胶体渗透压（表 16）。对于胶体渗透压低或低白蛋白血症的动物，应持续输注胶体液，直到白蛋白丢失的病因以及由低白蛋白血症引起的临床症状（如球结膜水肿、肺水肿、外周水肿）消失为止。

喷他淀粉即低分子量羟乙基淀粉。喷他淀粉同样含有支链淀粉聚合物，分子大小更为均匀，平均分子量为 30 000Da[2]。喷他淀粉能够在输注后 1h 内迅速增加血容量。由于喷他淀粉大部分的颗粒较小，消除半衰期比羟乙基淀粉快得多。给药后，约 90% 的喷他淀粉在 24h 内从循环中被清除，剩余的在 3d 内消除[12]。

羟乙基淀粉和喷他淀粉中的支链淀粉通过血清淀粉酶降解，会使血清淀粉酶浓度轻度升高。这并不意味着可以将羟乙基淀粉视为引起胰腺炎的因素，因为血清淀粉酶浓度对于这个疾病来说是极为不敏感的临床指标。羟乙基淀粉可以使血管性血友病因子和因子Ⅷ的活性降低至正常值的 40%。对内源性凝血级联反应，也就是活化凝血时

表 15 胶体液的特性

胶体液	胶体渗透压（mmHg）	血清半衰期	血容量扩充	平均分子质量（道尔顿）
25% 白蛋白	70	16h	4 ~ 5	69 000
6% 右旋糖酐 -70	60	7 ~ 9h	0.8	41 000
氧化聚明胶（Vetaplasma）	46	2h	1.0	35 000
10% 右旋糖酐 -40	40	30min	1 ~ 1.5	26 000
Voluven（0.9% NaCl 含 6% 羟乙基淀粉 130/0.4）	36	4 ~ 6h	1	130 000
6% 羟乙基淀粉	35	7 ~ 9d	1 ~ 1.3	69 000
10% 喷他淀粉	32	10h	1.5	120 000
5% 白蛋白	20	16h	0.7 ~ 1.3	69 000

胶体渗透压与血浆相似的胶体液扩充血管容积的能力低于 25% 白蛋白溶液。血浆胶体渗透压 75% ~ 80% 来源于白蛋白，羟乙基淀粉与体内自然产生的白蛋白平均分子量相当。

表 16 兽医用胶体液的推荐剂量

胶体	推荐团注剂量（mL）犬	推荐团注剂量（mL）猫	推荐每日剂量［CRI mL/（kg · d）］犬	推荐每日剂量［CRI mL/（kg · d）］猫
羟乙基淀粉	5 ~ 10mL/kg	5mL/kg	20 ~ 30mL/（kg · d）	20mL/（kg · d）
右旋糖酐 -70	5 ~ 10mL/kg	5mL/kg	20 ~ 30mL/（kg · d）	20mL/（kg · d）
喷他淀粉	10 ~ 40mL/kg	5mL/kg	10 ~ 25mL/（kg · d）	5 ~ 10mL/（kg · d）
25% 白蛋白	治疗低血压 4 ~ 5mL/kg	治疗低血压 2 ~ 3mL/kg	总剂量 5mL/（kg · d），持续丢失时可能需要更高剂量	总剂量 3mL/（kg · d），持续丢失时可能需要更高剂量
氧化聚明胶	3 ~ 5mL/kg，15min 以上，之后缓慢推注 5 ~ 15mL/kg	3 ~ 5mL/kg，15min 以上，之后缓慢推注 5 ~ 15mL/kg	20mL/（kg · d）	20mL/（kg · d）

间（activated clotting time，ACT）和活化部分凝血活酶时间（activated partial thromboplastin time，APTT）进行监测，可见使用羟乙基淀粉的动物测定值升至正常参考值以上[17]。输注各种羟乙基淀粉溶液后，犬血小板栓子形成时间也会延长[18]。这可能没有明显临床症状，也不会引起出血，除非输入量超出了制造商推荐的剂量［即不超过30mL/（kg·d）］，或动物本身存在凝血缺陷如因子Ⅷ缺乏或血管性血友病[16,17,19]。若输液速度过快，羟乙基淀粉会引起猫的组胺释放，导致呕吐[2,5]。因此，对于该物种，一般不推荐快速推注羟乙基淀粉溶液，推注时间应大于 15min。

右旋糖酐 -40 和右旋糖酐 -70

含右旋糖酐溶液作为胶体支持液已有数十年历史，但当今临床中这种溶液的使用并不广泛。右旋糖酐溶液本质上是由细菌（肠系膜明串珠菌）产生的葡萄糖聚合物[1]。右旋糖酐 -40 中含有的葡萄糖聚合物平均分子量为 40 000Da，右旋糖酐 -70 中含有的葡萄糖聚合物平均分子量为 70 000Da。以上溶液的半衰期分别为约 30min 和 7 ~ 9h（表 15）。

使用含右旋糖酐的溶液并不是无害的。右旋糖酐由肾排泄。在肾功能不足及肾小球滤过率下降的动物，半衰期会大幅延长[1]。另外，低血容量或低血压状态会降低或延长肾脏清除速度，使聚合物在肾小管沉积。有导致肾衰竭的潜在风险[20]。因此，对低血容量、低血压、脱水，以及肾功能不足的动物，应谨慎使用右旋糖酐溶液[1]。右旋糖酐 -70 能够促进中性粒细胞进入边缘池从而减少中性粒细胞数量[21]。右旋糖酐能够包被红细胞和血小板表面，干扰凝血测试和红细胞交叉配血试验。

人类和一些小型动物会自然产生抗右旋糖酐分子抗体。这种情况被认为是接触了含右旋糖酐的食物。快速输注右旋糖酐，尤其是右旋糖酐 -40，会导致过敏反应。因此，现在人医和兽医均极少使用右旋糖酐 -40。右旋糖酐 -70 能够包被血小板并降低凝集能力，延长出血时间。这可能对如肾上腺皮质机能亢进或弥散性血管内凝血（DIC）一类的高凝血状态有益，但主要禁止用于患血小板减少症或血小板病的动物。另外，因羟乙基淀粉或右旋糖酐的稀释作用，折射仪的 COP 读数会假性降低[4]。

氧化聚明胶

明胶溶液在开始时产生原因是用于应对大面积伤亡的情况，在欧洲的使用极为广泛。明胶溶液中含有源于牛胶原蛋白的改性尿素氮交联明胶[1]。溶液中颗粒的平均分子量为 30 000 ~ 35 000Da。由于溶液中的颗粒数量众多且分子量较小，氧化聚明胶表现为强效胶体液，从间质吸收入血管的液体量与输入量相当。氧化聚明胶的半衰期相对较短，为 2h（表 15）[1]，但在给药约 7d 后还可在循环中出现。与其他合成胶体一样，氧化聚明胶由肾脏排泄，用于肾功能不足或肾衰竭动物时要谨慎。过敏的风险很低[7]，但也会发生[1,5]。虽然氧化聚明胶没有表现出对血小板或凝血因子蛋白的影响，大量给药后也会发生稀释性凝血障碍[1,5]。

浓缩人血白蛋白

浓缩人血白蛋白和犬特异性白蛋白溶液目前已应用于兽医临床。在健康状态下，白蛋白约占血清总蛋白的 50%，血清 COP 约 80% 来源于白蛋白[11]。有报道从白蛋白推算 COP，但在动物极为不准确[9-11]。因此，如果动物存在继发于低白蛋白血症的间质水肿风险，使用胶体渗透压力计被视为金标准。机体内白蛋白主要位于间质中，少量位于血管内。这在与低白蛋白血症有关的疾病中变得很重要。在低白蛋白血症状态下，间质内的白蛋白和肝脏合成作用均来补充血管内的白蛋白，直到供应量消耗殆尽。肝窦中的渗透压感受器感受到 COP 降低，刺激肝脏合成白蛋白。存在合成胶体时，肝窦中的渗透压感受器感受到 COP 假性升高至正常水平，从而抑制白蛋白生成。当出现明显的低白蛋白血症时［白蛋白 < 2.0g/dL（20g/L）］，血管内的静水压会超过血管内的 COP，使液体从血管进入间质，超出淋巴回流系统的承受能力范围并导致间质水肿。白蛋白含量 < 2.0g/dL（20g/L）的低白蛋白血症有显著增加重症患犬死亡率[22]、肠道饲喂不耐受和伤口延迟愈合的风险[23]。

除了作为机体中COP的主要构成成分，白蛋白还有作为凝血介质、药物和激素载体、清除氧自由基及愈合介质的功能[24]。在出现明显低白蛋白血症症状的人和动物，如果白蛋白的储量没有得到补充，那么发病率和死亡率将会升高[22-24]。血浆中含少量白蛋白，但却是一种低效且昂贵的补充血清和间质白蛋白浓度的方法[24]。为了将低白蛋白血症动物的白蛋白升高 0.5g/dL（5g/L），需输入约 20mL/kg 的血浆。若出现白蛋白持续丢失，该剂量还要增加。

近年来，浓缩人血白蛋白已经被用于多种疾病，包括治疗低白蛋白血症、COP 下降及作为高效胶体液用于治疗低血压（表 17）[25,26]。

药物治疗结合新鲜冷冻血浆或 25% 浓缩人血白蛋白，使血浆白蛋白浓度提升到 2.0g/dL（20g/L）能够极大改善临床结果。白蛋白需要量计算公式：

白蛋白需要量＝ 10× ［期望的（白蛋白）g/dL －患病动物（白蛋白）g/dL］×

BW_{kg} × 0.3[27]

处理后犬血浆一般含 20 ～ 30g/L 白蛋白。用此公式计算白蛋白需要量，会发现用血浆补充白蛋白在经济上是不允许的。

重症患犬可出现急性或迟发性罕见高敏反应，症状包括发热、呕吐、血管神经性水肿、迟发性血管炎和多发性关节病[28–30]。一项前瞻性研究发现，当把浓缩人血白蛋白输入到健康、白蛋白正常的犬体内时，出现抗白蛋白抗体及并发症的发生率极高[28,29]。该研究的局限性在于所有试验犬的白蛋白均正常，并在 1h 内接受了极高剂量（50g）

表 17　浓缩人血白蛋白（25%）推荐给药方案

（1）测试剂量：0.25mL/（kg · h），持续 15min

（2）观察白蛋白过敏反应的临床症状：
面部肿胀 / 血管神经性水肿
荨麻疹
低血压
呕吐
心动过速
呼吸急促
发热

（3）恒速输注：
治疗低血压时缓慢团注 2 ～ 4mL/kg
或 5mL/kg 慢推
或 0.1 ～ 1.7mL/（kg · h），持续 4 ～ 8h

（4）剩余的冷藏并在 24h 内用完或丢弃

的人血白蛋白输注，而非推荐的小剂量缓慢输注 4 ～ 8h。该文作者承认白蛋白含量正常犬的免疫力与危重动物不同，因此白蛋白正常的动物产生抗人血白蛋白抗体及对输入的白蛋白出现反应的风险极高。在随后一项研究中，研究者指出所有的犬，包括试验犬和临床病例均在输注人血白蛋白后的数天到数周内产生抗白蛋白抗体[29]。早期反应发生于输注白蛋白过程中，而迟发性反应在输注后 6 ～ 14d 内发生。两只健康犬在接受浓缩人血白蛋白输注后发生血管炎并最终死亡。

客户须被告知出现并发症的潜在风险。但两项研究显示，在重症监护室中对其他保守疗法反应极差的动物使用白蛋白后明显有改善，存活率得到提高[25,26]。鉴于犬使用浓缩人血白蛋白相关的内在风险，它的使用仅限于患有急性严重低白蛋白血症，单纯使用血液制品和人工胶体无法有效改善临床症状和控制病情的动物。一般来说，一旦血清白蛋白增加到 2.0g/dL（20g/L），使用合成胶体液如羟乙基淀粉、喷他淀粉、voluven 或右旋糖酐 -70 就能够维持 COP。

上述研究的作者已经成功地将浓缩人血白蛋白（25%）应用于严重低白蛋白血症患犬的临床治疗，且不良反应极少；但应对每个病例的具体情况权衡使用人血白蛋白的利弊（图 78 和图 79）。

犬源性白蛋白已经由国际动物血源中心提纯。为 5g 瓶装产品。对于低血容量性休克，稀释为 16% 溶液按 1mL/min 剂量使用，总量不超过 2.5 ~ 5mL/（kg · d）。用于纠正低白蛋白血症，推荐剂量为 5 ~ 6mL/kg 的 16% 溶液，白蛋白总量不超过 2g/（kg · d）。纯化犬源性白蛋白的半衰期为 12 ~ 15d，20 ~ 24d 内从循环中被清除。与所有其他类型的血液制品一样，犬源性白蛋白必须在 24h 内使用完毕，之后丢弃，以避免可能出现细菌生长和感染。

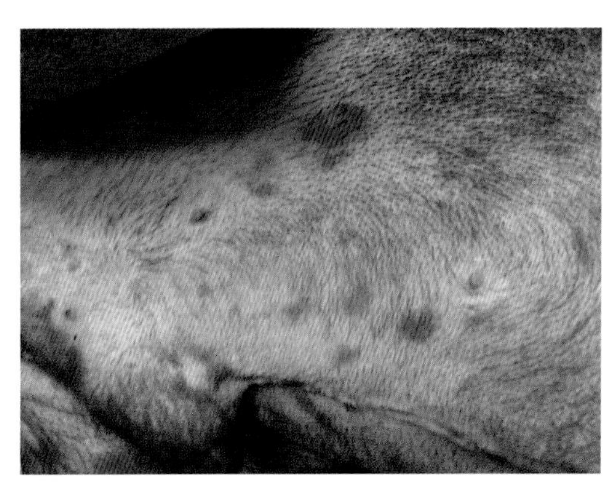

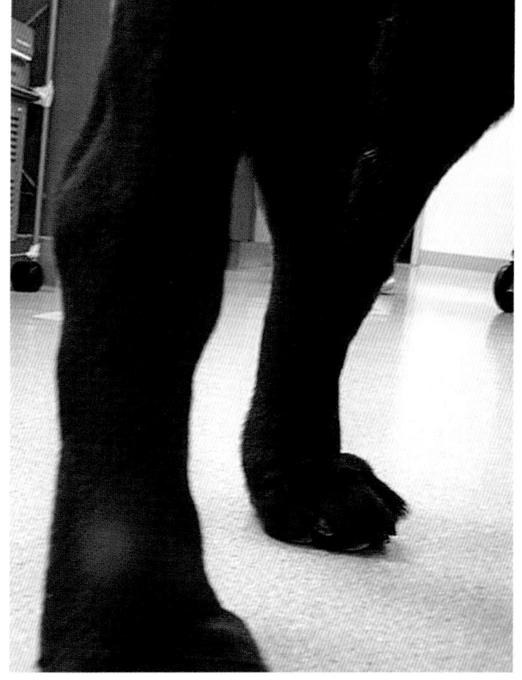

图 78、图 79 一只犬在使用 25% 浓缩人血白蛋白 2 周后，出现荨麻疹、血管炎凹陷性水肿及关节积液。

第 5 章

犬猫血库及血液制品的使用

简介

血库经济学

选择供血动物

血型

交叉配血试验

采血

成分血

输血疗法

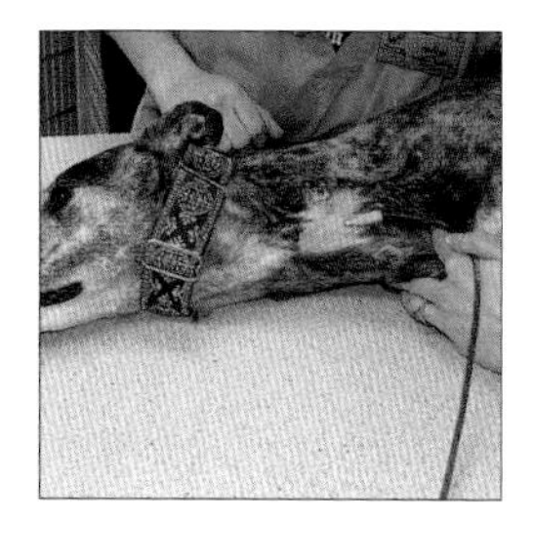
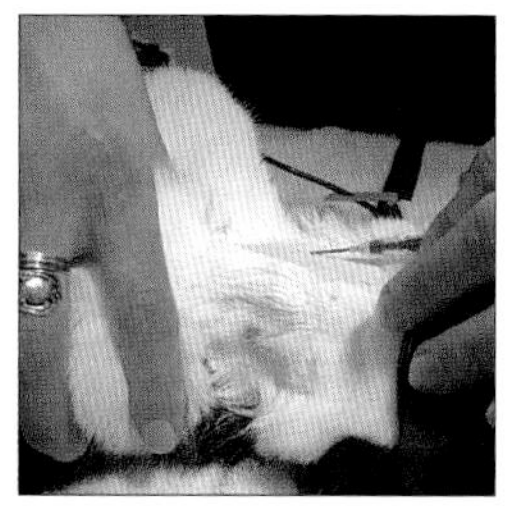
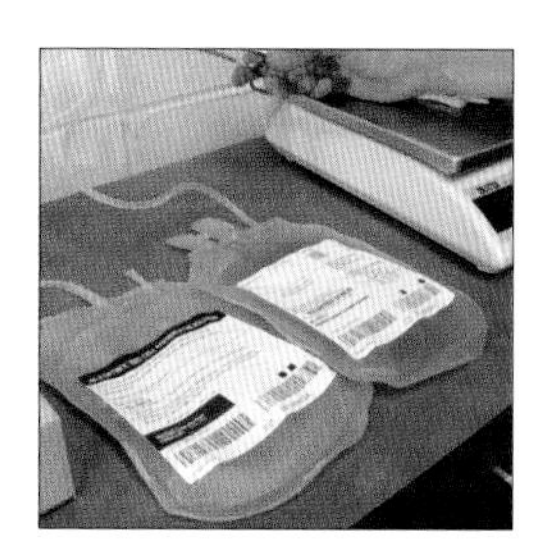
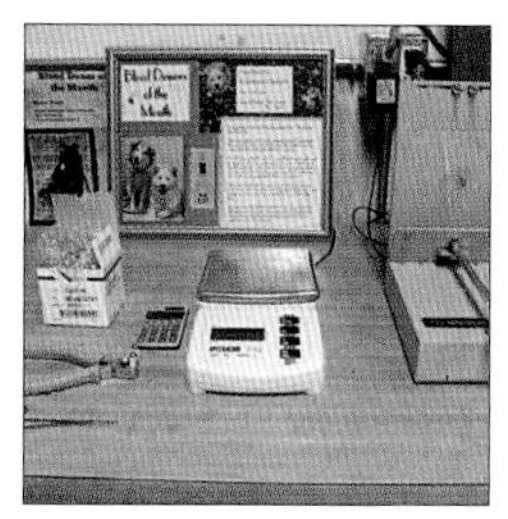

简介

几个世纪前，人们发现不同物种之间输血最终会引起致死性并发症后，提出了“种内输血”的概念。17 世纪早期，Richard Lower 从一只犬的股动脉抽血，然后从颈静脉注入另一只犬体内，没有出现并发症 [1]。然而，将绵羊血或牛血输入人体会导致发热、恶心、肾脏疼痛及黑色尿。1910 年，犬红细胞表面 4 种不同的凝集素和溶血素被发现 [1]。自此，一共发现了 12 种犬红细胞抗原（DEA）血型，而在家养猫中发现了 4 种不同血型 [2]。当代兽医在小动物输血治疗方面积累了大量扎实的应用知识。全血及特殊成分血输血已成为治疗不同类型贫血及凝血异常的危重动物的重要手段。彻底了解每种血液制品的成分、使用适应证以及潜在风险对于为患者提供合适的治疗方案、充分利用血库和献血资源来说很有必要。

血库经济学

在考虑是否在小动物诊所中建立血库时，兽医必须从实际、经济和伦理上评估众多因素。考虑医院中需要使用血液制品的频率。是几乎不需要，每月一次或两次，或几乎每天都需要？如果是第一种情况，饲养供血犬和猫从经济上来说是浪费的。如果定期使用血液制品但频率不高，购买并储存血液制品可能要比饲养供血动物更划算。即便使用率极高，由于血液制品本身价格高昂，客户难以承担用于宠物治疗的费用，通过建立血库以获得利润是非常困难的。饲养供血动物，包括技术人员时间成本、购买和维护冷冻离心机、对潜在疾病及潜在感染性疾病进行筛查、血浆提取器以及用于储藏血液制品的冷藏及冷冻设备都要花费大量资金。其他支出包括供血动物的日常护理、居住、食物及医疗。最后，也是非常重要的一点，我们必须要考虑动物在医院的生活质量。另一种能够尽量降低上述费用并为供血动物提供良好生活质量的替代方法是在医院外建立供血群体（donor pool），有固定的采血计划以满足医院的需要。在实际中，这种方式运作良好，动物比在动物医院中的生活质量更高。

选择供血动物

供血犬

理想的供血犬个性友好而平静，采血过程中不会出现应激。供血犬每年都应接受体格检查和常规健康筛查，包括全血细胞计数、血清生化检查和隐性心丝虫抗原测试[3]。美国兽医内科学会（American College of Veterinary Internal Medicine，ACVIM）推荐检验项目及对媒介传播和非媒介传播疾病强制性检测项目，详见表 18[4]。微生物能由供血动物传播至受血动物，会引起供血动物的亚临床感染，可以从感染动物的血液培养中获得，或者会导致非常难以治疗的感染，因此所有供血犬猫均应检测微生物。应先给供血犬筛查犬巴贝斯虫（*Babesia canis*）、吉氏巴贝斯虫（*B. gibsoni*）、利什曼原虫（*Leishmania donovani*）、犬埃利希体（*Ehrlichia canis*）和布鲁氏菌病（*Brucella canis*, 犬布鲁氏菌）。其他推荐检测项目包括无形体（*Anaplasma phagocytophilum* 和 *A. platys*，噬吞噬细胞无形体和扁平无形体）、新立克次体（*Neorickettsia risticii* 和 *N. helmintheca*，里氏新立克次体和蠕虫新立克次体，）、犬血支原体（*Hemobartonella canis*，犬血巴尔通体）、血支原体病以及来自德克萨斯州或美国西南部的犬克氏锥虫（*Trypanosoma cruzi*）或美洲锥虫病。不推荐对立克次体（Rickettsia rickettsii，落基山斑点热）或伯氏疏螺旋体（*Borrelia burgdorferi*，莱姆病）进行常规检测。有记录显示因供血犬而引起的受血犬巴贝斯虫病和利什曼原虫病[5,6]。理想的供血犬，体重应超过 50lb（27kg），年龄在 1 ~ 8 岁，红细胞压积（PCV）至少为 40%，已绝育或去势，且从未接受过输血。

表 18　供血犬推荐筛查项目（改编自 ACVIM 共识声明）[4]

疾病	病原	检测方法
巴贝斯虫病	犬巴贝斯 吉氏巴贝斯	IFA 或 PCR IFA 或 PCR
埃利希体病	犬埃利希体	IFA、PCR 或 ELISA
布鲁氏菌病	犬布鲁氏菌	RSAT 或 TAT
利什曼原虫病	利什曼原虫	IFA 或 PCR

ELISA：酶联免疫吸附试验；IFA：免疫荧光检验法；PCR：聚合酶链式反应；RSAT：快速玻片凝集试验；TAT：试管凝集试验

供血猫

与供血犬相同，供血猫应性格良好，并且在体格检查时不会出现应激。由于猫天生体型小且血管细，很多供血猫必须在处于深度镇静或常规麻醉的状态下才能采集样本。供血猫的理想体重应大于 10lb（4.5kg），年龄在 1 ~ 8 岁，绝育或去势，并且从未接受过输血[4]。另外，在献血前，供血猫应进行猫白血病（feline leukemia virus，FeLV）、猫免疫缺陷病毒（feline immunodeficiency virus，FIV）、血支原体病（*Mycoplasma haemofelis* 和 *M. haemominutum*）和巴尔通体病（*Bartonella henselae*、*B. clarridgeae* 和 *B. kholerae*）筛查（表 19）。猫胞簇虫（*Cytauxzoon felis*）病、埃利希体病、无形体病和新立克次体病检测不做常规推荐。由于猫传染性腹膜炎（feline infectious peritonitis，FIP）测试结果不可靠，不推荐做常规冠状病毒抗体测试。对刚地弓形虫的进一步常规筛查在供血猫同样不做常规推荐。每只供血猫可接受的最低 PCV 为 30%，但 35% ~ 40% 更好。

表 19　供血猫推荐筛查项目

疾病	病原	检测方法
FeLV	猫白血病病毒	ELISA
FIV	猫免疫缺陷病毒	ELISA
血支原体病	Mycoplasma haemofelis Mycoplasma haemominutum	PCR、血涂片 PCR、血涂片
巴尔通体病	Bartonella henselae Bartonella clarridgeae Bartonella kholerae	IFA、PCR、培养 IFA、PCR、培养 IFA、PCR、培养

ELISA：酶联免疫吸附试验；IFA：免疫荧光检验法；PCR：聚合酶链式反应

血型

输血前，需要了解供血者和受血者的血型，在时间允许的情况下应进行交叉配血试验。输血前至少应先测定血型。目前已有商品化犬猫快速血型测试卡（Rapid–Vet ™ Feline and Canine blood typing cards，DMS Laboratories，Flemington，NJ，图 80 和 图 81）。测试卡可以准确辨别 DEA1.1 阳性和 DEA1.1 阴性犬，虽然有时会与 DEA1.2 产生一些交叉反应，出现可疑结果[7,8]。猫血型测试卡对鉴别 A 型和 B 型血非常敏感，但对 AB 型血猫的敏感度较差[7,8]。若出现可疑结果，供血者或受血者的血应送至外部实验室进行更敏感的检测和分型[7]。由于测试卡是通过凝集反应进行筛查，自凝倾向的动物不能使用这种方法进行鉴定。一种更新型的血型测试对测定 DEA1.1 阳性与 DEA1.1 阴性犬，以及 A 型血和 B 型血猫的特异性更高（DEA Vet Blood Type Kits，Vetscan，Abaxis，Union City，CA，USA）（图 82）。这种方法的优点为，测试时使用动物血清，自凝不会对其造成影响，不像血型卡片那样无法用于自凝动物且结果判断具有主观性。

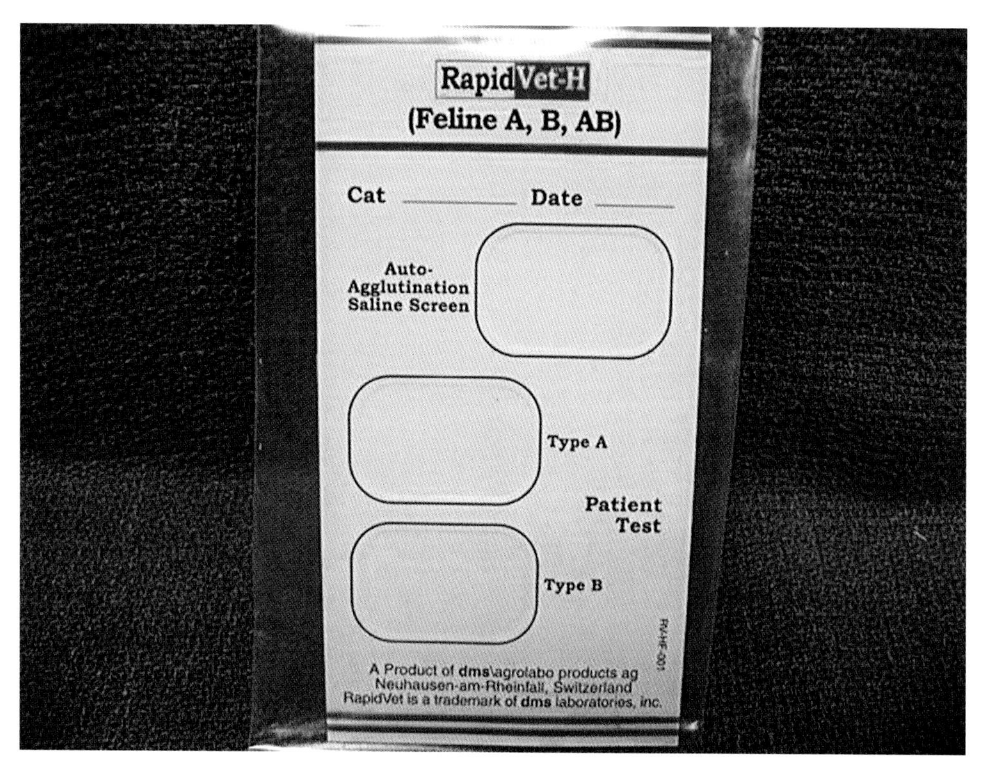

图 80　快速血型测试卡。患病动物的全血与卡片上的抗体混合。判读结果即可知道动物血型。

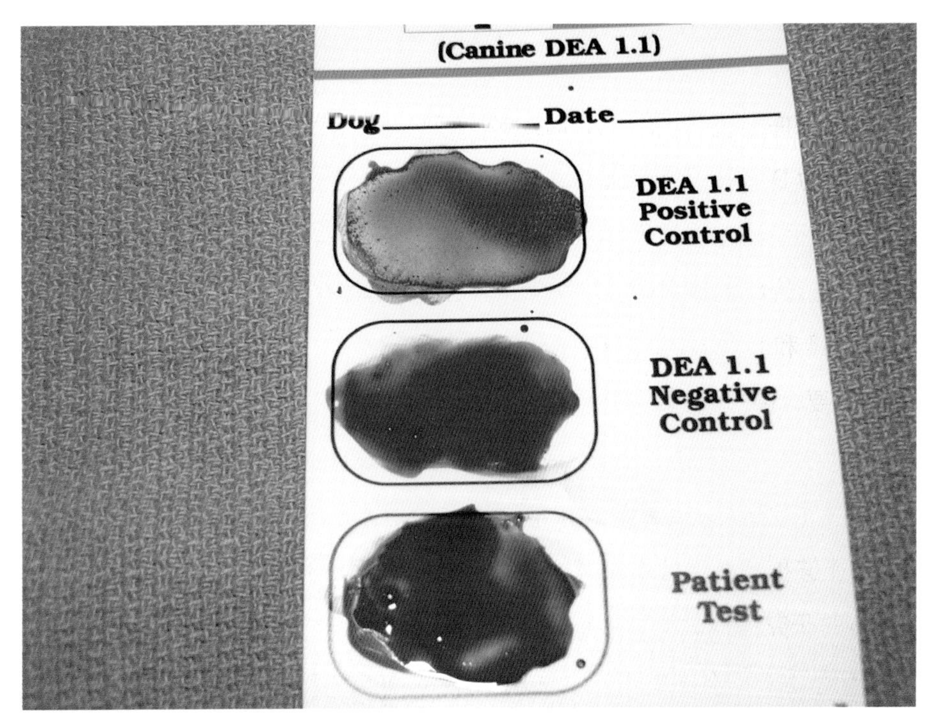

图 81 快速血型测试。DEA 1.1 阳性对照表现为凝集，下方的 DEA 1.1 阴性对照没有出现凝集。卡片底部的犬血没有凝集，与 DEA 1.1 阴性对照表现最为相似，所以该犬的血型为 DEA 1.1 阴性。

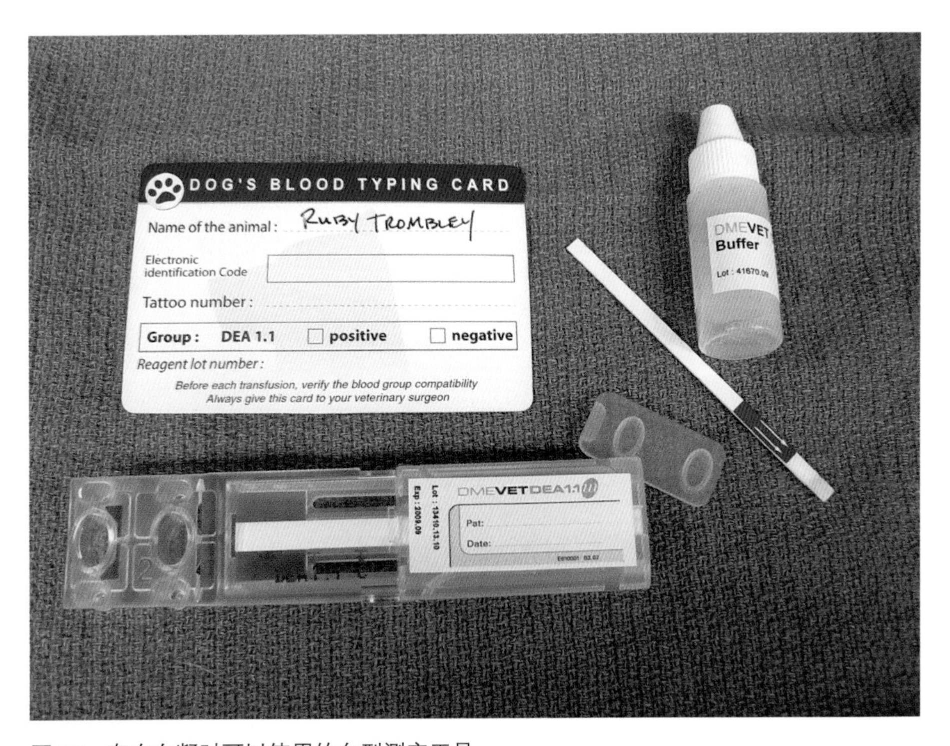

图 82 存在自凝时可以使用的血型测定工具。

犬的血型

犬红细胞表面含有多种可以触发抗原反应的糖脂和糖蛋白基团。这些蛋白和碳水化合物基团称为 DEA，可用于血型，或 DEA 亚型的分类（图 83）。目前一共发现了 12 种 DEA 亚型，但只有 DEA1.1、DEA1.2、DEA1.3、DEA4、DEA5 和 DEA7 亚型可以用抗血清检测[3]。抗原性最强的蛋白为 DEA1.1。其他具有抗原性的重要 DEA 亚型包括 DEA1.2、DEA4 和 DEA7，虽然它们可以产生一些反应，但在引起输血反应方面并没有 DEA1.1 重要，除非受血犬在输血前就已经被致敏[8]。理想中，DEA1.1 阴性且仅有 DEA4 为阳性的犬为“万能供血犬”[3]。DEA4 阳性和 DEA1.1 阴性供血犬的优势在于，它们具有型特异性全血和型特异性浓缩红细胞（packed red blood cells，pRBCs），可用于输血，并能够扩充血库的供血群体。最近，有一项关于接受肾脏移植的大麦町犬[9]和 A 型血猫的研究报告称[10,11]，它们需要进行多次交叉配血试验才能找到相配的供血动物，并表明发现了新的犬（Dal）和猫（Mik）血型。尽管这种血型可能比较罕见，但该发现提醒人们，在使用任何红细胞制品前，有必要同时进行血型和交叉配血试验[12]。全科兽医应当了解犬猫有存在这种极为罕见血型的可能性，而后权衡输血风险的同时考虑是否需要在第一次受血时进行交叉配血试验，或简单地直接使用血型相配的血。

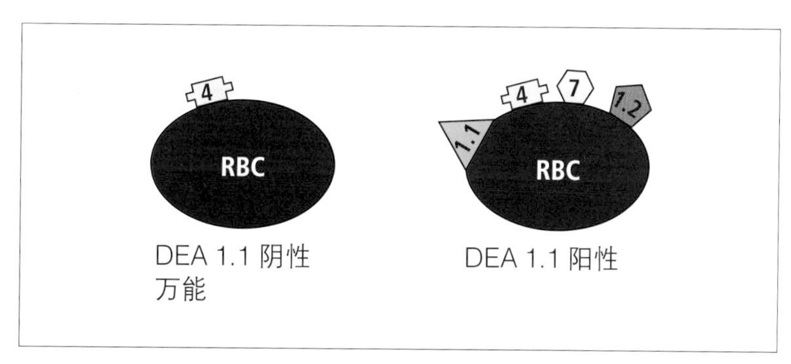

图 83　犬血型示意图，表示红细胞表面的不同抗原。DEA1.1 阴性被认为是“万能血”。

猫的血型

猫有 3 种天然血型：A 型、B 型、AB 型（图 84）[13,14]。与犬不同，猫能够产生直接抗其他猫血型的天然抗体。在英美地区的大多数家养猫，主要血型为 A 型[15]。A 型血猫产生的抗 B 型天然抗体较少。将 B 型血输给 A 型猫一般不会引起致死性反应，但会极大缩短所输血液的寿命，仅为 2 ~ 3d[13-15]。

特殊品种，如英国短毛猫、德文卷毛猫和布偶猫中 B 型血所占比例要比普通家猫高。但 B 型血家养短毛猫确实存在。除美国西北部太平洋沿海、法国和澳大利亚等地区外，B 型血猫远比 A 型血猫要少[15]。据报道，美国西北部太平洋沿岸 B 型血猫的占比可高达 6%[15,16]，在法国为 15%[15]，在澳大利亚为 73%[16]。B 型血猫具有大量自然产生的直接抗 A 型血抗体。将 A 型血输到 B 型血猫体内会引起致命的溶血性输血反应，包括低血压、心动过缓、明显的焦虑、沉郁、凝血障碍和血红蛋白尿[14-16]。由于任何猫输入血型不相容的血后都有引起死亡的潜在可能，所有猫都必须进行血型测试，并输注同血型血，无一例外。

AB 型血猫非常罕见，在美国和加拿大有记录的 AB 型血猫仅为 0.14%[17-19]。AB 型血的猫不含任何针对 A 型血或 B 型血的天然抗体。因此，AB 型血的猫为“万能受血猫”[17-19]，而且在理论上，如果此血型猫需要输红细胞，A 型血和 B 型血均可以接受。但是，当把 B 型血输给 AB 型血猫时，会发生溶血性输血反应，所以推荐 AB 型血猫输 A 型血[19]。最后，某些猫含有 Mik 抗原。Mik 阴性的猫被认为能够产生抗 Mik 阳性血的同种抗体。因此，将 Mik 阳性血输给 Mik 阴性猫会导致输血反应[11]。

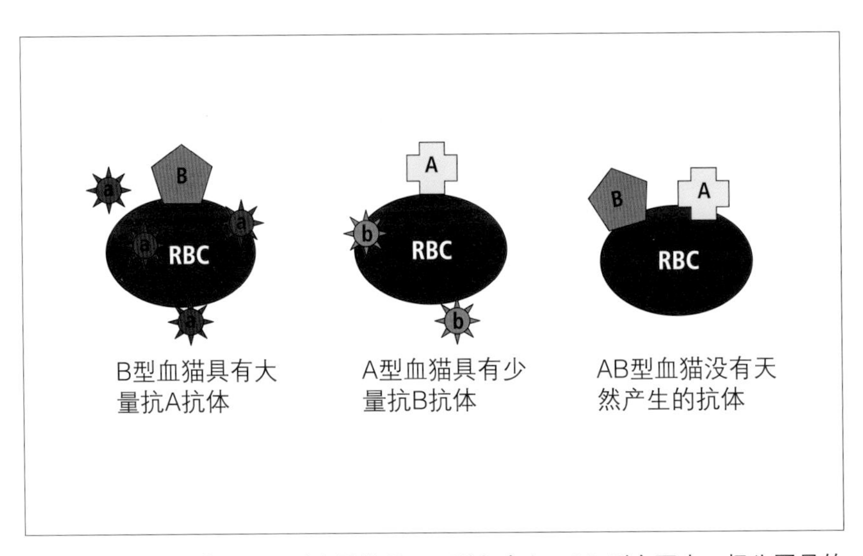

图 84 猫血型示意图。A 型血最常见，B 型血次之，AB 型血更少。极为罕见的 Mik 型也有记录。B 型血猫具有大量自然产生的抗 A 型血自身抗体。A 型血猫具有少量自然产生的抗 B 型血自身抗体。AB 型血猫没有天然产生的自身抗体，是猫界的“万能受血者”。

交叉配血试验

交叉配血试验在体外模拟受血者对供血者血浆及红细胞抗原的反应。进行交叉配血试验能够降低已经致敏，也就是具有天然产生的同种抗体的动物或新生儿溶血性贫血的动物出现输血反应的风险。交叉配血试验的其他适应证包括预期需要多次输血的动物，能降低其致敏风险。犬或猫接受输血 5d 后，能够针对输入的血液中抗原产生抗体。如果第一次输血已经过了 5d 以上，需要做一次交叉配血试验以确定供体和受体的血型是否相配。

交叉配血可以分为主侧和次侧。主侧交叉配血是将供血动物红细胞与受血动物血浆混合，用来测试受血侧是否含抗供体红细胞抗体。次侧交叉配血是将供血动物血浆与受血动物红细胞混合，检测供血血清中是否含抗受血动物红细胞抗体的情况。交叉配血试验无法用来检查其他原因导致的过敏性输血反应，包括白细胞和血小板。现在有商品化的交叉配血试剂盒，但其敏感性或特异性不如实验室人工混合供体和受体血细胞及血浆（图 85，表 20）。

表 20　交叉配血试验流程

需要的物品：装在洗瓶中的 0.9% 生理盐水
3mL 试管
巴斯德吸管
离心机
凝集观察灯

1. 如下标记试管：
RC 受体对照
RR 受体红细胞
RP 受体血浆
DB 供体全血 *
DC 供体对照 *
DR 供体红细胞 *
DP 供体血浆 *
Ma 主侧交叉配型 *
Mi 次侧交叉配型 *
* 指每只供血动物都必须要做的检测。

2. 从血库中取出每个供体预留的血液进行交叉配血试验，或使用装在 EDTA 管中的供体血。确认管上已经做好正确标记。

续表

3. 采集受血动物 2mL 血液并置于 EDTA 管中。离心 5min。

4. 取供体血液，置管中离心 5min。每次转移须使用不同的移液管，否则会发生交叉污染。

5. 分别吸出供体血浆和受体红细胞，放到标签为 DP 和 RP 的管中。

6. 将 125 μL 供体和受体细胞分别置于标签为 DR 和 RR 的管中。

7. 向每个红细胞管中加入 2.5mL 0.9% NaCL 溶液，稍用力使细胞混匀。

8. 红细胞悬液离心 2min。

9. 去掉上清液，用洗瓶中的 0.9% NaCl 重新制作红细胞悬液。

10. 重复步骤 8 ~ 9，总共洗涤 3 次。

11. 取 2 滴供体红细胞悬液和 2 滴受体血浆加入标记为 Ma（主侧交叉配型）的管中。

12. 取 2 滴供体血浆和 2 滴受体红细胞悬液加入标记为 Mi（次侧交叉配型）的管中。

13. 取 2 滴供体血浆和 2 滴供体红细胞悬液加入对照管中（供体对照）；然后取 2 滴受体血浆和 2 滴受体红细胞悬液加入对照管中（受体对照）。

14. 将主侧和次侧交叉配血管和对照管在室温下孵育 15min。

15. 所有管离心 1min。

16. 用凝集观察器判读结果。

17. 检查是否存在凝集和 / 或溶血（图 85）

18. 根据以下计分表对凝集情况进行评分：
    4 + 细胞结成一个固体团块
    3 + 细胞结成数个大团块
    2 + 细胞结成中等大小团块，且背景干净
    1 + 溶血，没有细胞团块
    NEG 没有溶血；没有红细胞团块

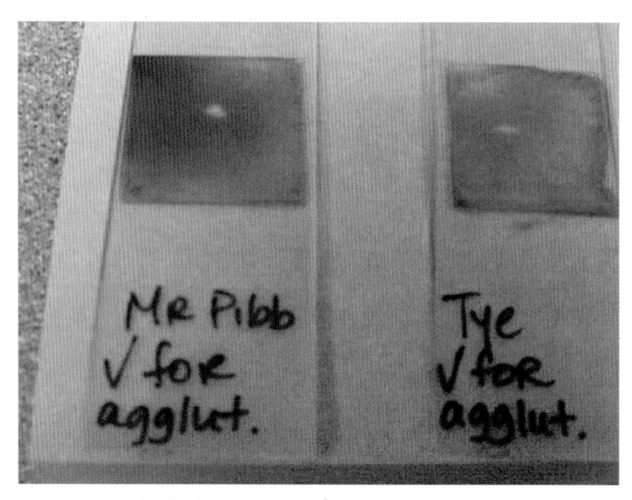

图 85　检查凝集情况。

采血

供血犬

任何采血操作均应当以对供血动物产生最小应激的方式来进行。在献血前，应先做体格检查，测定 PCV 和总固体（PCV/TS）。可以由颈静脉或股动脉采血。但为避免撕裂股动脉引发出血或腔室症候群的风险，颈静脉应作为犬猫的首选采血处。采血前应对颈静脉相应区域剃毛，注意避免引起皮肤擦伤。犬侧卧，俯卧或坐姿也可以接受。颈静脉剃毛区做无菌刷洗，避免细菌污染供血犬和血制品。之后，将血采集到封闭系统内。封闭式采血系统能够降低血液制品污染的潜在可能性，并有利于成分血的处理。封闭式采血系统可由商业化的血库如国际动物血源中心购得（图 86）。采集的血液与抗凝剂，如枸橼酸 - 磷酸盐 - 葡萄糖 - 腺嘌呤（citrate - phosphate - dextrose - adenine，CPDA；每 400 ~ 450mL 血 63mL）混合[3]。全血单独与抗凝剂混合，如 CPDA，在 32d 内均可使用。如果血液或 pRBC 中进一步加入防腐剂，如含甘露醇、腺嘌呤、氯化钠、右旋糖酐的 Optisol 保存液，细胞最高可保存使用 42d。超出推荐时间范围的产品应丢弃。

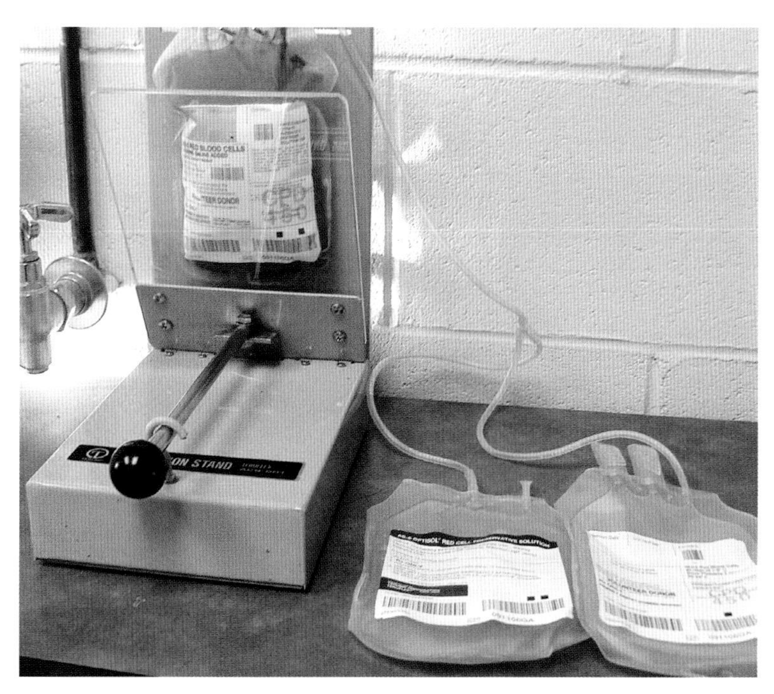

图 86　封闭式采血系统，原始采血袋已采集血液，随后可以分为两个卫星血袋，一个收集浓缩红细胞，另一个收集血浆。

对供血犬采血时，将 16G 针头轻轻穿刺入颈静脉（图 87）。采集系统放在地面的秤上并归零（图 88）。松开采集管上的止血钳，血液可以通过重力作用流出，或将采血袋放在吸引器中，使血液能够更快地从供血犬体内抽出。犬一个单位血约为 450mL，1mL ≈ 1g，在秤上显示为 450g。必要情况下，健康犬每 21d 可以献血 450mL，但最好将献血频率控制在每 2 ~ 3 个月一次。如果大型犬 [> 132lb（60kg）] 一次献血量达 2 个单位（900mL），在下次献血前至少间隔 6 周。据评估，犬的循环血量为 90mL/kg。在血容量不足的临床症状出现前，犬最高可失去循环血量的 20%。比较谨慎的方法是根据供血犬体型，仅抽取 500 ~ 1000mL 的血。血样采集完毕后，立即对静脉穿刺点进行包扎，至少保持 1h，直到血凝块形成。除非供血犬表现出低血容量症状，如心动过速、黏膜苍白或脉搏质量差，否则不需要进行静脉或皮下补液。

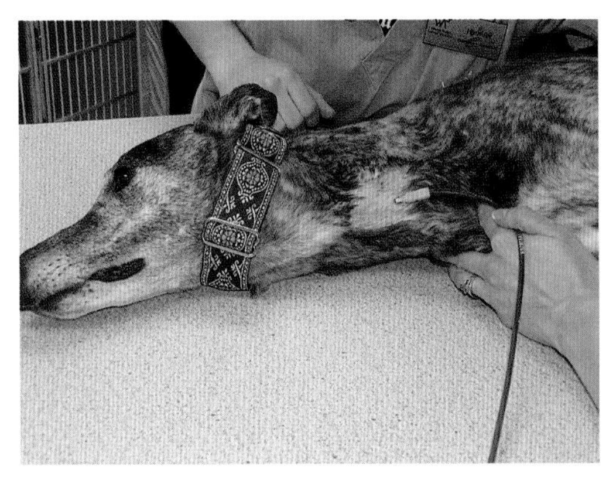

图 87　灰猎犬（供血犬）的颈静脉采血。

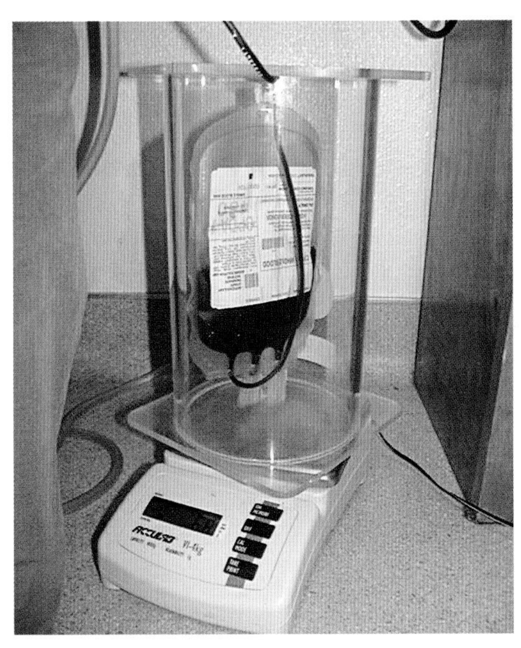

图 88　照片中为已去皮的秤和秤上的真空室。真空室的吸力有助于加快采血速度。

供血猫

猫采血时通常需要镇静，除非手术植入输液港（vascular access port，VAP）。在进行镇静及采血前，所有献血猫都应进行体格检查并检测 PCV/TS。在献血前，大多数情况下供血猫需要深度镇静或麻醉（氯胺酮 / 地西泮、丙泊酚或气体麻醉）。在镇静和麻醉后，根据猫的性格和医院政策，在颈静脉上方剃毛并作无菌刷洗。将一个 19G 蝴蝶翼导管穿刺入颈静脉，轻柔地回抽入内含 7mL CPDA 或枸橼酸葡萄糖（acid-citrate-dextrose，ACD）抗凝剂的 60mL 注射器中（图 89）。对于多数案例，此法共可获得 53mL 血液。采集的血液可以立即输血，或放入小型灭菌采血袋中，最多可储存 32d。无论时间长短，一只供血猫的采血量不要超过 11 ~ 15mL/kg。献血后，如果猫出现低血容量症状，如脉搏质量差、心动过速或黏膜苍白，可以进行静脉补液。

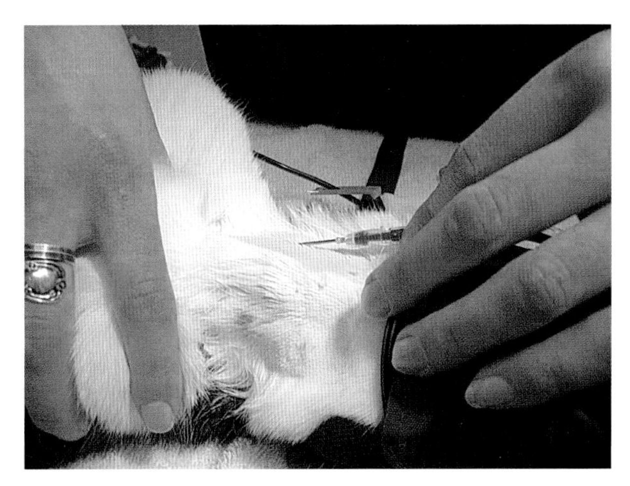

图 89　献血猫仰卧，针刺入外侧颈静脉进行采血。

成分血

处理和储存

成分血疗法在人和兽医学中已经变得越来越普遍。成分血疗法涉及将全血分离为细胞和血浆成分，然后根据每个病人的不同需要使用专门的成分。制备新鲜冷冻血浆（fresh frozen plasma，FFP）、冷冻血浆（frozen plasma，FP）、冷沉淀和非冷沉淀血浆（crypo-poor plasma）时需要使用冷冻离心机。现在可以买到落地式和台式冷冻离心机。在很多情况下，购买冷冻离心机是不切实际的，因其花费及所需储存空间较大。社区兽医可以联合购买一台设备，并将其放在位于中心地带的医院中，如当地的急诊医院。另外，人类医院或血库也可以通过收取工本费来提供分离设备。

采血后，血液应被收集到专用血袋中。将采血管中的血液排空，用热密封法或铝夹将管道密封（图 90，表 21 和表 22）。袋上应清楚标明供血动物的名字、血型、采

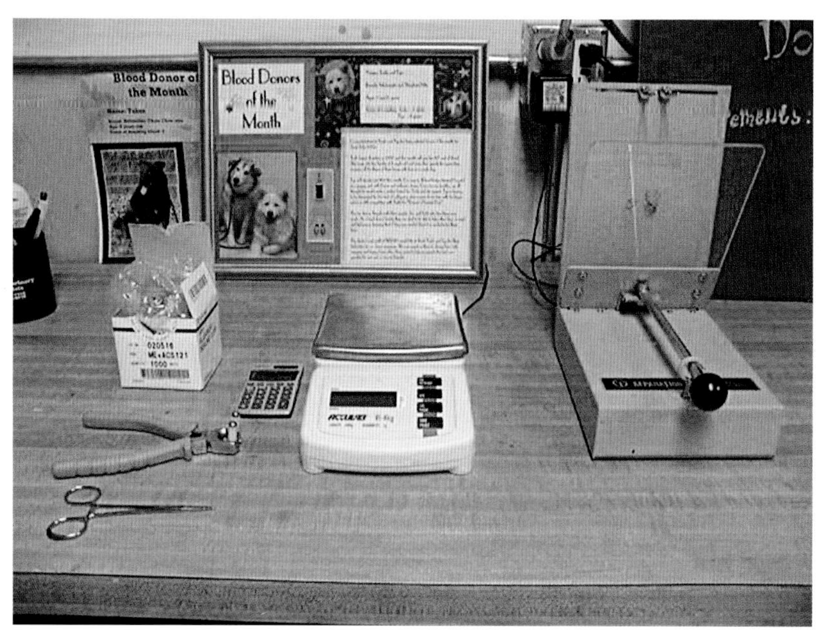

图 90　电子秤、止血钳、用于除去采血袋管道内血液的滚动夹钳以及将全血分离成血浆和浓缩红细胞的分离设备。

表 21　犬血液采集和储存所需的工具
采血袋
密封夹
钳子或医用压管钳（可选）
保护用止血钳
血浆挤压器
冷冻离心机
储存用冷库
储存用冰箱

表 22　猫血液采集和储存所需的工具
60mL 注射器
三通阀
7mLCPDA 抗凝剂
20G 针头
储存用冰箱

血日期、采血时供血动物的 PCV 和有效期。如果血不是立即使用或用于制作富血小板血浆，应将其冷藏至使用或至失效。采集的血液也可以经冷冻离心机离心（4 000 ～ 5 000r/min，15min）分离为新鲜血浆和 pRBC。离心后，血浆抽提器有助于使血浆流入特定卫星袋中，进一步储存为 FFP（图 91 和图 92）。

FFP、冷沉淀、非冷沉淀血浆应在采集后 8h 内冷冻，确保不稳定的凝血因子，包

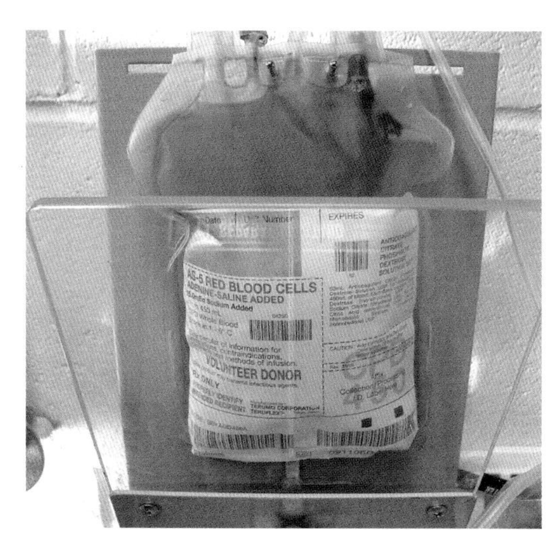

图 91　离心后的全血放入抽提装置中。缓慢挤压已离心的全血血袋有助于将全血分离为血浆和浓缩红细胞。

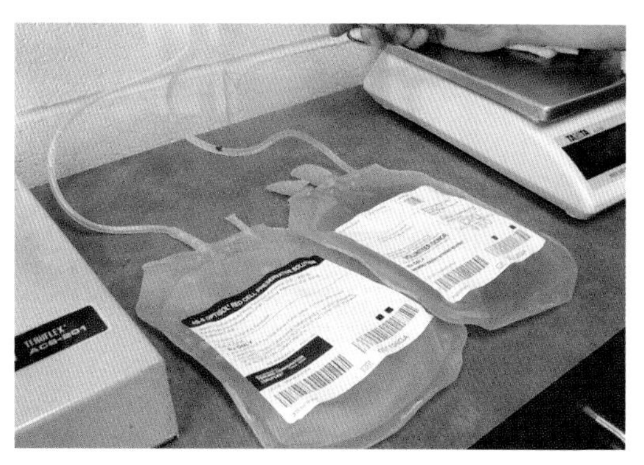

图 92　夹闭通往装有浓缩红细胞的卫星袋导管，使分离的血浆（右）进入另一卫星袋中。血浆收集完毕后，扎紧血袋并从系统中分离，剩余红细胞倾倒入专用卫星袋，其中含有 AC-D Optisol 以防止细胞凝集，且能够在储存过程中为红细胞提供营养并维持稳定。

括因子Ⅴ、Ⅷ和血管性血友病因子（von Willebrand factor，VWf）的保存。FFP 自采集当日起保质期为 1 年。将 FFP 部分融化并做差速离心可以制备冷沉淀和非冷沉淀血浆。一年后，或如果血浆单位是在采集 8h 后制备的，则得到 FP。FP 内含所有的维生素 K 依赖性凝血因子（Ⅱ、Ⅶ、Ⅸ、Ⅹ）、免疫球蛋白和白蛋白，但相对缺乏不稳定的凝血因子。FP 自采集日后保质期为 5 年，或由 FFP 转变而来的 FP 保质期为 4 年。浓缩红细胞在采集和处理后要立即储存在 1 ～ 6℃条件下。FP 和 pRBC 在缺乏冷冻离心机的情况下也可以制备，方法是将全血垂直储存在 1 ～ 6℃的冰箱中 12 ～ 24h，直到分离出红细胞。分离出的血浆抽出放入另一个储存袋中，并作为 FP 冷冻。由于处理过程延长，所得血浆中不含不稳定的凝血因子。FFP、FP、冷沉淀及非冷沉淀血浆在使用前均应储存在 -20℃冰箱中。这些血液制品应在温水中解冻至没有可见结晶。血浆制品不应被加热到 37℃以上，否则会导致蛋白变性。

在经 CPDA 处理的全血中，血小板在室温下最多可存活 8h。输注 10mL/kg 新鲜全血一般能够将受血动物的血小板数升高约 10 000 个 /μL。富血小板血浆和浓缩血小板可以从商业化血库中购买到，若每 10kg 给予 1 个单位血小板，通常可以向受血动物输送 5 000 ～ 40 000 个血小板。富血小板血浆必须根据血库专门推荐的方式进行储存。不幸的是，由于血小板制品的购买及运输时间滞后，对于一只患严重血小板减少症的动物，为了加快凝血而输注适当数量血小板所需的成本可能过高。

成分血治疗

见表 23、图 93。

全血

自供血动物采集全血，与抗凝剂混合，使用前储存在冰箱中。采集的全血中含有红细胞、白细胞、血小板、凝血因子和其他血清蛋白，包括免疫球蛋白和白蛋白[3]。供血犬可以直接采集 450 ~ 500mL 血液，收集到含 63mL 含营养的抗凝剂（如 CPDA）的灭菌塑料卫星袋中[3]。做好标记并储存在冰箱中，直到使用或过期[6]。一般来说，储存在 6℃时，全血可保存 4 周（28d）[20]。如果抗凝剂中没有营养物质，如柠檬酸钠，采集的血液应立即用于输血（表 24）。

表 23　成分血疗法

血液制品	成分	适应证	剂量
全血	红细胞 凝血因子 白蛋白 球蛋白 血小板（少量）	贫血 急性失血	10 ~ 22mL/kg
浓缩红细胞	红细胞 血浆（少量）	贫血	6 ~ 10mL/kg
新鲜冷冻血浆	凝血因子 白蛋白 球蛋白 抗凝血酶 α-2 巨球蛋白	维生素 K 拮抗性杀鼠药 血友病 血管性血友病	10 ~ 20mL/kg
冷沉淀	血管性血友病因子	血管性血友病 血友病 维生素 K 拮抗性杀鼠药	1 单位 /10kg 体重
冷上清	凝血因子Ⅱ、Ⅶ、Ⅸ、Ⅹ	维生素 K 拮抗性杀鼠药 中毒	1 单位 /10kg 体重
富血小板血浆	血小板悬液	血小板减少症	每 10kg 体重输入 1 单位全血分离出的血小板
冷冻浓缩血小板	血小板	血小板减少症	1 单位 /10kg 体重能使血小板升高 20 000

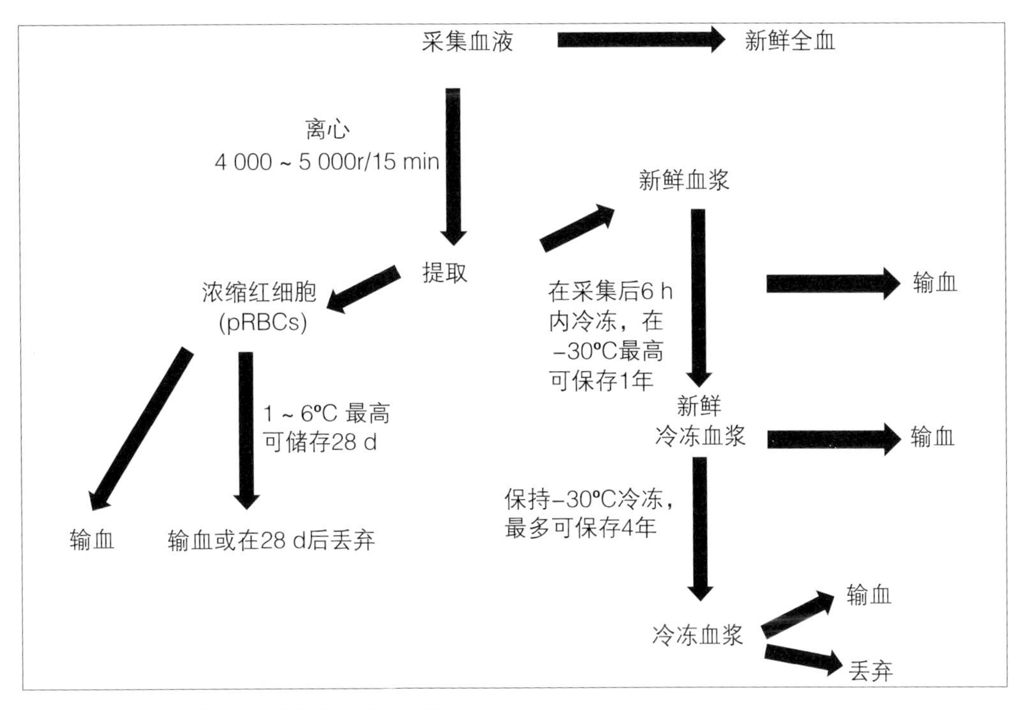

图 93　图解全血分离为成分血的处理过程。

表 24　用于犬猫血液采集和储存的抗凝剂和抗凝 / 防腐剂

抗凝剂	与血液的比例	储存
肝素	625 单位 /50mL	立即使用
3.8% 柠檬酸钠	1mL/9mL	立即使用
抗凝 / 防腐剂	与血液的比例	储存
ACD“B”添加剂	1mL/（7 ~ 9mL）血	犬：21d 猫：30d
ACD“B”添加剂	100mL/250mL pRBCs	犬：37 ~ 42d

输血指征

当动物 PCV 降低至某一数值时就需要输全血或 pRBC 是一种常见的误区。实际上并不真正存在绝对的“输血指征”PCV 数值[21]。当动物表现出贫血的临床症状，包括昏睡、食欲不振、虚弱、心动过速，和 / 或呼吸急促时，都应进行输血。输注新鲜全血的适应证包括出血性疾病或凝血障碍（DIC、血管性血友病、血友病）。新鲜全血和富血小板血浆也可以用于严重血小板减少症及血小板病的病例。储存全血和 pRBC 可用于贫血动物。在一项针对300只受血犬，超过600次输血的回顾性研究中，输血原因包括出血、溶血和红细胞生成不良[21]。如果PCV下降至10%以下或迅速出血引起PCV低至20%（犬）或低于12%～15%（猫），则建议输血。在患有凝血障碍，包括血管性血友病、消耗活化维生素K依赖性凝血因子的杀鼠药中毒、血友病，或严重低蛋白血症且白蛋白浓度低于2.0g/dL（20g/L）的病例，应考虑使用FFP或冷沉淀。在严重低白蛋白血症、法华令样化合物中毒及因子Ⅸ缺乏症（B型血友病）的病例，使用FP足矣。

浓缩红细胞

浓缩红细胞（pRBC）由一个单位的全血经离心与血浆成分分离而得。pRBC含极少量的血浆、抗凝剂、血小板和白细胞。血小板和白细胞的数量很少，并且一旦离开供血动物体内，寿命就会变得非常短，基本上可忽略不计。依据分离时从血液单位中提取的血浆量，pRBC的PCV范围为60%~80%[21]。pRBC可用于发生贫血，且不需要凝血因子、白蛋白或大量血小板的血容量正常动物，推荐剂量为6～10mL/kg[4]。虽然某些作者推荐将pRBC与0.9%生理盐水混合（10mL盐水＋40mL pRBC）制成重悬液，本文作者输注没有制成重悬液的pRBC时也没有出现并发症。

新鲜冷冻血浆（FFP）

FFP是全血经离心和分离细胞成分后所得的液体成分，其中含有凝血因子、抗凝血酶、白蛋白、球蛋白和α-2巨球蛋白。血浆在采集后6h内经冷冻所制成的即为FFP，若储存于-30℃条件件，其中的不稳定凝血因子可保留1年时间。在冷冻前，FFP袋应先用橡皮筋绑出皱褶，然后在纸箱中冷冻以防塑料袋意外炸裂。血浆冷冻成型后拆除松紧带，这会在血浆的中央留下一圈“腰带”（图94）。如果遇到突然停电，血浆溶解后皱褶处将会膨胀，避

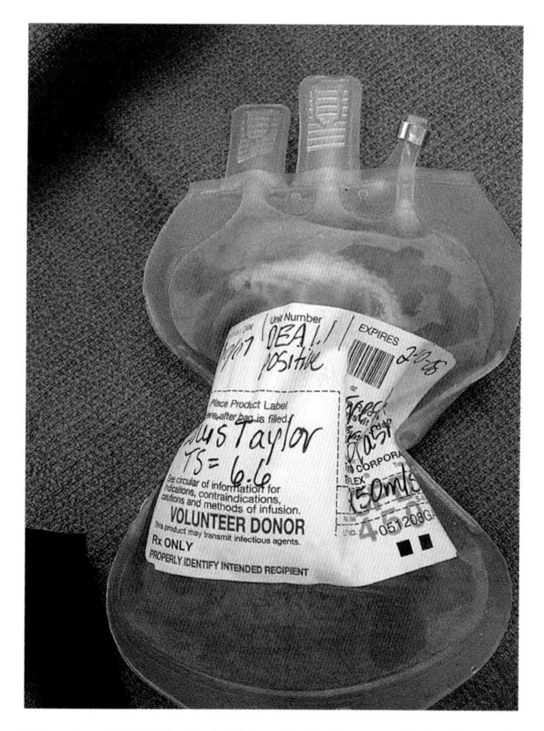

图94　新鲜冷冻血浆。冷冻前，环绕血袋固定松紧带，冷冻完成后去除松紧带。若血袋意外融化，如停电，血袋上的“皱褶”会消失，工作人员便能够发现血袋曾经融化后重新冷冻。

免血浆解冻后重新冷冻而无法察觉断电的情况。这是为患病动物保证血浆制品的完整性和质量的一种保险策略。在采集6h后冷冻的血浆，或FFP在-30℃储存1年以上的称为FP[21]。FP缺乏某些不稳定凝血因子，但在-30℃条件下再储存4年依然有使用价值。输注前，FFP和FP应在温水（37℃）中解冻至体温。在一些情况下，血浆塑料袋上的细微破损或裂缝在解冻前难以发现。血浆在解冻过程中应置于独立的塑料袋内。如果存在裂缝及因此引发的潜在细菌污染，血浆会溶解并泄漏到外层塑料袋中，便于发现。

冷沉淀

冷沉淀是FFP在0 ~ 6℃下部分解冻并离心后所得的血制品。在该温度下，VWf、因子XIII、VIII和纤维蛋白原沉淀至采血袋底部，收集该部分制品并重新冷冻备用，或在进一步融化后立即使用。该法所得上清液同样可以收集并作为冷上清重新冷冻。由于冷沉淀在相对较少的液量中含大量凝血因子，该溶液被认为是治疗小体型动物A型血友病和血管性血友病的金标准。在大型犬，当不用担心血管容积过负荷的问题时，可使用FFP获得同样的因子。冷沉淀的推荐剂量为每10kg体重1单位[4]，或每12h 12 ~ 20mL/kg[21]。

富血小板血浆

富血小板血浆是由新鲜全血在较慢速度下离心所得，离心的速度要比分离红细胞所用的速度更慢[3]。血小板在少量血浆中重新悬浮后储存在血袋中，20 ~ 24℃条件下恒速摇动[3]。输注的血小板极不稳定，进入受血动物体内之后会迅速破坏。推荐剂量为每10kg体重使用1单位富血小板血浆[3]。在很多情况下需要使用多个单位的富血小板血浆，使血小板数量在短期内产生显著变化，如因免疫介导性血小板减少症而正在出血的犬。因此，富血小板血浆的使用并不普遍，而且有时成本极高。

非冷沉淀血浆

非冷沉淀血浆是FFP在0 ~ 6℃下部分融化并离心，分离VWf、因子XIII、因子VIII和纤维蛋白原后，收集并重新冷冻的上清液。所得溶液相对缺少上述因子，但仍含有维生素K依赖性凝血因子II、VII、IX和X[4]。因此，非冷沉淀血浆是治疗维生素K拮抗性杀鼠药中毒的理想制品。非冷沉淀血浆的推荐剂量为10mL/kg[3]，可重复使用至凝血功能异常恢复至正常水平。

冷冻血小板浓缩液

冷冻血小板浓缩液是一种通过血小板单采法收集供血动物的血小板后，将其与二甲亚砜防腐液混合所得的溶液。一袋冷冻血小板浓缩液约含 1×10^{11} 个血小板。推荐剂量为每 10kg 体重使用 1 单位冷冻血小板浓缩液，能够使受血动物的血小板计数增加 10 ~ 20 000 个血小板 / μL[3]。

血红蛋白携氧载体

在过去 10 年中，血红蛋白携氧载体（hemoglobin-based oxygen carrier，HBOC）在兽医中应用越来越广泛。但现已不再使用。人造血（Oxyglobin）是一种无基质的纯化牛血红蛋白制品，最早在 1998 年被批准用于犬。基于多种原因，包括无需保存现成的供体血、保质期长，以及降低输血反应、抗原刺激及疾病传播的风险，人造血在私人诊所中变得极为流行。更深一层优点包括人造血具备强有力的胶体作用、改善氧气输送和改善血液流变性。犬的推荐剂量为 10 ~ 30mL/kg。平均剂量为 15mL/kg，其效果可持续 24 ~ 48h。使用 HBOC 的适应证包括钩虫性贫血、跳蚤性贫血、免疫介导性溶血性贫血和大量出血。禁忌证包括充血性心力衰竭、无尿性肾衰竭、血管容量过负荷，这会引起肺水肿，由此增加患病动物的发病率和死亡率。一项研究发布了一家大型转诊教学医院将 HBOC 应用于猫的结果。72 只猫使用了 HBOC，平均剂量为 14.6mL/kg，不良反应的发生率为 44 例。最严重的反应包括出现肺水肿和胸膜渗出。使用 HBOC 后，血浆和尿会呈现数天的波特酒（茶红）色（图 95），影响所有用于血清生化分析的比色试验。

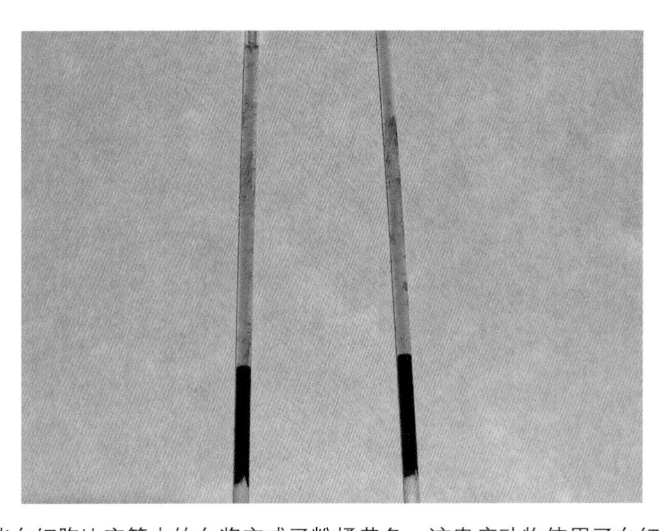

图 95 注意这些血细胞比容管中的血浆变成了粉橘黄色。该患病动物使用了血红蛋白携氧载体。

输血疗法

适应证

输全血和成分血制品的适应证非常多，常见情况包括继发于全血丢失的贫血（如出血）、免疫介导性溶血性贫血、骨髓发育不全或缺乏红细胞生成的慢性严重肾衰竭、凝血障碍和低蛋白血症[22]。

每个可能需要输血的动物都要遵循一定的流程。如果动物存在失血风险，或发生贫血时，应考虑输血。根据不同动物选择相应的输血治疗方式。一旦决定需要使用某种血液成分，那么兽医就需要计算所需的血量。给小体型或心功能不足的动物输入大量血时应谨慎，这可能会发生容量过负荷以及继发肺水肿。若需要给予红细胞制品，在使用特定血型的血液前至少应先测定血型。金标准是输入每单位血前都做交叉配血试验，以降低输血反应或动物被异源性红细胞抗原致敏的风险。对于一些严重出血，甚至来不及测定血型的病例，可以使用万能血（DEA1.1、DEA1.2 和 DEA7 阴性）。

使用血液制品

用于输血前，血液制品应缓慢复温至 37℃。现有兽医用血液加温设备，便于在不降低患病动物体温的同时快速输血。红细胞和血浆制品应使用带有 170 ~ 270μm 管路过滤器的专用输血装置输注[21]。对于只需要输极少量的病例，也可以使用较小的管路过滤器（18μm，Hemo-Nate blood filter，Utah Medical Products，Midvale，UT）。根据美国血库协会（American Association of Blood Banks）制定的标准，只要时间上允许，输注血液制品的时间应超过 4h。对于出现急性、致命性出血和血容量不足的病例，血液制品也可以快速团注。犬输注全血的推荐剂量为 10 ~ 22mL/kg[3]。一般来说，当动物没有发生持续性丢失或出血时，每磅体重使用 1mL 新鲜或储存全血（2mL/kg）能够将受血动物的 PCV 提高 1%（“1 法则”）。

全血输注量计算公式如下：

犬：输血量（mL）＝体重（lb）×40×（预期 PCV －患者 PCV）/ 供血者 PCV［体重（kg）×18.1］

猫：输血量（mL）＝体重（lb）×30×（预期 PCV －患者 PCV）/ 供血者 PCV［体重（kg）×13.6］

除非存在持续性丢失或出血，使用一半体积的 pRBC 对受血动物的 PCV 能够起到类似效果。使用 FFP、FP 和冷沉淀时，剂量为 10mL/kg，直到出血得到控制或持续性白蛋白丢失停止。输血治疗的目标为将犬的 PCV 提升至 25% ~ 30%，猫为 15% ~ 20%，或者至少将白蛋白升至 2.0g/dL（20g/L），或凝血障碍病例的出血停止。监测动物，在停止继续进行输血治疗前，必须确保出血已经停止，凝血指标［ACT、APTT 和凝血酶原时间（PT）］正常，低血容量已经稳定，和/或总蛋白正常。

新鲜或储存的全血和 pRBC 外观为红色，与静脉血样类似。如果血液制品呈棕色、紫色或绿色，应怀疑细菌污染，该制品不能用于受血动物[3]。血液制品可以经静脉或髓内导管输注。大容量血液制品需要使用带有 170μm 过滤器的输血装置输注。较小的（18μm）管路过滤器可用于输注少量血浆和红细胞。理想中，输注血液或血浆制品的前半个小时，速度应非常慢（0.25mL/kg）[3]。如果没有观察到输血反应，则可以提高输血速度，使计算量能够在接下来的 4h 后输完。如果需要纠正凝血障碍，血浆的输注速度可以稍微快一些，为 4 ~ 6mL/min。

输血过程中的监测（图 96）

多个研究报道了犬猫输血反应的发生率[22]。整体来看，输血反应的发生率在犬为 2.5%，在猫为 2%。通过谨慎筛选供血者、了解受血者和供血者的血型、进行交叉配血试验，能够使输血反应的发生率大幅度下降[22]。输血反应可以为免疫介导性或非免疫介导性，并且可以急性发作或在输血后延期发作。急性反应通常发生在开始输血后的几分钟至几小时内，但最晚可出现于输血完成或中断后 48h。急性免疫反应包括溶血、呕吐、发热、面部肿胀、流涎、荨麻疹和新生儿溶血[2,23]。延期免疫反应的症状包括溶血、紫癜和免疫抑制。

急性非免疫反应包括输血前供血动物细胞溶血、循环血量超负荷、细菌污染、伴有低血钙症状的枸橼酸盐中毒、凝血障碍、高血氨症、低体温、气栓、酸中毒、肺微血管栓塞。延期非免疫反应包括传播及引发传染性疾病及含铁血黄素沉着。输血反应的临床症状一般取决于输血量、引起反应的抗体类型和数量，以及受血者在输血前是否已经致敏。曾有关于一只之前接受过同血型输血，再次输血时对 DEA1.1 产生剧烈输血反应的犬的报道[23]。

必须在输血过程中仔细监测动物，以便及早发现输血反应的症状，包括那些可能致命的情况。对患病动物进行监测的普遍要求是开始输血的前 15min 速度要慢。在输

输血工作表

患病动物信息		
日期:	受血动物:	之前是否怀孕: Y/N
DVM:	受血动物PCV/TS:	受血动物血型:
体重:	之前是否输血: Y/N	输血原因及诊断:

血液制品信息		
交叉配血试验: Y/N		供血动物名:
血液制品类型		供血动物血型:
pRBCs	新鲜全血	
新鲜冷冻血浆		单位大小(m/s):
储存全血		单位PCV/TS:
冷冻血浆		有效期:

请随时观察是否出现荨麻疹、面部肿胀、呕吐或瘙痒，并通知DVM。

开始时间	基础值	15 min	30 min	45 min	1 h	2 h	3 h	4h
输液速度								
体温								
HR/RR								
黏膜颜色/CRT								

图 96　输血过程中用于记录指标和信息的工作样表。

血开始后的第 1h，每 15min 监测体温、脉搏、呼吸，结束后 1h 检测一次，之后至少每 12h 监测一次。记录最多的输血反应临床症状包括发热、荨麻疹、唾液分泌过多 / 流涎、恶心、寒战和呕吐 [24]。其他临床症状可能包括心动过速、颤抖、虚脱、呼吸困难、虚弱、低血压、昏迷或抽搐。严重血管内溶血反应可能在开始输血的几分钟内发生，引起血红蛋白血症、血红蛋白尿、DIC，以及休克的临床症状。血管外溶血反应的特点是发生较晚，并会导致高胆红素血症和胆红素尿。在很多病例中，使用红细胞制品后出现的恶心呕吐是由制品中的氨积聚引起的，这并不是真正的过敏反应（表 25）[24]。

对于采用糖皮质激素和抗组胺药进行预防性治疗的多数病例，无法防止其血管内溶血和其他反应的发生，因此通过进行预防性治疗以降低动物输血反应发生风险的做法仍存在争议。预防输血反应最重要的方面是，在使用任何血液制品前，筛查每只受血动物，并谨慎执行输血方案。

对输血反应的治疗取决于其严重程度。任何病例出现输血反应临床症状，应立即停止输血。对于多数病例，终止输血并使用药物，如苯海拉明和法莫替丁，能有效控制过敏反应（表 26）。当以上药物起效后，可以重新开始缓慢输血，并监测动物是否进一步出现反应症状。对于严重病例，动物的心血管或呼吸系统受到抑制，以及发

表 25 输血反应的临床症状

血管神经性水肿
虚脱
腹泻
血浆变色（粉红色）
呕吐
血红蛋白尿
溶血
低血压
流涎
荨麻疹

表 26 输血反应的治疗

药物	剂量	给药途径
苯海拉明	1 ~ 2mg/kg	IM
地塞米松磷酸钠	0.5 ~ 1.0mg/kg	IM 或 IV
肾上腺素	0.01mg/kg	IV

生低血压、心动过速或呼吸急促时，输血应立即终止，并给予苯海拉明、地塞米松磷酸钠及肾上腺素。患病动物应放置导尿管和中心静脉导管，测量尿量和 CVP。必要时可能需要采取激进的液体疗法以避免严重血管内溶血造成的肾功能不足或肾损伤。过度水合以及随之而来的肺水肿一般可以通过供氧及经静脉或肌内注射呋塞米（2 ~ 4mg/kg）来控制。发生 DIC 时，可以使用含肝素或不含肝素的血浆制品。

输血后的监测

输血后，必须评估动物对治疗的临床反应。监测标准依据疾病所需输注的血制品种类。在输任何血制品前，应先测量患病动物的基础 PCV 值。输注 pRBC 或全血，在输血完成后应再次测量 PCV，之后每 12h 测量一次。常规参考指标为，每 1mL/lb（2.2mL/kg）全血可以将 PCV 升高 1%。如果 PCV 显著低于计算值，应考虑是否存在出血或溶血形式的持续丢失。对于需要输血治疗的动物，凝血指标如 ACT 和血小板计数每天至少应当监测一次。因凝血异常使用血浆制品（FFP、FP、冷沉淀、非冷沉淀血浆）时，输血结束后应测量 PT、APTT 和 ACT。血液制品输注同样能引起稀释性凝血障碍和低血钙。当给小型动物输注大量血液制品时，应给予离子钙，并密切监测患病动物是否出现低血钙症状（面部抽搐、癫痫、顽固性低血压、心电图 QT 间期延长）。

若操作得当，输血对危重动物的存活与否会产生重大影响。然而，对于某些动物，如果输血前不够细心和预判不到位，使用血液制品有可能会引起潜在的致命并发症。将 A 型血输给 B 型血猫会引起快速溶血和死亡[10]。对于犬，如果没有进行血型测定和交叉配血试验，前次输血后被致敏的红细胞会导致溶血、色素尿和低血压[2]。其他描述过的输血反应包括低离子钙血症、发热、呕吐、荨麻疹、血管神经性水肿和低血压[2]。低离子钙血症会使血管对循环中儿茶酚胺的敏感性降低，有引起血管舒张、心功能障碍、低体温和低血压的潜在风险。如果动物在输血后出现顽固性低血压和低体温，必须考虑枸橼酸盐中毒和低离子钙血症。低血钙的治疗包括给予葡萄糖酸钙（1mL/kg 10% 缓注）[2]。大量输血的犬，即输入的血液制品量远大于动物的血量时（ > 90mL/kg），有可能发展为低离子钙血症、血小板减少症和凝血障碍[20]。

为预防输血反应，将任何血液制品用于犬猫前应当先获知患病动物的血型。理想情况下，应一并进行交叉配血试验以防止不良并发症[3]。储存血中尿素氮一类含氮废物的积聚，也会引起恶心、流涎和呕吐[25]。导致昏迷和低血压的严重反应，应迅速终止输血并立刻使用肾上腺素（0.01mg/kg IV）进行治疗。有一项报告提到过罕见的并发症，铁中毒或血色素沉着，发生于一只患有纯红细胞再生障碍性贫血的迷你雪纳瑞，该犬在数年中接受了多次红细胞输血[26]。另一篇报道提到感染性疾病，如利什曼病，从感染的供血动物传染给受血犬[5,6]。

第 6 章

电解质紊乱的诊断和治疗

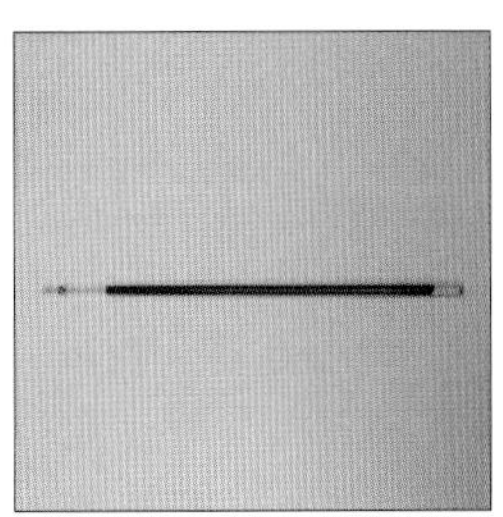
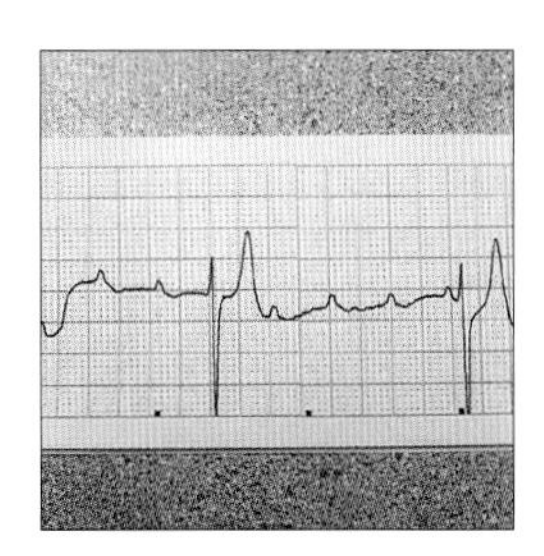

钠紊乱

钠是细胞外主要阳离子，是一种有效的渗透压分子，例如，钠不易穿过细胞膜，可以根据浓度梯度产生渗透效应。根据膜两侧钠浓度，水会通过渗透作用穿过细胞膜，从钠浓度较低处（较多水）移动到钠浓度较高的地方。对于患不同疾病的动物，常常可见到高钠血症和低钠血症。

低钠血症

顾名思义，低钠血症是指钠的血清浓度低于正常参考范围（表 27），即低于 140mEq/L。引起低钠血症的原因见表 28。水潴留超过钠可引起低钠血症。这可见于患充血性心力衰竭，同时激活了肾素 - 血管紧张素 - 醛固酮轴的动物。水潴留后，血清钠被稀释。另一个引起低钠血症的原因为肾丢失，这通常是由于缺乏醛固酮的作用。患肾上腺皮质机能减退的动物缺乏醛固酮，钠和水无法被肾集合管重吸收，而后动物出现低钠血症。在糖尿病时，葡萄糖作为有效渗透压分子，能够使水从间质移动到血管内，并稀释血管中的钠。通常，血糖每比正常值高 100mg/dL（5.55mmol/L），血清钠就会降低 1.6mEq/L。对于存在高血糖、高渗透压的糖尿病患病动物，该影响会更严重。动物还会因呕吐和腹泻、胸膜腔或腹膜腔中第三腔液体渗出、严重烧伤、肝衰竭、肾病综合征及心理性烦渴而产生低钠血症。抗利尿激素分泌不当综合征（SIADH），在血浆渗透压正常或降低时，能够引起精氨酸加压素释放，使水潴留并稀释钠。该综合征比较罕见，但在动物中也有报道。

表 27　正常电解质参考值

电解质	犬参考范围	猫参考范围
钠（mEq/L）（mmol/L）	140.3 ~ 153.9	145.8 ~ 158.7
氯（mEq/L）（mmol/L）	102.1 ~ 117.4	107.5 ~ 129.6
钾（mEq/L）（mmol/L）	3.8 ~ 5.6	3.8 ~ 5.3
总钙（mg/dL）	8.7 ~ 11.8	7.9 ~ 10.9
（mmol/L）	2.2 ~ 3.0	2.0 ~ 2.7
镁（mg/dL）	1.7 ~ 2.7	1.9 ~ 2.8
（mmol/L）	0.7 ~ 1.1	0.8 ~ 1.2
磷（mg/dL）	2.9 ~ 6.2	4.0 ~ 7.3
（mmol/L）	1.0 ~ 2.0	1.3 ~ 2.4

表 28　引起低钠血症的原因

- 充血性心力衰竭
- 肾衰竭 / 尿液丢失
- 第三腔液体
  - 胸腔渗出
    - 肿瘤
    - 肺叶扭转
    - 乳糜胸
  - 腹腔渗出
    - 乳糜腹
    - 肿瘤
    - 腹膜炎
    - 胰腺炎
    - 尿腹
- 烧伤
- 肾上腺皮质机能减退
- 假性肾上腺皮质机能减退
  - 鞭虫感染
- 妊娠（灰猎犬）
- 利尿
- SIADH
  - 下丘脑肿瘤
  - 恶丝虫病
  - 癌
- 精神性烦渴
- 糖尿病
- 胃肠道丢失
  - 呕吐
  - 腹泻

低钠血症常常缺乏临床症状，除非出现严重低血钠（ < 120mEq/L），并且在 24 ~ 48h 内急性发作。血清钠严重且迅速地下降会使细胞内相对细胞外变得高渗。液体（水）从钠浓度低的部位向高浓度移动来尝试维持等渗状态。因此，水会进入细胞并导致细胞水肿。这在神经组织，如脑部，显得尤为重要，水进入脑部会导致脑水肿。脑水肿的临床症状包括共济失调、沉郁、昏睡、头抵墙、抽搐和昏迷。

可能的情况下，临床对于低钠血症的治疗主要是直接针对原发病因。例如治疗高渗性非酮症糖尿病，通过注射外源性胰岛素来降低血清葡萄糖，当糖尿病得到调整后，最终会使血清钠浓度恢复正常。治疗腹腔或胸腔渗出的原发病因，如乳糜胸、腹膜炎或肿瘤，或烧伤导致的钠丢失，一旦渗出不再积聚，烧伤愈合后，血清钠就会恢复正常。使用外源性醛固酮［例如醋酸氟氢可的松，或去氧皮质酮新戊酸酯（DOCP）］治疗肾上腺皮质机能减退或假性肾上腺皮质机能减退，或治疗胃肠道（GI）寄生虫（鞭虫感染）并纠正与之相关的腹泻，会使血清钠恢复正常。对于严重的低钠血症，尤其是血清钠浓度低于 120mEq/L 的动物，要谨慎地纠正血清钠，在第 1 个 24 ～ 48h 中，一般钠的升高速度不超过 1mEq/（L・h）。如果低钠血症已经存在了很长时间，当血清钠迅速升高时，细胞相对于细胞外液变为低渗，大量水会由细胞内转移至细胞外。在神经组织，细胞萎缩也被称作脑桥中央髓鞘溶解症。临床症状通常会出现在治疗后数天，表现为头抵墙、共济失调、叫、昏睡、沉郁、抽搐、昏迷或死亡。

高钠血症

高钠血症是指血清钠超过正常参考范围（超过 155mEq/L）[1,2]。引起高钠血症的原因见表 29。高钠血症有很多种可能的发病机制。小动物中最常见的发病机制为水的丢失量超过盐的丢失量，这也称作自由水丢失。水的丢失可以发生在胃肠道，如腹泻，或在肾脏，如渗透性利尿或缺乏 ADH 作用（中枢或肾性尿崩症）[3]。另一种不常见的情况是钠摄入增加引起的高钠血症。这可见于食用了牛肉干、自制橡皮泥、海水或医源性给予含钠物质，如碳酸氢钠或磷酸钠灌肠剂的动物 [4]。

与低钠血症一样，高钠血症的临床症状通常是非特异性的，除非严重的高钠血症，且血清钠超过 180mEq/L。血清钠急性升高时，水会从钠浓度较低处向高浓度移动，细胞则会皱缩。神经组织对细胞内容积的改变十分敏感，所以钠浓度变化非常迅速时，会对神经组织产生有害的反应。严重急性高钠血症相关的临床症状与低钠血症出现的症状相似，包括共济失调、沉郁、昏睡、木僵、昏迷、抽搐，最严重的病例可致死亡。

除了治疗原发病因，如腹泻外，治疗高钠血症的目标是重新补充缺乏的自由水。钠恢复正常的速度与动物发展为高钠血症的时间成正比。例如，在治疗急性盐中毒时，动物血清钠浓度降低的速度可以快于其他数天或数周钠离子升高导致高钠血症的动物，当血清钠升高时，细胞内的水移动到细胞外，引起细胞皱缩时，细胞具有对抗细胞收

表 29　引起高钠血症的原因 [2]

尿崩症
中枢性（先天性或后天性）
肿瘤
创伤
垂体畸变
炎症
囊肿
肾性（先天性或后天性）
子宫积脓
肝脏疾病
肾上腺皮质功能亢进
甲状腺功能亢进
自由水丢失
等渗性腹泻
水摄入不足
不可感失水增多
中暑
呕吐
肾衰竭
高醛固酮血症
摄入钠
自制橡皮泥
海水
牛肉干
医源性
碳酸氢钠
含钠灌肠剂
用食盐催吐
雪纳瑞的原发性渴感减退

缩和细胞容积减少的适应机制。细胞内会产生特发性渗透物质来帮助恢复细胞内容积。当血清钠浓度正常而不再需要它们时，特发性渗透物质可以被降解。但是，如果治疗血清钠时太过激进，尝试使钠恢复到正常浓度过于迅速，细胞内渗透压相对于细胞外会形成高渗，大量液体进入细胞内引起细胞水肿。

为了治疗高钠血症，使用下面的公式计算自由水缺乏量：

$$自由水缺乏量=[(当前Na^{+})\div(正常Na^{+})-1]\times[0.6\times体重(kg)]$$

理想中，血清钠浓度升高或降低的速度要低于 0.5mEq/（L · h）。在很多情况下，可以使用葡萄糖溶液（D5W）降低血清钠浓度。不过，严重的高钠血症时，即便是 0.9% 氯化钠所含的钠（154mEq/L）也远低于患病动物的血清钠，也可以在可接受的范围内逐渐降低钠浓度。

氯紊乱

氯是细胞外液中主要的阴离子，也是体内主要的阴离子[3]。氯离子，除了是可以在体内解离的离子（强离子）外，还与代谢性酸中毒和碱中毒有关。血清氯的变化通常依赖于动物血管内水或液体的容积情况。同样，推荐纠正与钠相关的氯离子浓度。纠正氯需要使用以下公式：

$$犬：Cl^{-}(纠正)=Cl^{-}\times 146/Na^{+}$$

$$猫：Cl^{-}(纠正)=Cl^{-}\times 156/Na^{+}$$

通常，氯离子的纠正值为犬：107 ~ 112mEq/L，猫：117 ~ 123mEq/L[3]。

低氯血症

低氯血症是指血清氯浓度低于 100mEq/L（犬）或 110mEq/L（猫）[3]。低氯血症的可能原因见表 30。低氯血症常见于上 GI 梗阻及呕吐出胃内容物导致电解质异常的动物。促进肾脏或 GI 氯离子丢失的药物也可以引起低氯血症[3]。在很多情况下，纠正潜在病因并采取静脉补液能够纠正低氯血症。

高氯血症

高氯血症是指血清氯浓度高于正常参考范围。引起高氯血症的原因见表 31。很多情况下，血清氯浓度升高是人为造成的，也就是“假性高氯血症”。与自由水丢失或丢失的水超过丢失的氯有关的问题也是因素之一。其他引起假性高氯血症的原因包括脂血血清、血清中存在血红蛋白或胆红素，或使用溴化钾[3]。药物及输液如肠外营养也可以使血清氯升高。其他引起真性高氯血症的原因包括肾衰、肾小管酸中毒、呼吸性碱中毒和糖尿病[3]。

表 30　引起低氯血症的原因

假性低氯血症
- 肾上腺皮质功能减退
- 充血性心力衰竭
- 第三腔液体（胸腔或腹腔积液）

真性低氯血症
- 伴有呕吐的上 GI 梗阻
- 使用髓袢利尿剂
- 使用噻嗪类利尿剂
- 使用碳酸氢钠
- 使用羧苄西林
- 呼吸性酸中毒 / 高碳酸血症（慢性）

表 31　引起高氯血症的原因

人为高氯血症
- 尿崩症
- 渗透性利尿
- 脂血
- 血红蛋白血症
- 胆红素血症
- 使用溴化钾

真性高氯血症
- 药物
    - 使用保钾性利尿药
        - 螺内酯
        - 阿米洛利
    - 乙酰唑胺
    - 肠外营养
- 静脉输液
    - 高渗盐水
    - 0.9% 氯化钠
- 使用氯盐
    - 氯化钾
    - 氯化镁
    - 氯化钙
    - 氯化铵

肾衰竭
肾小管酸中毒
呼吸性碱中毒（慢性）
糖尿病

钾紊乱

钾是体内最常见的阳离子。大部分钾存在于细胞内，少量（2% ~ 5%）位于细胞外。钾的位置及细胞内外的浓度使其成为体内重要的离子之一，它在酶的功能和代谢过程、神经肌肉传导及肌肉功能中扮演着关键角色。当钾浓度失衡，不管是过高还是过低，引起的神经肌肉功能障碍，包括心脏兴奋性及传导障碍，都可致命。

低钾血症

重症疾病中电解质紊乱常见低钾血症。引起低钾血症的原因见表 32。低钾血症最常见的临床表现是肌无力。动物会表现为步伐僵硬、颈部前屈（图 97）、呈跖行姿势，并出现广泛性肌无力 [3,5]。这也称为“低血钾性肌病” [6]。血清钾浓度低对心脏传导也有影响，它能够减慢复极化并延长 P-T 间期，并使 S-T 段下降 [5]。T 波振幅下降，并出现多种室上性及室性节律异常。

如果能发现原发病因，治疗低血钾时要同时治疗原发病。例如，如果低钾血症是因幽门流出道梗阻造成的，治疗呕吐、解除梗阻，通过静脉补液恢复血管内液体容积并补充钾通常足以纠正低钾血症。慢性肾衰同样也是低钾血症的常见病因。一些病例经口补充钾有助于恢复血清钾的水平。

表 32　低钾血症的原因 [3]
肾衰竭
钾摄入减少
使用胰岛素
呕吐
腹泻
使用碳酸氢钠
肾上腺皮质机能亢进
多尿
使用 α-肾上腺素能药或中毒（沙丁胺醇）
代谢性酸中毒
静脉输液利尿
低体温
低镁血症

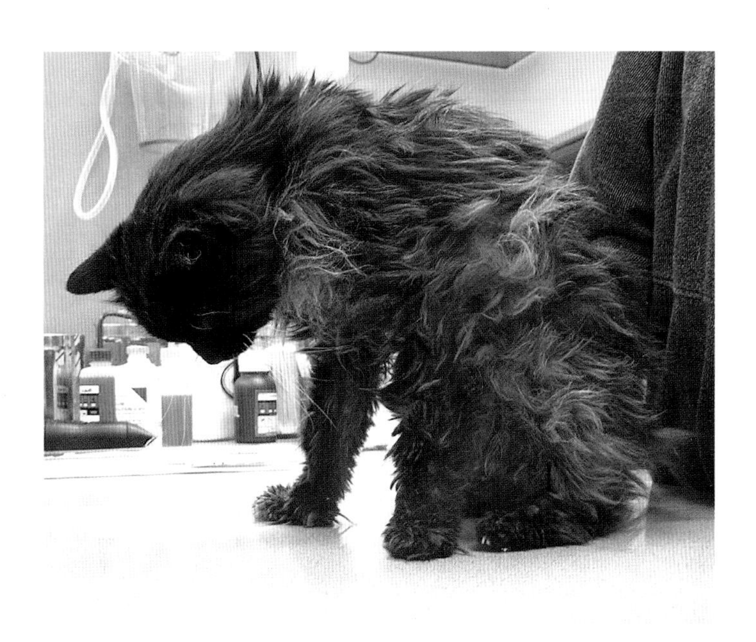

图 97　一只患严重低钾血症的猫出现颈部前屈。其他的鉴别诊断为硫胺素缺乏。

高钾血症

高钾血症是指血清钾高于正常参考范围上限。高钾血症的原因见表 33。钾排泄减少、摄入增加，或在某些情况下如代谢性或糖尿病性酮症酸中毒时，使细胞内的钾转移到细胞外，或肌肉消耗及横纹肌溶解都可造成高钾血症。

正常情况下，肾上腺皮质球状带分泌的醛固酮刺激远端肾单位排泄钾。肾上腺皮质功能减退的动物缺乏皮质醇和醛固酮，钾的排泄减缓并导致高钾血症。少尿或无尿性肾衰竭也会损害肾脏的排钾能力。慢性肾衰晚期会发生少尿或无尿，但更常见于尿道梗阻、肾脏缺血、急性中毒或细菌感染（如莱姆性肾炎或钩端螺旋体病）。钾也可以被重吸收，或因尿道梗阻、输尿管或膀胱破裂而未被排出。

血清钾升高后，会影响心脏传导组织。当血清钾升高时，细胞膜两侧电势差下降，也就是电势差变得更接近中性，减弱了细胞去极化的能力。心房细胞对高钾血症的影响尤为敏感，并发展为难以去极化。当血清钾变得越来越高，心电图（ECG）上会出现特征性变化，包括 T 波宽而尖、P-R 间期延长，变钝，之后振幅减小，QRS 波群增宽。最后，波群消失，也就是心房静止（图 98 和图 99）。

表 33 高钾血症的原因

肾衰竭
输尿管、膀胱、尿道破裂
尿道梗阻
肾上腺皮质功能减退
犬鞭虫感染
第三腔积液
组织创伤
横纹肌溶解
灰猎犬妊娠
急性肿瘤溶解综合征
挤压伤

药物
  保钾性利尿药
  血管紧张素转化酶抑制剂
  肝素
  琥珀酰胆碱

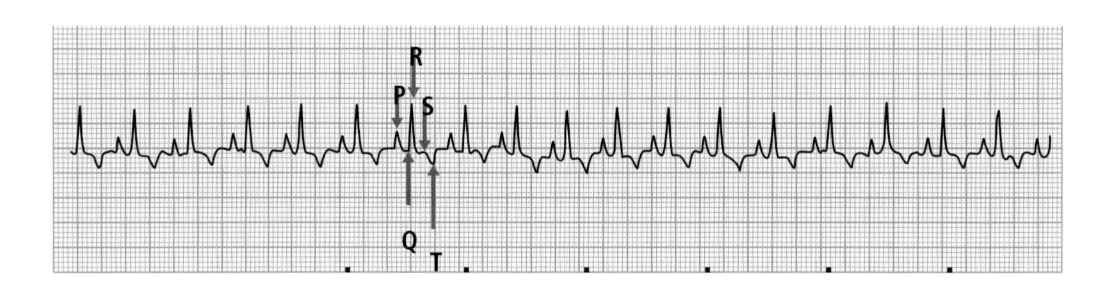

图 98 正常 ECG 描记图，显示 QRS 波和 P 波。

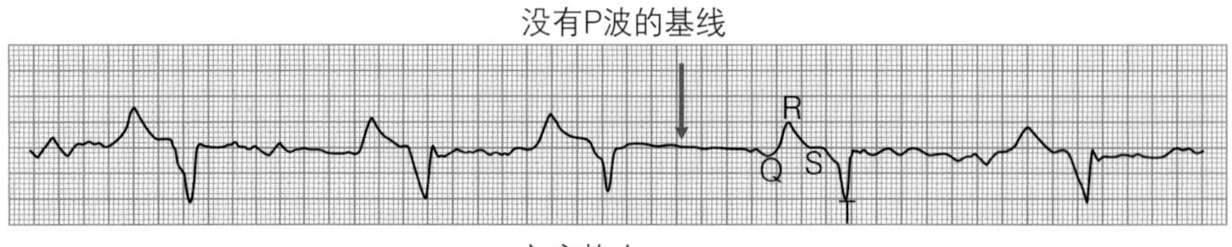

图 99 高血钾动物的心房静止。注意基线中缺乏 P 波，QRS 复合波增宽、倒转，T 波变尖。

对于任何会导致临床显著高钾血症的情况，治疗时的两个焦点在于①保护心脏，防止血清钾浓度升高对心肌的影响；②治疗可能引起高钾血症的原发病因。心脏传导异常可以通过两个单独的机制进行治疗。其一为使钾离子进入细胞内。该方法可以使用碳酸氢钠（0.25 ~ 1mEq/kg IV），或恒速输注胰岛素（短效胰岛素，0.25 ~ 0.5 单位 /kg IV）和葡萄糖（每单位胰岛素 + 1g 葡萄糖 IV）纠正。碳酸氢钠会产生暂时性代谢性碱中毒。细胞内的氢会与钾进行交换，让氢离子帮助中和碱中毒。钾会被带入细胞内。治疗高钾血症的第二种机制是保护心肌不受钾离子毒性作用的影响。方法是引入其他离子，也就是钙，以升高去极化的阈值。可以通过使用葡萄糖酸钙（0.5 ~ 1mL/kg 10% 葡萄糖酸钙，IV，缓慢给药 10min 以上）或氯化钙［5 ~ 15mg/（kg・h），IV，恒速输注（CRI）］给予钙。以上提到的所有治疗方法通常在 5min 内起效，并持续 40 ~ 60min，而其他治疗可以直接针对引起高钾血症的潜在原因。本文作者常常同时使用胰岛素 / 葡萄糖和葡萄糖酸钙。

钙紊乱

体内大部分的钙位于骨骼的羟磷灰石基质中。只有一小部分，约 1% 的钙在骨骼系统之外以三种形式存在：蛋白结合型、非离子型、离子型 [3]。离子钙具有生物学活性，对多种酶功能、凝血、神经系统传导、肌肉收缩、合成并生产新细胞和细胞膜来说是必需的。钙浓度由甲状旁腺、肠道、肾脏合成和分泌的活化的维生素 D（1-25，二羟胆钙化醇）及甲状旁腺激素之间微妙的平衡来调节。

当紫外线存在时，皮肤合成脂溶性维生素 D，或胆钙化醇。当甲状旁腺感知到血清钙浓度较低时，会合成并释放甲状旁腺激素。甲状旁腺激素（parathyroid hormone，PTH）和维生素 D 共同作用使骨骼释放的钙增加，而维生素 D/ 胆钙化醇的活性代谢产物，骨化三醇（1-25，二羟胆钙化醇）能够反过来刺激小肠和肾脏吸收钙。低钙血症和高钙血症都可见于多种临床疾病中，如果不治疗均可致命。

低钙血症

临床中显著的低钙血症能够导致肌肉兴奋、颤动、低血压、心动过缓、肌无力、喘、抽搐、心脏或呼吸骤停。患病动物出现低血钙的最常见原因包括甲状旁腺切除术、肾脏疾病、输血及抗凝血时使用可以螯合钙的药物、乙二醇中毒或产后抽搐（子痫）（表 34）。面部抽搐是首先能够观察到的症状之一，它能够发展为更严重的肌肉颤动、剧

表 34 低钙血症的原因 [3,7]

甲状旁腺代谢紊乱
　原发性甲状旁腺功能减退
　医源性：甲状旁腺切除术后
　医源性：甲状腺切除术
　低镁血症

维生素 D 代谢紊乱
　急性或慢性肾衰竭时，缺乏维生素 D 的活化
　肠道吸收不良 / 营养不良
　厌食

子痫（产后抽搐）

胰腺炎（皂化反应）

乙二醇中毒

输血时，其中的柠檬酸产生的螯合作用

碳酸氢钠治疗

磷酸钠灌肠

软组织创伤

烈肌肉痉挛和抽搐。对临床中显著的低钙血症的治疗涉及给予钙，可以使用葡萄糖酸钙（0.5~1mL/kg 10% 葡萄糖酸钙，IV，缓慢给药 10min 以上）或氯化钙［5 ~ 15mg/（kg·h），IV，CRI］。有时，给顽固性低钙血症动物间歇性推注葡萄糖酸钙或氯化钙，或口服骨化三醇及钙补充剂都无效时，必须 CRI 葡萄糖酸钙［10mg/（kg · h）IV CRI］。

高钙血症

高钙血症是指总血清钙浓度超过 12mg/dL（3mmol/L）（犬），11mg/dL（2.75mmol/L）（猫）[3]。由于离子钙是钙的活化形式，也需要评估离子钙。高钙血症同样也指离子钙超过 5.2mg/dL（1.3mmol/L）[3]。有很多种记忆方法来帮助记忆高钙血症的原因，见表 35。若能找到原发病因，理想中的治疗应直接治疗潜在的原发病因。高钙血症相关的临床症状涉及 GI、肾脏及神经肌肉系统。可能出现多尿、多饮、呕吐、厌食、腹泻或便秘 [3]。在 ECG 中可观察到多种心脏节律失调，包括室性节律异常、PR 间期延长、QT 间期缩短。当钙 × 磷的结果超过 70，任何器官都可发生软组织营养不良性钙化。治疗高血钙包含了使用 0.9% 生理盐水静脉输液利尿，促进肾脏产生钙尿。使用髓袢利

表 35 引起高钙血症的原因：GOSHDARNIT 记忆法 [3,9]

G 肉芽肿
- 组织胞浆菌病
- 芽生菌病
- 隐球菌

O 骨性

S 假性
- 实验室错误
- 脂血
- 溶血

H 甲状旁腺功能亢进
- 甲状旁腺腺瘤
  - 摄入药物卡泊三烯（银屑病）
  - 摄入植物
    - 白夜丁香
    - 软木茄
    - 黄色三毛草

D 摄入维生素 D 或胆钙化醇杀鼠剂中毒

A 艾迪生病

R 肾衰竭

N 肿瘤
- 淋巴瘤
- 顶浆分泌腺癌
- 多发性骨髓瘤
- 鳞状细胞癌

I 特发性
- 猫特发性高钙血症

T 温度和中毒
- 体温升高

尿剂（呋塞米 2 ~ 4mg/kg，IV，q8 ~ 12h）防止肾脏对钙的重吸收，使用糖皮质激素抑制骨骼的重吸收并活化维生素 D[3]。对于严重病例，可能需要使用促进钙沉积的药物，如氨羟二磷酸二钠或降钙素来降低血清钙浓度。

磷紊乱

磷是最常见的细胞内离子 [3]。磷主要位于骨骼的羟磷灰石基质和肌肉内 [3]。少量磷位于细胞外。无机磷可与蛋白结合，如白蛋白，也可在循环中与氢结合。血清中的无机磷可被测得。其他形式的磷，有机磷无法测得，与脂类和蛋白结合时，它是细胞膜重要的组成成分。有机磷还可用于产生三磷酸腺苷（ATP）和二磷酸腺苷（ADP）的能源媒介，也可以通过 2,3- 二磷酸甘油酸（2,3-DPG）的形式参与红细胞对氧的运输。

低磷血症

与低磷血症有关的问题见表 36。临床中血清无机磷水平降至 1.0mg/dL（0.32mmol/L）以下时表现显著的临床症状。小动物中低磷血症的最常见原因包括通气过度（呼吸性碱中毒）、糖尿病酮症酸中毒（DKA）、再饲喂综合征。对于患 DKA 的动物，由于尿糖和渗透性利尿，使肾排泄的磷增加。治疗 DKA 的过程中，使用胰岛素会导致磷进入细胞内，能引起血清中的无机磷显著降低。当血清中的磷水平下降至 1.0mg/dL（0.32mmol/L）以下时，红细胞溶血（图 100）并导致贫血。对于严重长期厌食且营养不良的动物，迅速给予动物的所有能量需要量会引起胰腺大量释放胰岛素，使磷从细胞外移至细胞内。另外，饥饿时，整个机体的磷已耗竭，若继续利用剩余的磷来形成 ADP 和 ATP，会使无机磷进一步消耗，还会导致心脏传导异常、肌无力、RBC 溶解。治疗临床中显著的低磷血症需要通过磷酸钾或磷酸钠［0.03 ~ 0.06mmol/（kg・h），IV，CRI，12 ~ 24h］补充磷。一些兽医在治疗 DKA 时，根据经验将补充磷作为常规治疗的一部分，以避免低磷血症相关的并发症。

高磷血症

在兽医临床中，高磷血症没有低磷血症普遍。表 37 中列出了高磷血症可能的原因。高磷血症最常见的原因为肾功能不足、GI 炎症和 GI 出血。当与高钙血症同时出现时，钙 × 磷的结果超过 70 会导致软组织营养不良性钙化。高磷血症的其他临床症状包括腹泻和强直性肌肉痉挛。治疗高磷血症包括治疗原发病，防止磷从胃肠道吸收。如果动物能够进食，除了口服磷结合剂，如氢氧化铝外，限制饮食中摄入的磷也能够减少小肠对磷的吸收。

表 36 低磷血症的原因 [3]

再分布
- 过度通气 / 呼吸性碱中毒
- 再饲喂综合征
- 水杨酸中毒
- 热性病 / 中暑
- 使用胰岛素

肾小管吸收减少

使用糖皮质激素

使用利尿剂

使用碳酸氢钠

糖尿病

肾上腺皮质功能亢进

高醛固酮血症

甲状旁腺功能亢进

低体温

给予肠外营养

胃肠道原因
- 摄入减少 / 厌食
- 胰腺外分泌功能不全
- 缺乏维生素 D
- 使用磷酸盐结合剂
- 消化不良 / 吸收不良

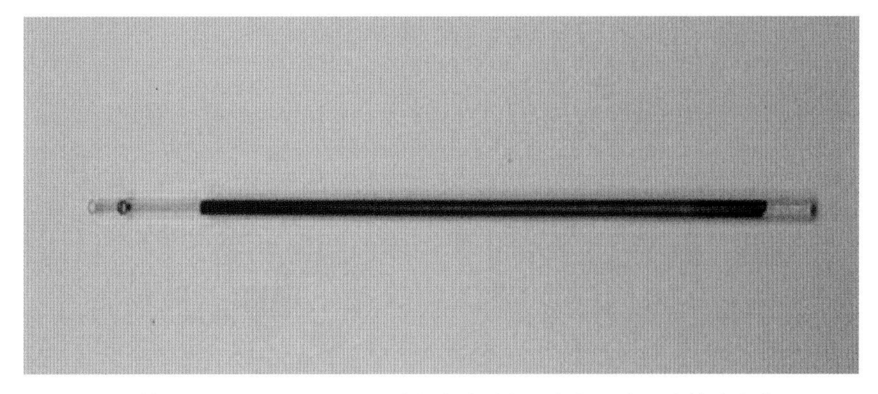

图 100 血管内溶血，一只患严重低磷血症的动物，在血细胞比容管中血浆呈红色。虽然该问题在使用胰岛素治疗糖尿病酮症酸中毒时更常出现，但也可见于出现再饲喂综合征的动物。

表 37　高磷血症的原因
肾衰竭
溶血
急性肿瘤溶解综合征
横纹肌溶解
软组织损伤
磷酸钠灌肠
甲状旁腺功能减退
肢端肥大症
维生素 D 中毒

镁紊乱

镁是最重要，也是常常被遗忘的细胞内阳离子之一。体内主要的镁位于骨骼和肌肉组织内。极少量镁位于细胞外。镁最重要的功能之一是作为 Na-K-ATP 酶泵的辅助因子，维持兴奋组织的跨细胞膜电化学梯度。镁还可作为产生细胞 ATP 的辅助因子。因此，镁对于患病动物的健康和福利起着极为重要的作用。

与钙一样，镁以三种形式存在：离子型、与其他物质复合型、蛋白结合型。测定镁非常困难，因为它主要储存在细胞内。因此，测定血清镁并不一定能反映出总体镁，或可用于代谢及酶加工过程的细胞内镁含量。

低镁血症

据报道，54% ~ 67% 的重症患病动物存在低镁血症[8,9]，通常与其他电解质异常同时出现，包括低钠血症、低钾血症、低钙血症和低磷血症（表 38）[3]。由于 Na-K-ATP 酶泵需要镁来帮助维持钠和钾的浓度，缺少镁会导致低钾血症和钾尿。这普遍见于伴有糖尿病酮症酸中毒，快速补充钾的低钾血症患病动物，并对治疗反应甚微。低镁血症的其他临床症状包括心脏传导异常和顽固性室上性及室性心律失常、无力、肌肉颤动、渐进性神经功能失调，包括通气不足、吞咽困难、抽搐、昏迷、呼吸肌疲劳[3]。补充镁［氯化镁 0.75mEq/（kg · d），IV，CRI］通常能迅速纠正顽固性低血钾。过量补充镁会造成心脏节律异常，包括束支及房室传导阻滞（图 101）。补充镁时要仔细控制输液速度，慎用于肾功能不足的动物。

表 38　低镁血症的原因[3,7]

镁摄入减少	药物
营养不良	两性霉素 B
厌食	氨基糖苷类
医源性使用未添加镁的液体	羧苄西林
	环孢素
	地高辛
	利尿剂
	袢利尿剂（呋塞米）
	渗透性利尿剂（甘露醇）
	噻嗪类利尿剂
胃肠道	内分泌疾病
腹泻	糖尿病酮症酸中毒
吸收不良 / 消化不良	肾上腺皮质功能亢进
胰外分泌功能不全	甲状腺功能亢进
肠切除后短肠综合征	甲状旁腺功能亢进
炎性肠病	高钙血症
	低磷血症
肾脏	呼吸性碱中毒
急性肾衰	
肾小管酸中毒	
肾小球肾炎	
肾盂肾炎	
梗阻后利尿	
胰腺炎	败血症
腹膜透析	烧伤
输血	剪切伤
使用胰岛素和 / 或葡萄糖	低体温
创伤	

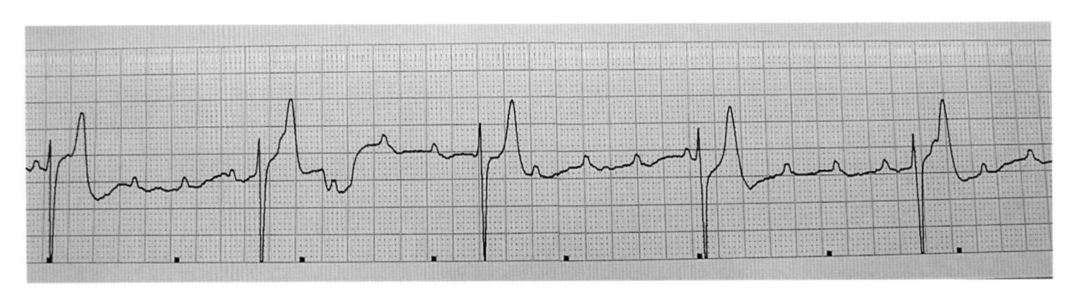

图 101 完全房室传导阻滞。注意有多个 P 波与间歇性心室逸搏波群完全分离。

高镁血症

高镁血症在危重病例中并不常见，但死亡率增加可能与高镁血症相关（表 39）[8]。镁由肾脏排泄。高镁血症可以发生于少尿或无尿性肾衰竭导致镁排泄不足的动物。对于严重高镁血症的病例，可见心脏传导异常，包括 PR 间期延长及 QRS 复合波增宽、神经肌肉无力、呼吸肌疲劳。治疗高镁血症主要通过静脉输注 0.9% 氯化钠利尿，并使用髓袢利尿剂如呋塞米，增加肾脏对镁的排泄。

表 39 高镁血症的原因 [3]
医源性使用含镁的盐或液体
肾功能不足 / 衰竭
使用镁制酸剂 / 摄入
镁盐泻药

第7章

肠外营养

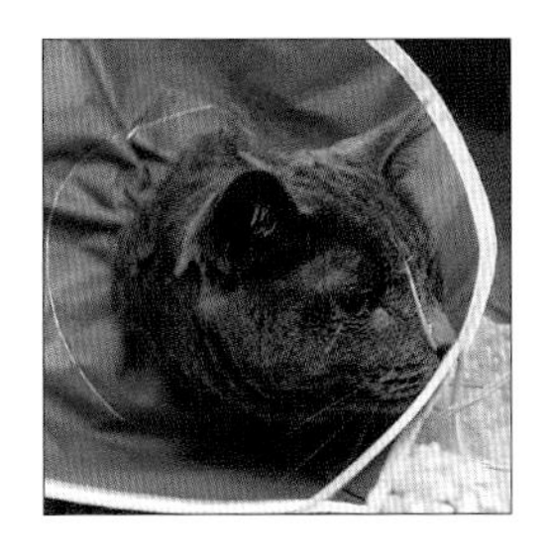

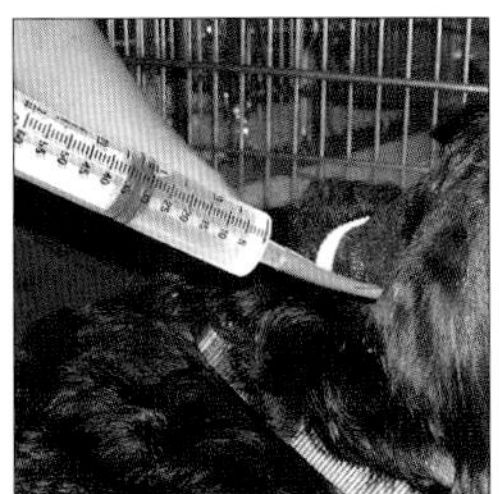

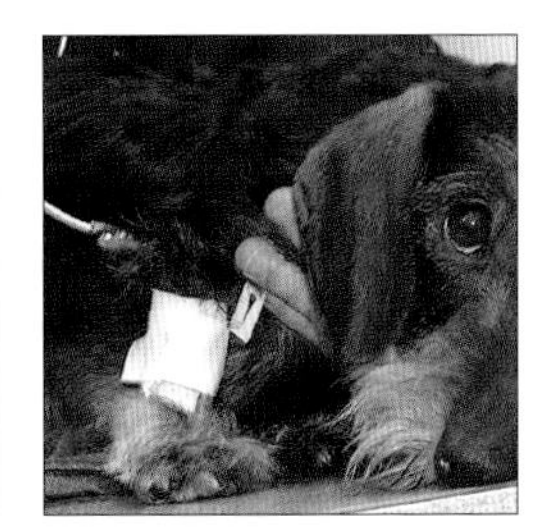

简介

兽医临床常见医源性营养不良，或住院期间营养摄入不足[1]。很多住院动物不自主进食，或患有胃肠道疾病，如呕吐和/或腹泻，妨碍它们对食物的消化、吸收或同化营养。一类常见而容易补救的问题是兽医对动物进食的要求不明确。能量、蛋白质及其他必需营养摄入减少会使患病动物的发病率上升、抑制或延迟伤口愈合、抑制免疫系统，并可能提高动物的死亡率。

近年来，对营养不良引发后果的了解，以及为患病动物提供肠内和肠外营养能力的进步，使兽医不仅在给住院动物提供营养时会更为积极，还可以获取更加详细的信息，降低重症动物发生医源性营养不良的可能性。营养支持的目的是在重症病例中治疗并预防营养不良，直到患病动物能够独自吸收肠内营养[2]。供给某些形式的肠内营养被认为是营养支持的金标准（图 102）。无论是哪部分肠道具有功能，都应得到利用。不过，有一些动物无法或不想自主进食，或因严重呕吐、肠梗阻、炎症、手术切除 GI 而不能消化或吸收经肠道提供的营养[2,3]。对于这些病例，可能禁止或无法给予肠内营养，而其他形式的营养支持，如肠外营养（图 103），就变得必不可少了。

肠外营养以不经胃肠道的方式提供营养[4]。用于肠外营养的理想营养合剂包括碳水化合物溶液（常用形式为葡萄糖）、脂肪、氨基酸或蛋白质来源，对于某些病例，还需要矿物质和维生素（表 40）。

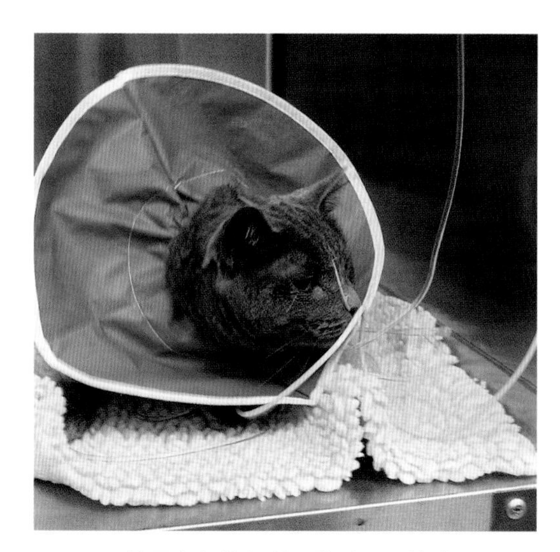

图 102　使用鼻饲管饲喂肝脂质沉积的猫。

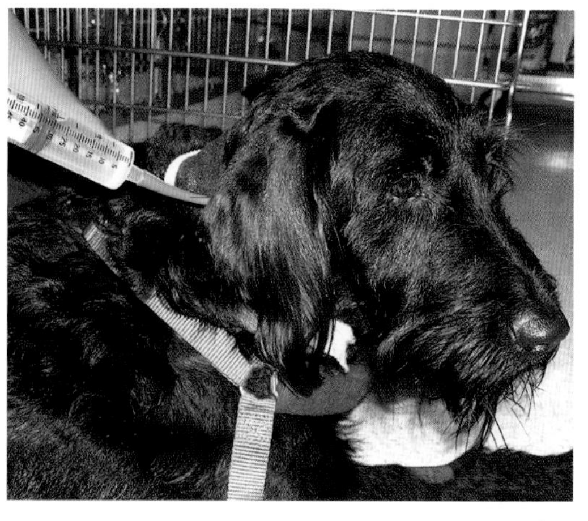

图 103　经颈部食道饲管注入液体，该动物因食入被三聚氰胺污染的食物而继发了急性肾衰竭。

表 40　肠外营养的组成

名称	渗透压（mOsm/L）	pH 值	制造商
10% 氨基酸（Travasol）	998	6.0	Baxter Healthcare Corporation（UK and Canada）
8.5% 美乐欣	850	4.5 ~ 6.0	Abbott Pharmaceuticals
Procalamine	735	6.8	McGaw, Inc.
5% 葡萄糖	252 ~ 310	3.2 ~ 6.5	Abbott Pharmaceuticals
50% 葡萄糖	2530	4.2	Abbott Pharmaceuticals
20% 氨基酸（美乐欣）	260	8.3	Abbott Pharmaceuticals
20% 脂肪乳	350	6.0 ~ 8.9	Baxter Healthcare Corporation（UK and Canada）
20% 脂肪乳	350	6.0 ~ 8.9	Fresenius Kabi
2% 乐补欣			Abbott Pharmaceuticals

术语“全肠外营养”或 TPN（total parenteral nutrition），用来描述用于提供某一患病动物所有必需营养需求的溶液[5,6]。不过对于兽医临床，很少提供每一种单独的必需常量元素和微量元素。因此，TPN 实际上是一种误称，现在已经不提倡使用[4]。更准确的用语为“部分肠外营养”（partial parenteral nutrition，PPN）或简单肠外营养（parenteral nutrition，PN）[6]。

一些人根据肠外营养给予途径来描述和定义 PN。理想状态下，渗透压超过 600mOsm/L 的溶液应当通过中心静脉导管或髓内导管输注，以避免发生血栓性静脉炎等潜在并发症[7]。如果渗透压低于 600mOsm/L，溶液可以通过外周导管输注，引起血栓性静脉炎的可能性较低。当使用外周导管给液时，可称为“外周肠外营养”。外周肠外营养只有在短期营养支持，例如 1 ~ 3d 时才考虑使用。如果动物需要进行长期营养补充，应仔细评估放置中心静脉导管来给予更完全的营养混合剂的益处，或考虑放置某些形式的肠道饲管。外周肠外营养还可用于当动物的自主进食量仅为其每日营养摄入量的一部分，仍需要肠外方式给予一些营养支持时。

放置中心静脉导管

将高渗物质输注到外周静脉中通常会引发血栓性静脉炎。因此，渗透压高于 600mOsm/L 的 PN 溶液应该经中心静脉导管输注。在小动物临床，中心静脉导管可留置在颈静脉、内侧隐静脉和外侧隐静脉中，这些位置相对容易。大量单腔和多腔导管类型可供选用。聚氨酯及硅胶导管对血管的刺激较小，目前更推荐使用比特氟龙（聚四氟乙烯）导管[6]。在放置中心静脉导管时，需要记住的最重要的概念之一便是在整个过程中要一直保持无菌状态，以防止发生导管相关性败血症。一旦导管被成功地放置并包扎后，就可以连接 PN 溶液了。输液管上应标记为专用通道，不能用于除营养支持外的其他目的。除每 24h 更换液体 / 营养袋外，任何原因都不能中断管道的连接，即使是患病动物外出散步也不行。每 24h 都要更换包扎并检查导管入口处。静脉炎的症状包括导管放置部位疼痛并出现红疹，伴随输注时的疼痛，从外部触摸血管时有黏性或发硬。在很多使用中心静脉导管输注 PN 的回顾性研究中，导管阻塞和扭结是最常见的并发症[8–10]。

肠外营养

过去，费用高、对导管相关败血症的恐惧，以及缺乏技术上的专业知识和给予肠外营养时所需的物品，使这种营养支持的方法在兽医中并不普遍[7,11]。随着放置中心静脉和多腔中心导管在兽医临床中变得越发普遍，这使更容易地提供 PN 变为可能[11]。在放置并维持中心静脉导管上有关无菌技术知识的进步，能够限制导管相关败血症的发生率。如果进行 PN 的患病动物发生了败血症，细菌感染来源通常并不是导管本身。不如说，而是缺乏肠内营养，GI 表面的肠细胞会在 48h 内开始萎缩。紧密连接的基底膜开放并发生泄漏，使细菌能够经胃肠道转移进入血液中。

肠外营养公式

PN 溶液的成分既可以在药房混合，也可以在医院内部混合。所有 PN 溶液的必需成分包括氨基酸、葡萄糖、脂肪、维生素和矿物质。理想中，溶液应当于层流罩或专业混合机中，在严格无菌的条件下准备[7]。这样的设备在英国的 Baxter 均有销售，名字叫作“The Automix”。混合机可在无菌条件下制作精确的 PN 溶液。也可以使用含氨基酸、脂肪、糖原的“三合一”混合物。也可以使用一些兽医和人医制造商（如 Abbott Animal Health）预混的 PN 制剂，它们使用起来更方便，更容易被兽医接受。虽然不需要专门的混合机，这种产品使用起来却更高效，但不论何时只要可能，PN 溶液都应根据不同患病动物的需要来配制，而不是使用可能超出或低于某一动物的能量和蛋白需求的混合物。可以请求当地人医院药房帮助混合 PN。

静息能量消耗（resting energy expenditure，REE）是指一只处在非应激环境中的动物餐后休息时需要的能量。这种标准很少用来描述患有某些严重疾病，需要营养支持的住院动物。不过，它是能够用于评估动物能量需求的最近似值（表 41）。过去，动物的能量需求主要由人的文献或由健康犬猫获取的资料推断而来。REE 被武断地乘以“生病、受伤、感染 / 炎症”疾病因子，并假定动物患病或存在其他问题时能量需求比

表 41　静息能量消耗（REE）

体重 lb	体重 kg	每日 REE（kcal）	维持 +7%	维持 +10%	维持 +12%
2.2	1	96	170	200	220
4.4	2	120	270	330	370
6.6	3	168	370	460	520
8.8	4	192	470	590	670
11.0	5	216	570	720	820
13.2	6	240	670	850	970
15.4	7	288	770	980	1 120
17.6	8	312	870	1 110	1 270
19.8	9	336	970	1 240	1 420
22.0	10	360	1 070	1 370	1 570
24.2	11	408	1 170	1 500	1 720
26.4	12	432	1 270	1 630	1 870
28.6	13	456	1 370	1 760	2 020
30.8	14	480	1 470	1 890	2 170
33.0	15	528	1 570	2 020	2 320
35.2	16	552	1 670	2 150	2 470
37.4	17	576	1 770	2 280	2 620
39.6	18	600	1 870	2 410	2 770
41.8	19	648	1 970	2 540	2 920
44.0	20	672	2 070	2 670	3 070
46.2	21	696	2 170	2 800	3 220
48.4	22	720	2 270	2 930	3 370
50.6	23	768	2 370	3 060	3 520

续表

体重 lb	体重 kg	每日 REE（kcal）	维持 +7%	维持 +10%	维持 +12%
52.8	24	792	2 470	3 190	3 670
55.0	25	816	2 570	3 320	3 820
57.2	26	840	2 670	3 450	3 970
59.4	27	888	2 770	3 580	4 120
61.6	28	912	2 870	3 710	4 270
63.8	29	936	2 970	3 840	4 420
66.0	30	960	3 070	3 970	4 570
70.4	32	1 032	3 270	4 230	4 870
74.8	34	1 080	3 470	4 490	5 170
79.2	36	1 152	3 670	4 750	5 470
83.6	38	1 200	3 870	5 010	5 770
88.0	40	1 272	4 070	5 270	6 070
92.4	42	1 320	4 270	5 530	6 370
96.8	44	1 392	4 470	5 790	6 670
101.2	46	1 440	4 670	6 050	6 970
105.6	48	1 512	4 870	6 310	7 270
110.0	50	1 560	5 070	6 570	7 570
114.4	52	1 632	5 270	6 830	7 870
118.8	54	1 680	5 470	7 090	8 170
123.2	56	1 752	5 670	7 350	8 470
127.6	58	1 800	5 870	7 610	8 770
132.0	60	1 872	6 070	7 870	9 070
143.0	65	2 016	6 570	8 520	9 820
154.0	70	2 160	7 070	9 170	10 570
165.0	75	2 328	7 570	9 820	11 320
176.0	80	2 472	8 070	10 470	12 070
187.0	85	2 616	8 570	11 120	12 820
198.0	90	2 760	9 070	11 770	13 570
209.0	95	2 928	9 570	12 420	14 320
220.0	100	3 072	10 070	13 070	15 070

正常要高。这种建议在近几年已经被摒弃，在重症监护室进行的研究结果显示，重症患病动物实际需要的是基础能量需求[12]，并非像之前所提的“高代谢”。事实上，在住院期间，每只动物的能量需求每天都会有所改变[13]。

一个线性方程可以用来计算某一患病动物的每日能量需求或 REE：

$$REE = [30 \times 体重(kg)] + 70 = kcal/d$$

这样有可能会低估某些动物的能量需求并高估其他动物的需要量（表 41）。尤其是过量供应碳水化合物时，因机体需要清除过量的碳水化合物代谢产物 CO_2，因此会导致呼吸做功增加。

当计算好动物的每日能量需求（REE）后，下一步就是考虑 REE 中碳水化合物占的百分比和脂肪的百分比。通常，20% 的 REE 由葡萄糖提供，而 80% 的 REE 由脂肪提供[6]。所需蛋白的量可以通过不同动物 REE 与非蛋白能量需求量之间的关系进行计算。患病动物的蛋白需要量的范围为 1 ~ 6g 蛋白 /100kcal 非蛋白能量[6]。犬每天至少需要给予 2 ~ 3g 蛋白 /100kcal 非蛋白能量。猫会偏高一些，为 4g 蛋白 /100kcal[6]。对于肝或肾功能不足的动物，蛋白的量要少一些；对于大量蛋白丢失的动物，应考虑增大比例。在兽医临床中，使用 PN 长期管理超过两周以上的情况极为罕见。在需要长期 PN 的罕见情况中，必须要考虑的一件事是大部分氨基酸溶液中不含必需氨基酸：牛磺酸。如果一只猫使用 PN 超过 7d 以上时，需要考虑额外添加这种氨基酸。

脂肪、葡萄糖、氨基酸在每种溶液中的浓度，以及每毫升脂肪和葡萄糖溶液的能量，会影响加入 PN 溶液中的体积。一旦每种成分（氨基酸 + 脂肪 + 葡萄糖）的体积被计算出后，将总量加在一起，然后将总量除以 24，获得 mL/h 输液速度。表 42 列举了计算 PN 时的每步计算过程。一袋 PN 最长可冷藏 48h。不过，一旦输液袋处于室温中，则必须在 24h 内使用，之后丢弃。

氨基酸溶液

含必需和非必需结晶氨基酸溶液（3.5%、8.5% 和 15%）可以作为兽医 PN 中的蛋白质来源使用。8.5% ~ 10% 的氨基酸溶液（10%Travasol 含或不含电解质氨基酸，Baxter UK 和 Baxter Canada；8.5% 美乐欣，Abbott Animal Health，USA）使用非常普遍，因为低浓度的氨基酸溶液使用时需要输入的液体量过大，而高浓度的溶液渗透压又过高。氨基酸溶液的渗透压范围从 300 ~ 1400mOsm/L，相对偏酸性，pH 值为 5.3 ~ 6.5[6,14,15]。

表 42 分步计算肠外营养的方法

1. 计算患病动物每日静息能量需求（REE kcal/d）：
   REE ＝（$30 \times BW_{kg}$）＋ 70

2. 计算患病动物的碳水化合物来源，葡萄糖提供 20% REE

3. 计算患病动物的脂肪需要量，脂肪提供 80% REE

4. 计算患病动物每日氨基酸（蛋白质）需要量（犬：3g/100kcal，猫：4g/100kcal）

5. 使用以下参考值确定每种肠外营养成分所需的量：
   5% 葡萄糖＝ 0.17kcal/mL
   50% 葡萄糖＝ 1.7kcal/mL
   20% 脂肪＝ 2kcal/mL
   8.5% 氨基酸（蛋白质）＝ 0.085g/mL
   3% 氨基酸（蛋白质）＝ 0.03g/mL

6. 将葡萄糖、脂肪、氨基酸（蛋白质）溶液的量相加，得到需要使用的每日溶液量

7. 将第 6 步得到的液量除以 24h，得到 mL/h 输液速度

或

8. 确定患病动物每日液体需要量

9. 从第 8 步得到的液量中减去第 6 步得到的液量

10. 将第 9 步中得到的液量以等渗液的形式加入肠外营养（构成第 6 步所得的总量）中，获得每日液体和营养溶液

11. 将第 10 步所得总量除以 24h，得到每小时的液体速度

以 30kg 的犬为例计算肠外营养：

1. 计算患病动物每日 REE：
   （30×30）＋ 70 ＝ 970kcal/d

2. 计算每日碳水化合物来源：
   20% ＝ 0.2×970kcal/d ＝ 194kcal/d 碳水化合物（葡萄糖）

3. 计算每日脂肪来源：
   80% ＝ 0.8×970kcal/d ＝ 776kcal/d 脂肪

4. 计算每日氨基酸（蛋白质）需要量［犬：3g 氨基酸（蛋白质）/100kcal］：
   970kcal/d × 3g 氨基酸（蛋白质）/100kcal ＝ 29.1g 氨基酸（蛋白质）/d

5. 50% 葡萄糖＝ 1.7kcal/mL：
   194kcal × 1mL/1.7kcal ＝ 114mL50% 葡萄糖 /d
   20% 脂肪＝ 2kcal/mL:
   776kcal × 1mL/2kcal ＝ 388mL20% 脂肪
   29.1g 氨基酸（蛋白质）/d × 1mL/0.085g 氨基酸（蛋白质）＝ 342mL/d8.5% 氨基酸（蛋白质）

续表

6. 将葡萄糖、脂肪、氨基酸（蛋白质）所需体积相加：
114mL50% 葡萄糖 + 388mL20% 脂肪 + 342mL8.5% 氨基酸（蛋白质）= 844mL/d

7. 将以上体积除以 24 得到输液速度 mL/h：
844mL/d ÷ 24h = 35.1 ≈ 35mL/h

或

8. 确定患病动物每日液体需要量［60mL/（kg · h）］：
60mL/（kg · d）×30kg = 1 800mL/d

9. 从每日液体需要量中减去肠外营养量：
1 800mL/d–844mL/d = 956mL

10. 在肠外营养液中加入 956mL 等渗溶液如 Normosol–R

11. 1 800mL ÷ 24h = 75mL/h 全营养混合液

由于它们的渗透压较高，超过 3.5% 的氨基酸溶液不能经外周静脉导管给药，因为有较高的血栓性静脉炎风险[15]。

脂类

大豆乳、红花油、亚油酸和亚麻酸可与等渗液体配成 10% 和 20% 的溶液使用（脂肪乳剂 20% 或 30% 大豆油脂肪乳剂，Baxter Canada，Baxter UK，欧洲为 20% 脂肪乳 Fresenius Kabi，20% 乐补欣，Abbott Animal Health，USA）[6]。脂类用于为动物提供至少 40% ~ 60% 的每日非蛋白能量需求[16]。脂肪乳的渗透压（260 ~ 310mOsm/L）低于氨基酸溶液，可以经外周静脉导管给药，而不会增加血栓性静脉炎的风险[6,14,15]。

葡萄糖

不同浓度的葡萄糖（2.5% ~ 70%）可作为 PN 制剂中的碳水化合物来源使用。大多数兽医都有 50% 葡萄糖溶液，与脂肪及氨基酸溶液混合以提供动物每日营养需求。能够达到动物能量需求的葡萄糖与脂肪的准确比例现在还是争论的焦点。在应激性饥饿的状态下，葡萄糖调节激素如皮质醇和肾上腺素促进胰岛素抵抗。身体无法利用碳水化合物作为能量来源，从而产生高血糖。在人，继发于碳水化合物补充过量的高血糖会增加患者的发病率（呼吸做功增加导致呼吸衰竭）及死亡率。在猫，类似的研究表明，当给予 PN 过程中出现高血糖时，死亡的风险增加[10]。对于小动物，用于 PN 的葡萄糖最好不要超过每日总能量需求的 50%。

电解质

电解质紊乱是重症动物使用 PN 过程中常见的并发症。低钾血症和低磷血症是最常见到的电解质异常。对于长期营养不良的动物，使用含糖液体会刺激胰腺释放大量胰岛素。这种作用会使葡萄糖、钾和磷进入细胞内。另外，生产能量媒介如 ATP 也会消耗磷，导致低磷血症。维持 RBC 膜的完整性也需要磷。如果在有需要时没能够监测和补充磷，严重的低磷血症会引起血管内溶血和贫血。为了确定钾和磷合适的补充量，必须监测患病动物血清钾和磷的浓度。对于多数病例，可能需要添加 20 ~ 40mEq/L 氯化钾,或氯化钾和磷酸钾混合物［0.01 ~ 0.03mmol/(kg·h)］来维持血钾和血磷正常[15]。

维生素

除非厌食及体重下降的时间非常长，否则，多数患病动物不需要补充脂溶性和水溶性维生素。但如果因过度腹泻或脂肪痢而导致营养吸收减少，同样需要补充维生素[6]。建议在开始肠外营养时，给予 1 周的维生素 K（0.5mg/kg，皮下）[2,6]。也可以使用其他脂溶性维生素长效溶液（维生素 A、维生素 D、维生素 E；1mL IM，Schering-Plough Animal Healthcorp，Kenilworth，NJ），它们能够提供约 3 个月的充足储量[6]。复合维生素 B 可以作为联合用药加入 PN 中［1mL/100kcal 或 3mL/10（kg · d）］[2]。由于某些 B 族维生素见光会发生降解，所以应对 PN 溶液进行遮盖，防止其中不稳定的物质降解。

全营养混合液

肠外营养溶液需要通过特定管道，或放置的多腔导管的特殊输液口输注。在某些情况下,可能很难在外周静脉建立用于输注晶体液的血管通路。实际中的“借道”方法，也就是将针插入静脉输液管上的某一接口上，使一种溶液随另一种溶液输入的方法并不推荐使用，因其有污染输液管道的风险。

一种简单的提供动物每日总营养和液体需求的方法是将 PN 加在乳酸林格液或其他等渗液体（如 Normosol-R、Plasmalyte-A）袋中。首先，确定每种 PN 成分的量。下一步，确定动物每日总液体需要量。通过将等渗液体如乳酸林格液、Plasmalyte-A、Plasmalyte-148 或 Normosol-R 加入 PN 袋中来调整 PN 的量，使其达到动物每日液体需要量。不过，以 REE 为标准得到的液体需要量没有考虑脱水量或持续丢失量，液体需要量通常需要进行调整来达到不同动物的需求，并且实际总液体需要量常常高于 REE 及 PN 提供的液体量。

添加进 PN 制剂的液体，或加入液体的 PN 应无菌制成，混合而成的液体经专用管道输注。使用全营养混合液的优点是只需要一个专用导管、一套输液设备和一个输液泵[4]。

部分肠外营养

PPN 是指提供患病动物每日营养需求的一部分（图 104）。PPN 仅用于肠外支持预计在 5 天以内的病例，或处于过渡期，仅从肠内消耗一部分每日营养需要量的患病动物。PPN 溶液的渗透压通常低于 600mOsm/L，因此它们可以通过外周静脉输注。因为氨基酸溶液渗透压非常高，外周肠外溶液一般只含少量氨基酸，通过混合葡萄糖和等渗脂肪溶液来提供动物的一部分能量需求。由于液体量和渗透压的限制，PPN 只能提供动物一部分的每日营养需求[13,17]。

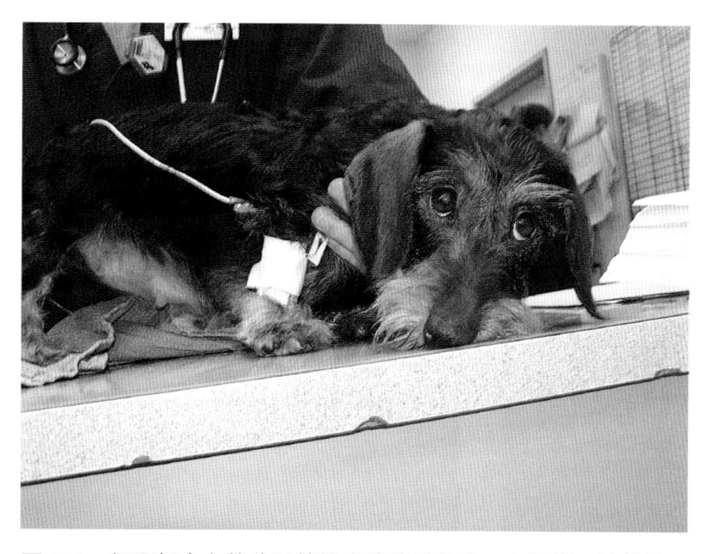

图 104　经颈部中心静脉导管给患胰腺炎的腊肠犬提供肠外营养。

肠外营养的并发症

对重症或创伤患病动物来说，营养是治疗重要的方面之一。只要可能，肠内营养是最好的，但在某些情况下，由于肠内饲喂不耐受或 GI 功能障碍而必须采用 PN 治疗。对于重症患病动物，无法进行 PN 的最常见原因之一便是预见到会有大量的并发症。针对 PN 在兽医中的使用已经发表了很多研究结果。与使用 PN 相关的并发症可分为机械性、败血性或代谢性 [3,8]。机械性并发症最常见，主要与导管移位、扭结和堵塞有关 [3,8-10]。许多 PN 产品是高渗性的，可能会造成血栓性静脉炎。一般来说，渗透压低于 600mOsm/L 的 PN 溶液可在短期内经外周静脉导管输注，但溶液渗透压大于 600mOsm/L 时应通过中心静脉导管输注。经外周血管输注含糖液体，包括 PN，会引起红疹和疼痛。

在一些兽医研究中，使用肠外营养的过程中会出现少数败血性并发症，它们都与患病动物的原发疾病相关，或是因为动物的专用输液管道被破坏引起 [3,8-10]。导管相关败血症也会发生，尤其是在断开输液管道，以及通过 PN 用导管采集血样或注射药物时。避免潜在导管性败血症的指导方法包括不要断开 PN 输液管，在导管和输液管道上做标记显示其仅能作为 PN 输液管使用，以及每 24h 或发生污染时更换 PN 输液管。缺乏肠内营养会促使肠上皮细胞发生废用性萎缩，并促使细菌移位及败血症。即便是以市售产品或氨基酸溶液的形式给予极少量［1 ~ 3mL/（kg・h），或“滴饲”］肠道营养，也能降低肠上皮细胞萎缩的风险，即使患病动物因此发生呕吐 [18]。

代谢性并发症包括暂时性高血糖、低钾血症、高脂血症、低磷血症、高胆红素血症、低钠血症和低氯血症 [3,8-10]。一项研究表明，在开始输注 PN 的 24h 时发生高血糖与死亡率升高有关 [9]。对于人类患者来说，持续性高血糖会使呼吸疲劳并增加患者的死亡率。每升 PN 给予 10 单位短效胰岛素能够降低 PN 相关的高血糖 [3]。仔细监测 PN 导管和留置导管的部位，以及酸碱、电解质、葡萄糖，每天应至少检查一次以避免这些潜在的并发症。

当动物长期没有食欲时，在给予最低能量需求或更多能量后会发生再饲喂综合征。再饲喂综合征可能很难治疗或导致死亡。给予严重营养不良动物肠内或肠外营养，为它们提供产生能量的基础物质，也就是生产 ATP。肠外或肠内营养制品中的碳水化合物源会刺激胰腺释放胰岛素。胰岛素会促使钾和磷进入细胞内。进一步说，随着 ATP 的产生，磷储被逐渐消耗。严重低磷血症会导致血管内溶血和贫血，有时需要输血。无论什么时候，给予厌食数天以上的动物肠外（或肠内）营养时，一般来说，第一天只提供其静息能量需求的 1/3，之后在 3 ~ 4d 中逐渐增加给予量。理想中，开始时血清磷应每天评估两次，以确定没有发生低磷血症。电解质每天至少应同红细胞压积（PCV）和总固体（TS）一起监测两次。根据需要，血糖可每 2 ~ 8h 监测一次，确保没有发生低血糖或严重高血糖。

结论

对于任何无法耐受肠内饲喂的患病动物都应考虑 PN。应以每只动物不同的需要、疾病过程、预计需要营养支持的持续时间以及并发症的风险为基础制订营养计划。即使在动物接受 PN 期间，也需要每天重新评估 PN 的需要量。应一直提供肠内营养，这样当动物有食欲时能够及时摄入食物。随着肠内饲喂量的增加，肠外饲喂可以逐渐减少。患病动物发病率和死亡率升高及伤口延迟愈合的风险大大超过了可预计到的花费增加和机械性、代谢性或败血性并发症的危险性。只要严格遵守无菌原则，随着使用增多及技术熟练程度的增加，放置专用中心静脉导管并给予 PN 就会在所有动物医院中变得越来越普遍。

第 8 章

休克：识别、病理生理学、监护和治疗

简介

低血容量性休克

心源性休克

分布性休克

阻塞性休克

护理和“20 项法则”

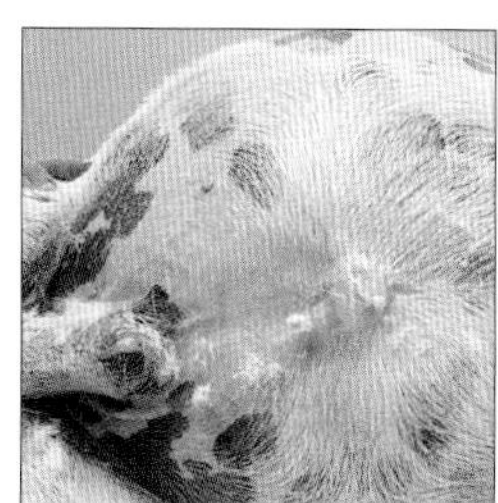

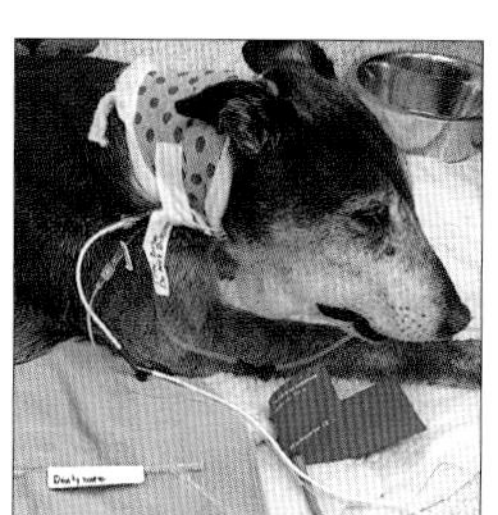

简介

休克是指有效循环血流不足以满足细胞对氧的需求情况[1]。休克的形式有很多种，区别在于损害组织氧运输的内在机制不同（表 43）。本章将讨论不同类型休克的临床症状、病理生理学、识别、监测和治疗。

表 43　休克的原因

- 低血容量性
  - 出血
    - 创伤
    - 肿瘤
    - 凝血障碍
  - 重度脱水
    - 呕吐
    - 腹泻
    - 第三腔积液
    - 伤口渗出
    - 多尿
- 分布性
  - 败血症
    - SIRS
    - 肿瘤
    - 胰腺炎
    - 烧伤
    - 创伤 / 挤压伤
    - 细小病毒性肠炎及其他原因所致的败血症
    - 蛇咬伤 / 蛇毒中毒
    - 免疫介导性溶血性贫血
- 心源性
  - 二尖瓣返流
  - 细菌性心内膜炎
  - 三尖瓣返流
  - 扩张性心肌病
  - 肥厚性心肌病
  - 限制性或未分类心肌病
  - 节律紊乱
    - 心动过速
      - 室性心动过速
      - 室上性心动过速
      - 心房纤颤
      - 心房扑动
    - 心动过缓
      - 窦性心动过缓
      - 病窦综合征
      - AV 阻滞
- 阻塞性
  - 心包炎（限制性）
  - 心包渗出 / 填塞
  - 肺血栓栓塞性疾病

低血容量性休克

低血容量是循环中血容量减少所致[2,3]。低血容量可由呕吐或腹泻引起的重度脱水造成，但更常见于内出血或外出血或伤口渗出所致的血液丢失。当血管床不当扩张或对血管扩张剂如气体麻醉剂产生反应时，会出现相对低血容量的情况。

机体时刻尝试着维持血压和氧气输送。血压由心输出量和全身血管阻力决定。氧气输送由心输出量和动脉氧浓度决定。心输出量取决于心率和每搏输出量，这里的每搏输出量指的是一次心搏动中左心室射出的血量（mL）。每搏输出量反过来也受心脏前负荷、后负荷和心肌收缩力的影响（图 105）：

Q =心率 × 每搏输出量

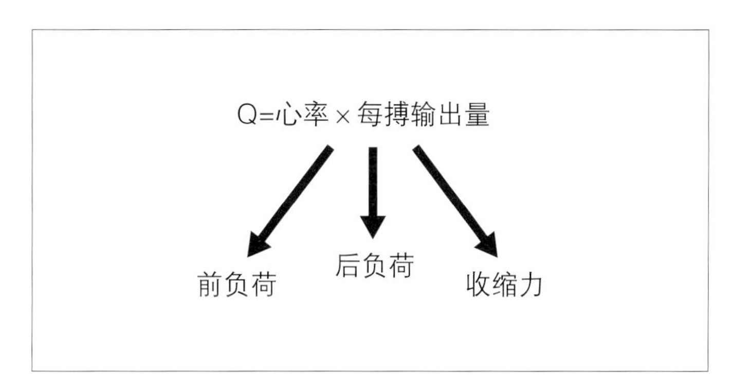

图 105　图示影响心输出量的因素。

发生低血容量时，颈动脉体和主动脉弓的压力感受器感受到管壁张力下降。壁牵张通常会向大脑的迷走神经中枢发送正反馈信号，保持迷走神经张力从而抑制心率。当循环血量下降导致壁牵张减弱时，抑制迷走中枢的张力下降并导致心率反射性升高。另外，根据心脏的 Starling's 法则，在心脏开始收缩前，收缩力和心室的有效张力成正比。因此，舒张末期充盈量是血容量和回心血量的函数，在绝对或相对低血容量状态下减少，并将导致收缩强度降低。为了保证核心组织的循环血量，血管床将会收缩，这会造成心脏后负荷增加，或心脏收缩的抗力升高。最终，为了尝试维持低血容量时的心输出量、血压和组织灌注，心搏动变快且心搏更困难，心肌自身会疲劳，致使心肌收缩力下降。

如上所述，影响血压的因素包括心输出量以及全身血管阻力。休克时循环中的儿茶酚胺释放，优先收缩血管床以尝试维持关系生命的心脏和脑部灌注，造成全身血管阻力上升。其他血管床收缩，输送到这些组织的氧气减少。健康状态下，输送到组织的氧会达到或超过组织需氧量或需要量。但是对于失代偿性休克的病例，组织可获取的氧取决于氧的供应量，即输送的氧量。这就是所谓的供应依赖性氧消耗。当需要的氧或需氧量超过供应量时，组织缺氧，接着发生无氧代谢。

当一只动物出现低血容量性休克时，必须考虑的一个问题是到底哪里缺乏液体。动物是否存在正在出血的大型开放性伤口或体腔内是否正在出血？另外，动物是否出现了严重的呕吐和脱水，造成了组织间液和血容量同时减少？正常情况下，在面对血管内液体缺乏时，间质内液体会移动到血管内，帮助维持血清渗透压和血容量。下丘脑感受到血清渗透压升高，释放精氨酸加压素（ADH）。ADH 使水经肾脏重吸收，帮助恢复循环血容量。ADH 的作用有限，尤其是存在持续性液体丢失时。作为临床兽医，我们必须帮助恢复患病动物的血容量，以改善氧的输送。

当一只动物丢失的循环血量小于 25% 时，机体仍可以代偿，通常心率能够维持正常至升高、体温正常、血压正常。休克的这个阶段也称为“代偿性休克”（表 44）。随着血容量持续消耗，循环血量下降超过 30%，机体继续努力维持心输出量和组织灌注。心率将会上升，体温正常至下降，血压正常至下降。肾素 - 血管紧张素 - 醛固酮轴被激活并保钠保水。儿茶酚胺类如肾上腺素和去甲肾上腺素释放将会引起外周血管收缩，以尝试维持核心器官的灌注和氧运输。休克的这个阶段称为“失代偿性休克早期”（表 44）。除非采取措施来恢复血容量，否则心脏会变得疲劳；随后心率会减慢并出现节律异常，心输出量降低，血压持续下降，组织灌注受到损害。机体仅能代偿到一定程度，如果低血容量性休克持续存在，血容量没有得到及时补充，最终快速跳动的心肌会疲劳并出现心肌酸中毒。没有代偿性心动过速来维持血压，患病动物将会出现低血压，而后组织灌注下降并影响氧的运输。该阶段称为“失代偿性休克晚期或末期”（表 44）。组织氧债会损害酶功能并导致细胞死亡。任何器官系统发生细胞死亡或功能紊乱都会导致患病动物的发病率升高，如果不治疗，则会损害多个器官的功能，或出现多器官功能衰竭综合征（MODS）[4]。

治疗低血容量性休克需要迅速评估患病动物的需求，经静脉内或髓内给予某些类型的液体或联合使用液体，以恢复循环血量。静脉内和髓内导管的放置，晶体液、胶体液、血液制品，以及血红蛋白携氧载体（在可获取的情况下）已经在本书的其他章节中进行过讨论。进行体格检查和监测患病动物可帮助确定休克的程度，确定动物出现的是间质液体容积缺乏还是血容量缺乏极为重要，这也可以帮助锁定液体丢失的潜在病因或途径。临床兽医常见的错误是将脱水和低血容量混为一谈。低血容量是指血管内循环液体容积减少。与低血容量有关的体格检查异常包括黏膜苍白、毛细血管再充盈时

表 44　休克指征

代偿期
循环血量丢失 15% ~ 30%
黏膜充血
心动过速
血管收缩
CRT 缩短
平均动脉压正常至升高
失代偿早期
循环血量丢失 30% ~ 40%
黏膜苍白
心动过速
CRT 延长
平均动脉压正常至降低
失代偿晚期 / 末期
循环血量丢失 >40%
黏膜苍白至灰色
心率正常至降低
CRT 延长
平均动脉压降低
脉搏质量差
低体温

CRT：毛细血管再充盈时间

间延长、心动过速或心动过缓、外周末梢冰冷和低体温（表 45）[4]。与脱水相关的临床症状及体格检查异常结果实质上更偏向于主观，并作为评估间质和细胞内脱水的常规方式（表 46）。当间质液体池被消耗，无法再转移到血管内液体池来恢复循环容积时，因呕吐、腹泻、未调节的糖尿病及肾衰竭引起的严重脱水都能导致低血容量。

表 45 对比脱水和低血容量的指标

指标
脱水
皮肤弹性下降
眼球下陷
黏膜干燥
低血容量
心动过速
CRT 延长
低血压
末梢冰凉
尿量减少

表 46 脱水的评估

脱水程度	表现
<5%	有液体丢失的病史，体格检查无异常
5%	口腔黏膜干燥、皮肤弹性轻度下降
7%	皮肤弹性下降、口腔黏膜干燥、轻度心动过速、脉搏正常
10%	皮肤弹性下降、口腔黏膜干燥、心动过速、脉压下降
12%	皮肤弹性显著下降、黏膜干燥、眼球下陷 / 角膜干燥、意识状态改变

更具有侵入性的监测也可以用于评估灌注不良的程度，以及治疗反应。很多动物都会出现低血压。切记灌注不良在生理学上等同于氧的运输受损。存在组织氧债的情况下，代谢从有氧途径转变为无氧途径，产生乳酸。在治疗低血容量性休克前和治疗过程中，应考虑监测血压、尿量及连续监测乳酸（www.lactate.com）。虽然某些研究证明，如果乳酸浓度超过 6.0mmol/L（54mg/dL），存活率下降[5]，不过较新的研究指出，监测乳酸浓度变化趋势要更好[6]。如果经特定治疗后，动物的乳酸浓度持续下降，应继续治疗。如果治疗后乳酸浓度升高，预后则更加谨慎[6-8]，必须进行更激进的治疗或改变治疗方案以改善灌注。

当动物存在低血容量性休克时，必须要考虑液体丢失的位置、是否存在电解质异常，以及脱水是否为液体缺乏的原因，或者单纯是血管内液体缺乏。如果动物出现任何与低血容量性休克有关的临床症状（末梢冰凉、黏膜苍白、CRT 延长、低体温），主要的鉴别诊断之一便是心源性休克，它也可以引起同样的临床异常。一旦心脏疾病被排除后，经静脉或髓内输注晶体液或同时输注晶体液与胶体液是恢复血容量的最好方式。记住，外周血管收缩是维持中枢循环血量的补偿机制之一。因此，由于皮下吸收不良且缓慢，采取皮下补液不是恢复血容量的有效方式。推荐静脉给予“休克”量液体治疗低血容量性休克。推荐剂量为犬 90mL/kg，猫 44mL/kg[3,9,10]。不过，输注这么大量的晶体液需要的时间较长，也会稀释凝血因子、血小板和血细胞。另外，75% ~ 80% 输注的晶体液会在输注后约 1h 内离开血管。相比立即给予全部“休克量”液体，更建议先尽快给予全量的 1/4，之后重新评估灌注指标。心率现在如何？仍升高，还是降至正常？血压情况如何？正常，或仍存在低血压？动物的尿量如何？如果肾脏正常，那么在血容量及肾灌注得到适当恢复前不会产生尿液。黏膜颜色是否恢复到正常，或仍苍白、发灰，且 CRT 延长？

如果动物对治疗有反应，兽医可以考虑将补液速度降至维持液速，然后进一步诊断原发病因并治疗。如果动物对治疗无反应，或者灌注指标没有恢复正常，那么可以再输注 1/4 休克量的晶体液，或考虑使用胶体液。所有因出血导致的低血容量性休克，特别是那些出现闭合性腔内创伤的动物，在输注大量液体时必须小心。当存在肺挫伤和头部创伤时，过量的晶体液会泄漏到肺和脑组织的间质中。迅速恢复血容量和血压至超生理水平，可能会引起已经形成血凝块的部位再次出血，并使出血情况恶化。因此，可以“少量复苏”的方式，小心地滴注少量晶体液和胶体液，或只使用胶体液。

少量复苏是指用少量液体来恢复血压，使平均动脉压达到 60mmHg；使收缩压接近 100mmHg，舒张压达到 40mmHg 更好。记住，冠状动脉在舒张时才能得到灌注，而为了使其得到灌注，舒张压需要达到 40mmHg 或更高。临床病例中可以推注合成胶体液（5mL/kg）。输注的胶体为大分子质量颗粒，与晶体液相比能够在循环中维持更长时间（见第 4 章）。仅需要少量液体即可恢复血压，这是因为输注的液体会被吸附到胶体分子的核心结构周围，并被保留在血管中。在没有持续性液体丢失的情况下有助于维持血压。合成胶体液如羟乙基淀粉、右旋糖酐 -70、喷他淀粉及血红蛋白携氧载体（如果可以使用）可由静脉内或髓内一次性大量给予，之后通过持续评估灌注指标逐步降低用量[3]。同样，如果灌注指标改善，那么则不需要进一步输注胶体液。不过使用胶体液时仍必须小心，羟乙基淀粉可与血管性血友病因子结合，当用量超过 40mL/kg 时会降低凝血功能[12]。在动物未同时患血管性血友病时，这种凝血功能的降低可能不会导致严重的后果。

高渗盐水（23.4%）可以用合成胶体液稀释，比例为 1 份高渗盐水比 2.5 份胶体液（如羟乙基淀粉），制成 7.5% 高渗盐水溶液。高渗盐水与一种合成胶体液如羟乙基淀粉联合使用［犬：5 ~ 10mL/kg 联合液，猫：2mL/kg 联合液；犬猫的推注剂量不要超过 1mL/（kg・min）］[1] 可在开始时治疗低血容量性休克，仅用于未发生临床脱水的患病动物[12]。记住，脱水是指间质和细胞内的液体缺乏。高渗盐水会增加血清钠浓度。机体可感知到与间质相比，血清钠浓度升高而水浓度较低。水会顺浓度梯度移动，稀释血清中的钠，并进入血管内。通过联合使用高渗盐水和胶体液，进入血管中的液体会留在胶体核心结构周围，暂时停留在血管内 20 ~ 30min。由于液体来自间质和细胞内，之后需要输注晶体液来补充间质和细胞内液与血管池。使用高渗盐水的潜在并发症除高钠血症外，还包括呼吸频率加快、低血压和心动过缓[1,13]。

心源性休克

心源性休克与继发于心功能不足而导致细胞氧运输受损有关[14]。这可能与损害心肌功能的多种心肌病有关，或由心房或心室节律紊乱引起。心源性休克也可以继发于其他类型休克引起的器官衰竭产生的不良后遗症，如败血性休克或全身炎症反应综合征（SIRS），在这种情况下，循环中的炎性细胞因子会直接损害心肌功能。

心源性休克的临床症状和临床阶段与低血容量性休克相似，很多就诊的患病动物处于失代偿阶段，并存在肺水肿（图 106 和图 107）。除了末梢冰凉、黏膜苍白、CRT 延长、低血压和脉搏质量差，以及尿量减少外，动物可能还会出现外周发绀以及胸腔听诊时可听见肺啰音。在左心衰竭时，肺毛细血管楔压上升导致液体从肺血管床渗入肺间质和肺泡。氧气无法扩散到肺毛细血管中与血红蛋白结合。除了心输出量下降以及氧无法正常地运输到外周组织外，由于肺携氧功能受损，血氧含量将会下降。组织细胞对氧的需求量大大超过供应量，大量不饱和的血红蛋白［（>5g/dL（50g/L）］存在于外周组织中，在临床上表现为发绀（图 108）。

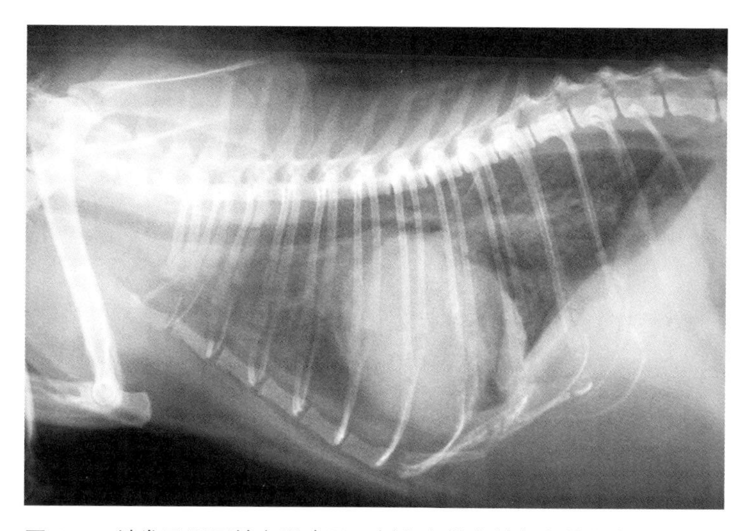

图 106　继发于肥厚性心肌病及双侧心房扩张的充血性心力衰竭患猫的侧位胸部 X 线片。注意增大的心脏轮廓，以及心脏背侧和尾侧的肺泡型渗出。

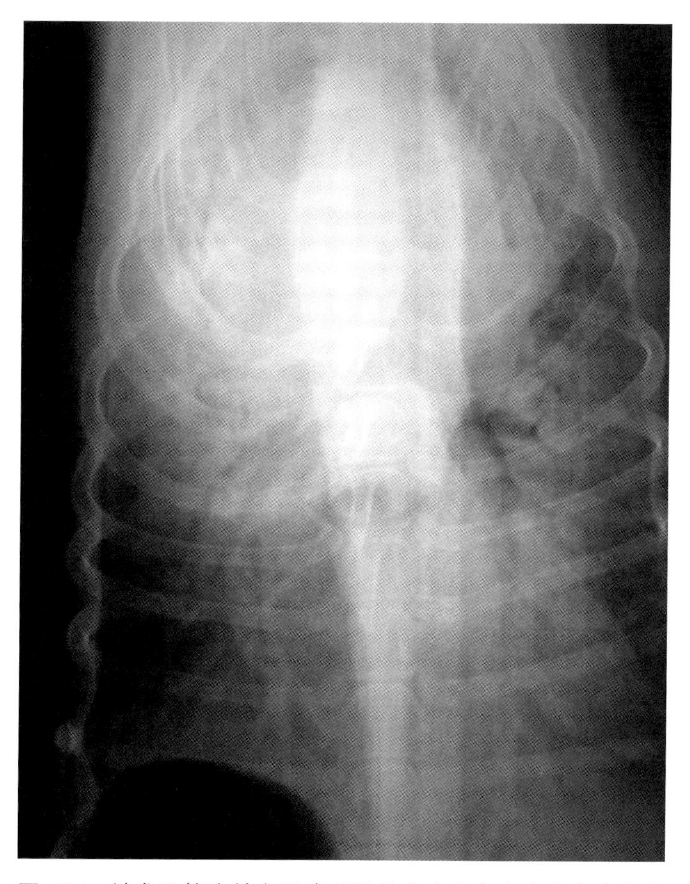

图 107　继发于扩张性心肌病导致的充血性心力衰竭患犬的腹背位胸部 X 线片。由于大部分被肺水肿引起的严重肺泡型掩盖，很难看到球状的心脏轮廓。

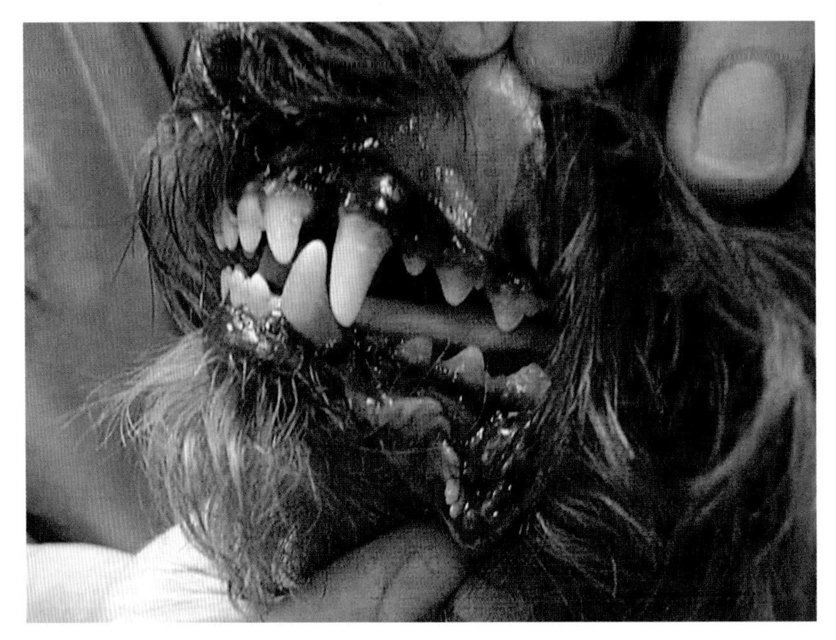

图 108 牙龈和舌部发绀，见于因二尖瓣返流继发充血性心力衰竭及肺水肿的患病动物。

心源性休克与低血容量性休克的治疗大相径庭，使用大量晶体液，甚至是少量胶体液可能会使肺水肿恶化。所以，首先要改善肺的氧摄入情况。应尽可能采用应激最小的方式供氧（图 109）。其次，应使用利尿剂，如呋塞米（4mg/kg IV 或 IM）来降低血管前负荷并清除肺中的液体。可以静推 0.025mg/kg 吗啡进行轻度镇静来扩张内脏血管，并为液体转移留出一部分空间，同时适度减轻焦虑及呼吸做功。一旦肺水肿消除后，在使用其他正性肌力药物之后开始静脉输液，以恢复因使用利尿剂而缺失的间质和细胞内液体。在犬二尖瓣黏液退行性病例和扩张性心肌病中，匹莫苯丹（0.25 ~ 0.6mg/kg，PO，bid）可作为动静脉扩张剂以及正性肌力药物使用。

除对患有充血性心力衰竭的动物使用利尿剂及供氧外，正性肌力药物如多巴胺、多巴酚丁胺和麻黄碱（表 47）也可以用来改善心肌收缩力，尤其是扩张性心肌病（图 110）或继发于因二尖瓣疾病 / 返流等多种原因引起的左心衰末期收缩力不足（图 111）的病例。高剂量正性肌力药物，特别是多巴胺，可能会影响心率。心率升高不仅会增加心肌耗氧量，还会影响舒张期的充盈时间及舒张过程中冠状动脉的灌注。因此，输注任何药物期间，除了监测血压之外，还必须仔细监测心率。硝普钠是一种动静脉扩张剂，它有助于扩张血管并降低肺毛细血管楔压和充血性心力衰竭患病动物的心脏后负荷。由于其强烈的血管舒张作用，使用硝普钠时必须以治疗的临床

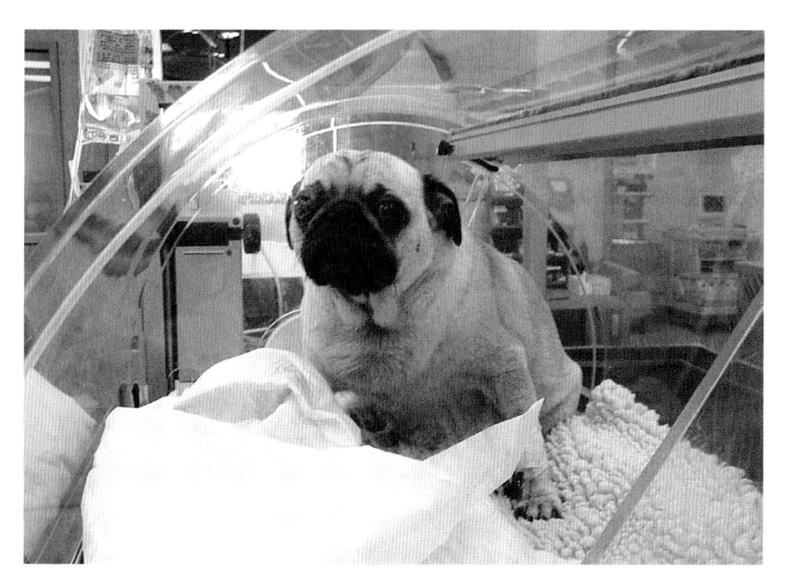

图 109　在保温箱中吸氧的巴哥犬。推荐的氧流量为 50 ~ 150mL/（kg·min）。患犬存在肺高压。放置鼻氧管或鼻咽氧管对于存在显著呼吸窘迫的动物来说应激过大。

反应和血压为基础小心调整用量。如果平均动脉压低至 60mmHg 以下或舒张压低于 40mmHg，必须减少剂量或停止给药。血管升压素治疗应考虑作为恢复充血性心力衰竭动物血压的最后手段使用。由于会引起血管收缩，使用肾上腺素、去甲肾上腺素及血管升压素会潜在地升高血压，增加心脏前负荷并影响组织灌注。因此作为增加核心器官灌注的代价，非核心组织灌注会下降，血压改善可以证明这一点。另外，以肾上腺素为例，它会增加心肌耗氧量，从而造成心肌氧债和酸中毒。

表 47　改善心肌收缩力和血压的正性肌力药物及血管加压药

药物	用途	剂量
多巴胺	肾灌注（低剂量） 正性肌力作用（中间量） 升血压（高剂量）	1 ~ 5λg/（kg·min） 5 ~ 7λg/（kg·min） 10λg/（kg·min）
多巴酚丁胺	正性肌力作用	2 ~ 15λg/（kg·min）
去甲肾上腺素		0.5 ~ 2λg/（kg·min）
肾上腺素		0.1 ~ 1λg/（kg·min）
麻黄碱		0.1 ~ 0.25mg/kg，IV
去氧肾上腺素		1 ~ 3λg/（kg·min）

图 110　Sherman 是一只患有扩张性心肌病的 8 岁英国马士提夫犬。患犬就诊时，还存在心房纤颤，心室速率达 280bpm。

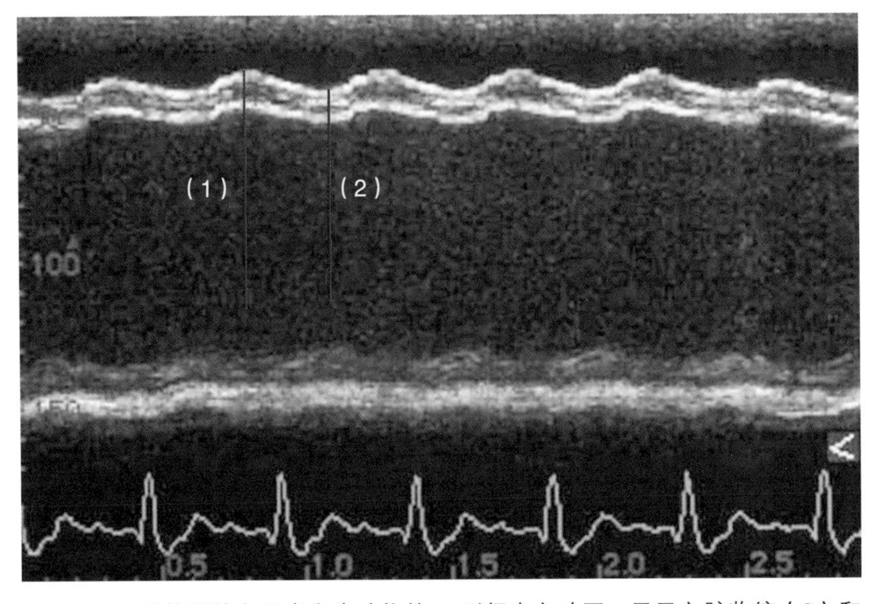

图 111　一只扩张性心肌病患病动物的 M 型超声心动图，显示心脏收缩（2）和舒张（1）过程中左心室的大小。注意比例的变化很小，也就是收缩力非常低。

分布性休克

分布性休克是指与血管扩张有关的所有问题。这常常继发于存在重度炎症或 SIRS 的情况下。已经有针对犬猫 SIRS 的定义（表 48）[15]。败血性休克是 SIRS 的一种，与存在菌血症的全身炎症有关。细菌内毒素，或来自革兰氏阴性菌的脂多糖，是一种强烈的中性粒细胞、巨噬细胞和血小板刺激物。刺激免疫细胞和血小板会进一步引起炎性介质和血管活性物质的释放，如血小板活化因子、白介素 -1，白介素 -6，白介素 -8，白介素 -10，以及肿瘤坏死因子。这些关键物质仅仅是能够导致血管扩张、血管内皮损伤、心肌抑制的炎症级联反应的一小部分，如果不进行治疗，最终会造成微血管循环损伤、DIC、MODS 和患病动物死亡。

表 48　犬猫全身炎症反应综合征的标准

如果犬猫出现以下指标中的两个或更多，可认为存在全身炎症反应综合征（SIRS）。重点是这些指标必须与患病动物的临床症状及最新动态相互联系

指征	发现
呼吸频率	>20 次 /min 或 $PaCO_2$<32mmHg
体温	升高 >103.5 ℉（39.7℃）或降低 <100 ℉（37.8℃）
白细胞计数	升高 >12 000/ λ L 或降低 <1 000 / λ L 或杆状粒细胞 >10%
心率	心动过速 >160 次 /min（犬） >250 次 /min（猫）*

* 注意一些不同原因产生全身炎症的猫，心率可能会降低并出现心动过缓。

分布性休克与其他类型的休克（低血容量性、心源性或阻塞性）在临床症状上的区别是，分布性休克的早期阶段，患犬黏膜充血（图 112），伴有心动过速、CRT 缩短、发热和呼吸急促。猫的分布性休克或败血性休克的临床症状有所不同，猫会出现低体温、心动过缓和低血压。猫的黏膜颜色通常是苍白的，同时 CRT 延长 [15,16]。尽管临床症状不同，根据患病动物的基本信息和病史，临床兽医也会发现分布性休克的存在。这在猫可能有些难，因为心源性及低血容量性休克常常会表现出与分布性休克极为相似的临床症状。

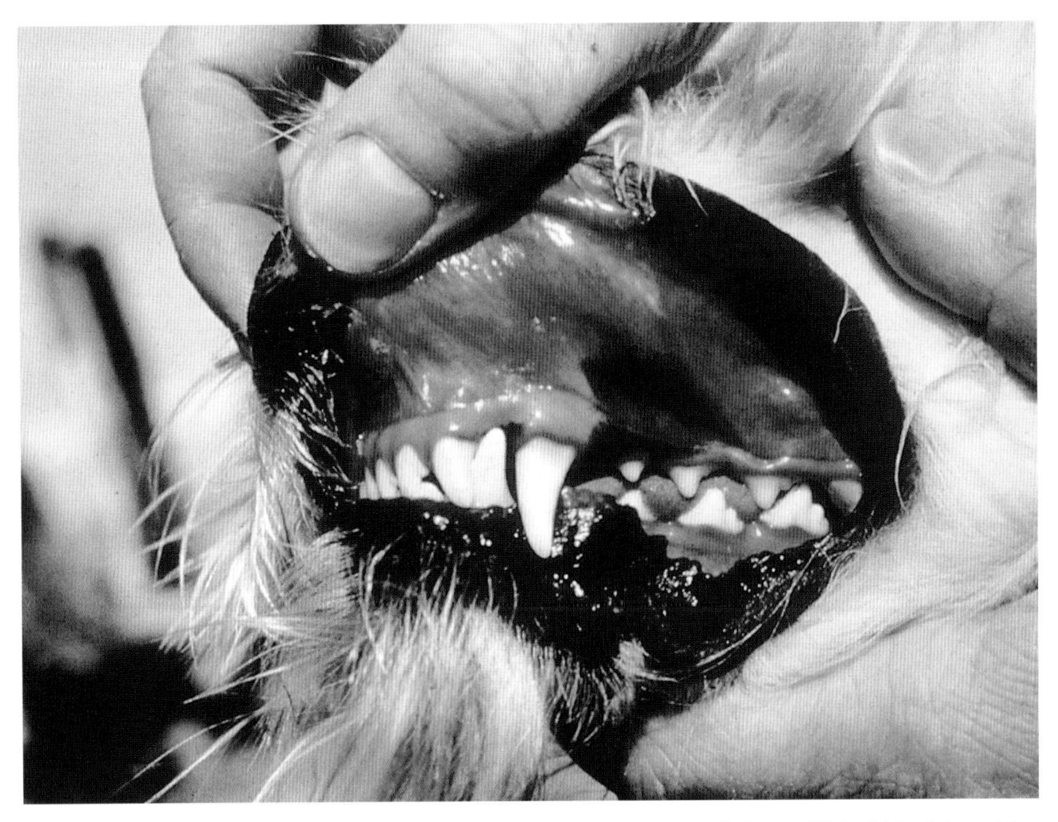

图 112 犬黏膜充血。（Manson Publishing/The Veterinary Press: M. Schaer, Clinical Medicine of the Dog and Cat, 2010.）

治疗 SIRS 和 / 或败血性休克首先应去除潜在病因。去除刺激性因素可能涉及清除或修复受损或坏死组织，使用抗生素，或在发生蛇咬伤时中和毒素。不幸的是，即便是缓解了刺激因素，炎症反应的消退也常常被延误，有时需要数天，如组织愈合时。这就好像送军队（中性粒细胞、血小板和巨噬细胞）去打仗，敌军战败。但军队的通信线路不是非常通畅，当被召回时它们没能接收到信号，所以仍在战斗。因此，其他治疗在本质上主要起支持作用，直到炎症级联反应的影响最终消退。

需要静脉输注晶体液维持代谢液体需要量，并补充持续丢失量。不过，由于血管内皮被破坏，大量晶体液可能会从血管内泄露到间质中。间质水肿会进一步影响组织氧的输送。因此，推荐联合使用平衡晶体液与胶体液［20 ~ 30mL/（kg · d），IV，CRI］，帮助将输入的晶体液维持在血管内。另外，根据动物潜在的疾病和需要，可能需要使用天然胶体液，如浓缩白蛋白、FFP、和 / 或全血或 pRBC 来补充并维持胶体渗透压（白蛋白）、凝血因子（FFP 和全血）和抗凝血酶（FFP 和全血）。

可以使用正性肌力药物，如多巴酚丁胺、多巴胺和麻黄碱（表 47）增强心肌收缩力[8]。去甲肾上腺素是一种加压素，可以用于收缩过度扩张的血管床；但是，也可以考虑使用肾上腺素和血管升压素。治疗 SIRS 和败血性休克具有挑战性，尤其是当已经证明距离刺激病因较远的终末器官存在损伤时，如果没有极为激进的治疗，最终将会导致患病动物死亡。

阻塞性休克

阻塞性休克是一种继发于血液向右心流动受阻或由肺至左心的灌注受阻导致的休克状态[8]。如果血液不能流到右心，最终也无法流入左心，因此血液无法与氧结合并将其运送至外周。与阻塞性休克有关的情况包括胃扩张扭转（图 113），此时扩张扭转的胃压迫后腔静脉并阻断其流入右心房 / 心室。引起心包积液或心包填塞的心基部或心房肿物也常常阻塞右心的血流。严重的恶丝虫病（图 114）能够阻断肺动脉流向肺和左心的血流，引起腔静脉综合征。最后，肺血栓栓塞会阻断肺流向左心的血流，而主动脉肿瘤或血栓会阻止血液从左心流出。所有问题最终会导致细胞的氧输送受损。

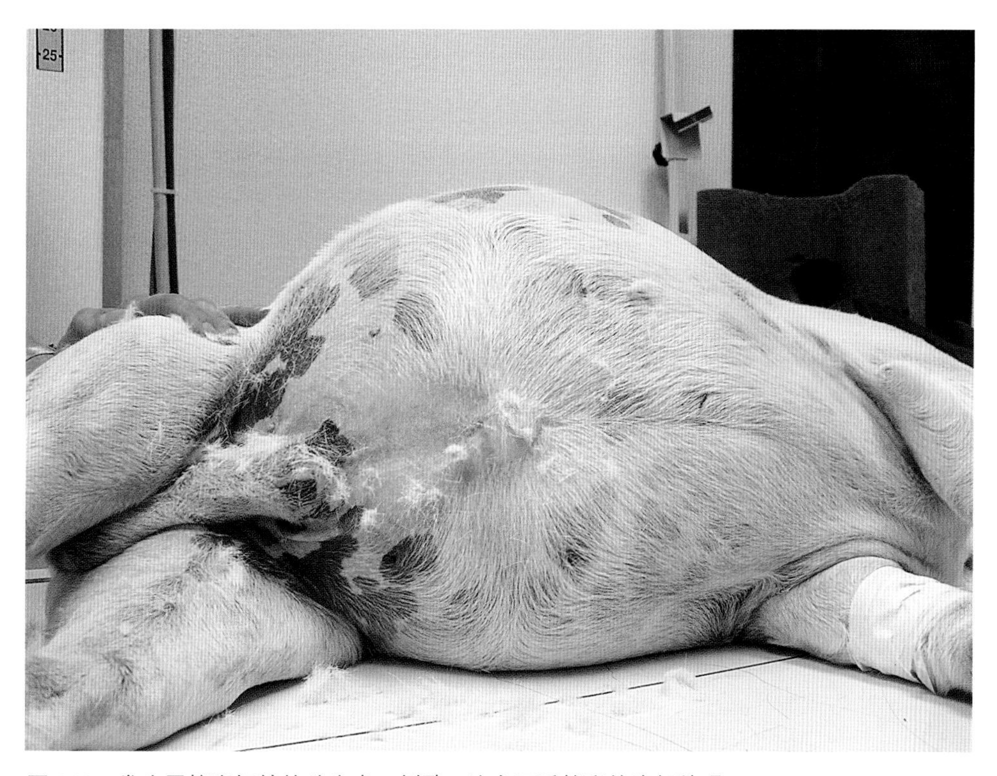

图 113　发生胃扩张扭转的斗牛犬，侧卧。注意严重扩张的腹部外观。

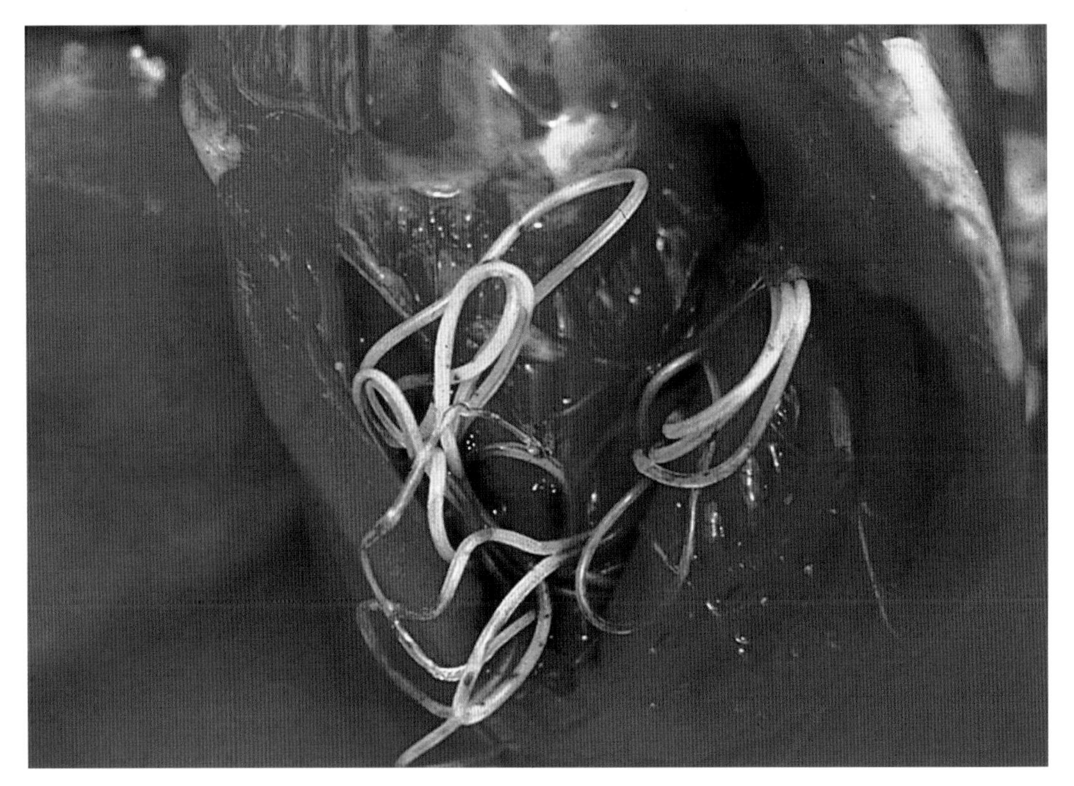

图 114 验尸时发现的心室中心丝虫成体。（Manson Publishing/The Veterinary Press: M. Schaer, Clinical Medicine of the Dog and Cat, 2010.）

阻塞性休克的临床症状与低血容量性休克相似，包括黏膜苍白、CRT 延长、代偿期心动过速、失代偿期心动过缓、低血压、低体温。临床症状提示兽医应当在确定阻塞性休克潜在病因的同时开始进行治疗。

治疗阻塞性休克主要依靠消除潜在疾病。对于心包填塞或胃扩张扭转的病例，心包穿刺或胃穿刺能够改善流向右心的血流并改善心输出量。对于严重腔静脉综合征的病例，除了其他杀虫性治疗，可能需要手术从肺动脉中清除心丝虫，使血流能够从右心流向肺部。对于肺血栓栓塞的病例，除了考虑通过治疗溶解血凝块（例如组织型纤溶酶原激活物）以及预防进一步凝血（阿司匹林、法华林、肝素和 / 或氯吡格雷）外，必须确定高凝状态的潜在病因。对于主动脉肿瘤或血栓的病例，根据肿物或血栓的大小及位置，治疗时除了采取以上提到的方法来溶解血凝块并防止血凝块进一步形成，也需要采取手术干预。不幸的是，能够引起阻塞性休克的最简单情况为胃扩张扭转，一旦胃的灌注恢复后，将会释放炎性细胞因子及氧自由基，这与分布性休克也有极大关联。

根据动物的潜在病因和需要，针对阻塞性休克的液体治疗应以具体情况为标准随时调整。在心包填塞消除前，输注大量静脉液体不可能成功地恢复灌注，这是因为输入的液体几乎不能到达右心。这同样适用于腔静脉综合征时的静脉阻塞性疾病、肺血栓栓塞、主动脉血栓栓塞和主动脉肿瘤。不过，对于胃扩张扭转病例，需要静脉输注晶体液及胶体液，或含胶体的高渗盐水，方法同低血容量性休克，用以恢复患病动物的灌注指标。

不论哪种休克状态，必须在使用液体的同时治疗潜在疾病。另外，每时每刻都要对这些动物进行细致的监护直到病情稳定，之后要反复监测以确认它们能够维持稳定。

护理和“20 项法则”

Rebecca Kriby 博士公布了“20 项法则”[17]，她列出了 20 件在治疗所有危重动物，包括存在出血和 / 或低血容量性休克时需要考虑的极为重要的事（表 49）。“20 项法则”可用于紧急情况或每天作为检查列表来帮助了解复杂的多个器官间的相互作用。

表 49　Kirby 原创的“20 项法则”

1. 液体平衡	11. 红细胞 / 血红蛋白浓度
2. 血压	12. 肾功能
3. 心率 / 节律，脉搏质量和收缩力	13. 白细胞、免疫系统功能、抗生素剂量和选择
4. 白蛋白	14. 胃肠道的完整性、活动性和功能
5. 胶体渗透压	15. 药物剂量、选择及代谢
6. 氧合情况及通气情况	16. 营养
7. 葡萄糖	17. 镇痛及疼痛控制
8. 凝血	18. 护理及患病动物的活动
9. 酸碱、电解质和乳酸情况	19. 伤口和绷带护理
10. 精神状态	20. 细心看护

其他指标和指导方针在本文中作为其他监测方法进行讨论，例如乳酸，目前已经可以进行监测。

1. 液体平衡

对于出现不同形式休克的动物，液体平衡非常重要。兽医必须考虑液体缺乏的部位，以及是否存在持续性丢失。首先，治疗应通过静脉或髓内给予晶体液或胶体液，或两者同时使用，重新灌注血管腔。其次，酸碱和电解质状况可能处在极为紊乱的情况，应考虑选择的液体类型和成分，使其能够缓解这种异常情况，并能纠正间质和细胞内脱水。当动物得到适当的再水合（细胞内和间质内）且液体容积得到补充后（血管内液体容积恢复），可以计算“入量与出量”，考虑通过静脉/髓内给液或是口服的给液量。以尿液、呕吐物和粪便排出的液体可以测量或称重，转换方法为1mL液体的重量约为1g。另外，以汗液及呼吸道分泌物形式存在的不可感失水也要估算在内，大约为20～30mL/（kg·d）。如果液体的摄入量与丢失量不相等，患病动物的液体缺乏量不会恢复，肾也不能正常工作，或者动物的第三腔液体会进入间质、腹膜腔、腹膜后腔或胸膜腔。治疗分布性休克时一定要格外注意，由于血管内皮完整性丧失，第三腔液体会进入体腔或皮下。应考虑使用晶体液和胶体液联合治疗，这有助于将液体保持在血管中。

2. 血压

血压是兽医评估灌注情况的监测工具之一。血压可以通过将动脉导管连接在血压传感器上直接测量，或使用多普勒或示波监测仪间接进行测量。虽然正常或高血压并不是组织灌注的特异性指标，但低血压或低血压趋势对于决定何时进行干预非常重要。随着液体丢失越发严重，血压会陡然下降。随着血管内液体的补充，血压应恢复正常。理想中，收缩压至少达到100mmHg，舒张压至少达到40mmHg，而平均动脉压的理想值至少为60mmHg。如果单纯补充液体无法改善血压，则可以使用增加心肌收缩力的正性肌力药物和引起血管收缩的血管加压药物。

3. 心率/节律，脉搏质量和收缩力

发生低血容量性、分布性及出血性休克时，在代偿期和失代偿早期，针对降低的血容量和心输出量，心率在开始时会增加以维持心输出量。随着心肌耗氧量升高，心肌缺血会导致心脏局部和整体酸中毒及心脏节律异常。血管舒张或血管收缩及血压下降会导致脉搏质量不良。另外，由于心肌缺血、酸中毒，以及存在炎性细胞因子，心

肌收缩力会受到损伤。仔细监测 ECG、血压和脉搏质量是缺乏肺动脉导管时，评估心输出量的间接方式。可能需要使用抗心律失常药来控制心房或心室节律失常。

4、5. 白蛋白和胶体渗透压

白蛋白是体内最重要的蛋白之一，主要作用是维持胶体渗透压（COP），或将液体保留在血管内。晶体液中不含白蛋白或其他来源的胶体成分。出血时，蛋白会随 RBC 和液体丢失，造成低白蛋白血症。单独使用晶体液会稀释白蛋白，从而引起胶体渗透压降低，使液体从血管内溢出到间质中，使组织水肿情况恶化并损害组织氧运输。使用白蛋白或血浆（效果一般）治疗的目标是将血清白蛋白升到至少 2.0g/dL（20g/L），之后只用其他胶体液来辅助维持胶体渗透压。理想中，使用胶体渗透压计测量 COP 有助于规范治疗。

6. 氧合情况及通气情况

肺内液体过负荷、肺出血或肺挫伤会损害氧合及通气情况。因创伤诱发出血性休克时，可能会造成损害氧输送的其他损伤，包括气胸，也会发生肺挫伤。直接用动脉血气来评估动脉氧合情况，CO_2 评估通气情况，并计算动脉 - 肺泡氧张力梯度（A-a 梯度）或 P_aO_2/F_iO_2 比，有助于评估扩散性损伤及氧合能力下降的程度。无法测量动脉血气时，可以通过脉搏血氧测定来间接监测血红蛋白氧饱和度（S_pO_2）。对于出血或低血容量性休克、外周血管收缩，或低血压的动物，肢端冰凉会使脉搏血氧读数出现假性异常。如果脉搏血氧计测得的心率与动物实际心率不匹配，一般 S_pO_2 值可能是错误的。可以使用面罩、氧罩（oxygen hood）、氧笼或鼻 / 鼻咽氧管供氧，氧流量为 50 ～ 150mL/（kg·min）。

7. 葡萄糖

很多发生出血性休克的动物会产生应激反应并释放儿茶酚胺，引起应激性高血糖。在其他情况下，如败血症引发的严重呕吐或腹泻会导致葡萄糖利用率升高及低血糖。每天至少应监测两次血糖，或根据动物的原发病因和对葡萄糖的潜在需要补充量而更频繁地监测。对于危重的人类患者，使用胰岛素严格管理葡萄糖可以辅助降低患者的发病率。虽然这个概念对于兽医病患来说非常新颖，但在研究证明这种方法能够降低患病动物的发病率和 / 或死亡率之前，可能并不能批准采取极端严格的葡萄糖控制规定以及预防高血糖。不过,如果患病动物的血糖降至接近或低于 60mg/dL（3.33mmol/L）时，必须治疗低血糖。

8. 凝血

基于低血容量性和/或出血性休克的原因，由于血小板功能受损、血小板减少症，或缺乏活化维生素 K 依赖性凝血因子，凝血功能受损。可以直接测量血小板数量，或通过血涂片记录每个高倍镜视野下血小板的数目来间接测量。将外周血涂片中每高倍镜视野下的血小板数乘为 10 000 ~ 15 000 将会得到估算的血小板数量。当血小板计数跌至 50 000/μL 以下时，会发生自发性出血。其他凝血检测试验包括 APTT 检测内源性凝血级联反应,以及 PT 检测外源性凝血级联反应。因子Ⅶ是半衰期最短的凝血因子，会在我们发现 ACT 或 APTT 发生变化前引起 PT 时间延长。如果怀疑接触了维生素 K 拮抗性杀鼠药，和/或 PT 时间显著延长，那么可能需要以冷凝蛋白或 FFP 的形式补充维生素 K 依赖性凝血因子和维生素 K。输注大量晶体液，甚至是为出血患者大量输血都会稀释凝血因子和血小板，而使凝血障碍情况加剧[8]。对于因严重创伤或肿瘤而出血的动物，可能存在 DIC。虽然动物的血小板数量仍处于正常范围内，有下降趋势的血小板计数暗示即将发生 DIC。

9. 酸碱、电解质和乳酸情况

出血及低血容量性休克时，组织灌注减少会导致乳酸性和代谢性酸中毒。静脉 pH 值、电解质和乳酸（图 115）是帮助评估终末器官灌注和功能的简单而又有用的监测工具。连续监测使兽医能够评估治疗成功与否。虽然初始时乳酸浓度可能极高，获得并识别对治疗产生反应而连续下降的血清乳酸浓度具有更重要的价值，它能够预测患病动物的发病率和死亡率[6]。

10. 精神状态

当动物丢失的循环血量超过 30% 或发生严重脱水并可能出现电解质异常时，会导致精神状态发生变化，程度从精神迟钝、震颤（低血糖、低血钙）至意识昏钝（obtundation）、昏迷（coma）或抽搐（seizure）。有时，在血容量恢复，且电解质或低血糖被纠正前，很难评估一只动物的神经功能。

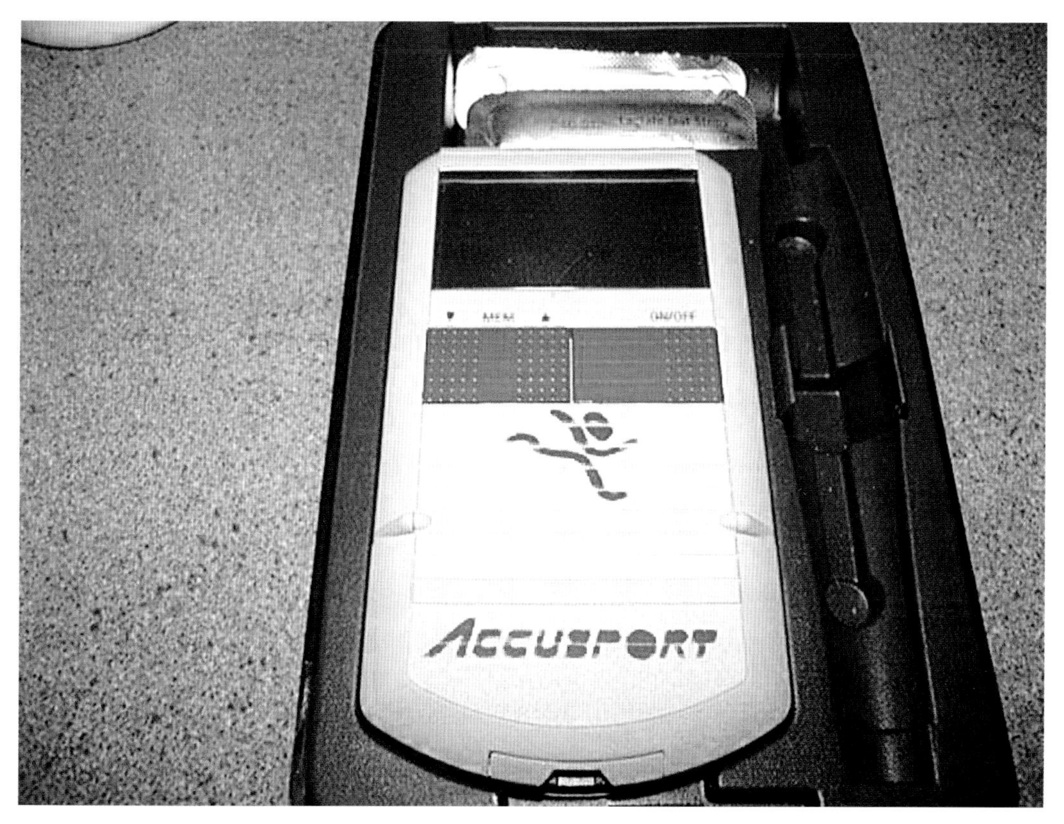

图 115　乳酸监测仪。

11. 红细胞 / 血红蛋白浓度

在出血性或低血容量性休克过程中，RBC 及血红蛋白浓度会显著下降。但是，最开始时，脾脏通过收缩能够使 PCV 升高 5% ~ 15%，甚至是在持续性失血时。当严重的液体丢失超过溶质时，例如，自由水丢失，血管内液体丢失的程度会非常严重，但会观察到严重的血浓缩和升高的血细胞比容，就像在出血性胃肠炎动物身上所见的一样。不管什么病例，氧的运输都会减少，所以必须恢复血容量。如果 RBC 大量丢失，在纠正低血容量后动物因 RBC 丢失而表现出临床症状时，应考虑使用 pRBC、全血或血红蛋白携氧载体（如果可用）。

12. 肾功能

无论何时，只要存在过量血液丢失、低血容量，以及随之产生的低血压，任何能够引起氧运输受损的情况都会导致灌注不足和肾功能受损。起初，由于继发于低血容量的肾灌注不良，血检时可见肾前性氮质血症。一旦血容量恢复且血压正常后，必须对患病动物进行密切监护。一种用来衡量全身灌注的间接方法便是动物是否产尿。即便是患病动物能够产生尿液，发现糖尿或肾管型也能够提示肾损伤，应当密切监测。通过与导尿管连接的密闭收集系统（图 116）收集尿液，或称量动物用过的垫料可以计算出尿量。理想中，纠正血容量和间质液体缺乏之后，患病动物的尿量应至少达到 1 ~ 2mL/（kg・h）。为了保持患病动物的清洁，最好使用尿管收集尿液。正确放置并维护导尿管，短期留置导尿管并不一定会增加细菌性尿道感染的风险[8]。

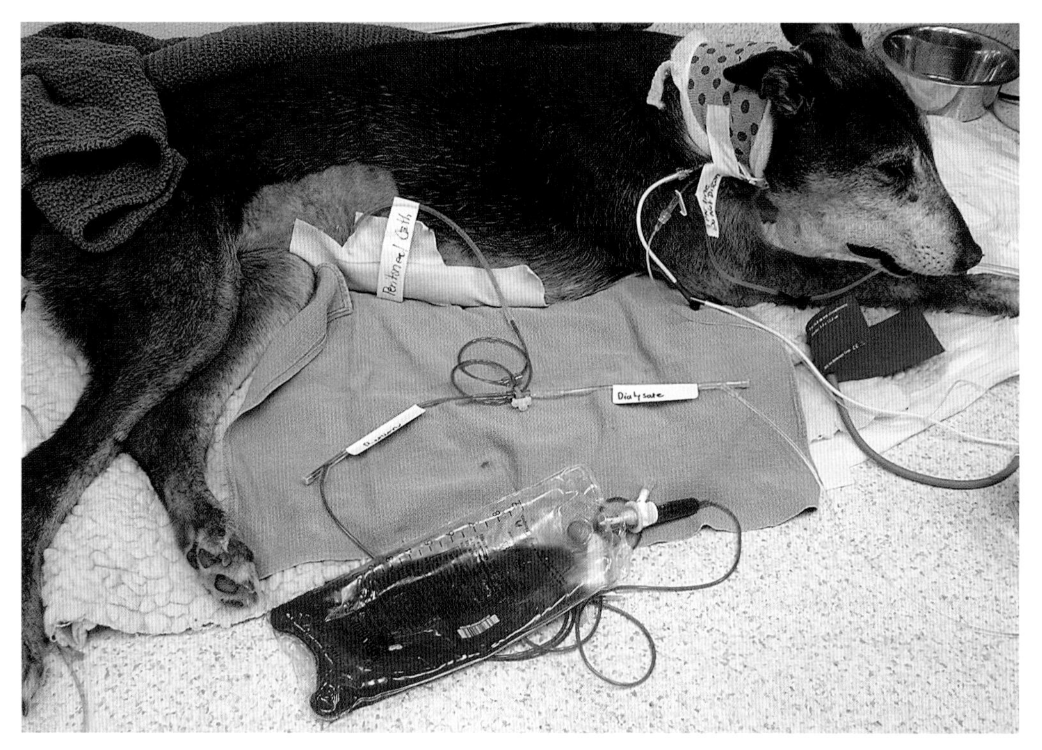

图 116　因钩端螺旋体病进行腹膜透析的犬，留置了导尿管测量进出量。注意因间质液体过负荷造成的下颌腹侧区域水肿。

13. 白细胞、免疫系统功能、抗生素剂量和选择

任何应激源均可引起免疫功能抑制。另外，重症动物常常会留置大量能够穿透机体正常防御屏障而引起感染的导管（静脉内、髓内、胸腔引流、尿管，有时还有腹腔引流或气管造口管）。以伤口渗出、呕吐、腹泻形式存在的体液及血液也会污染外包扎，通过毛细作用将感染从周围的医院环境中带给患病动物，形成医源性或导管诱发性感染[18]。依据休克的原因，以及是否具有潜在问题，可能需要使用抗生素。在可能的情况下，最好根据细菌培养及药敏试验的结果进行选择。

14. 胃肠道的完整性、活动性和功能

对于犬来说，GI 是压力器官，而任何原因导致低血压的猫也会出现功能紊乱。当机体通过补偿来维持核心器官，如心脏和脑部的灌注时，肠系膜的血流会大幅度减少。细菌移位会导致并引起败血症、分布性休克，并增加患病动物的发病率和死亡率。另外，存在呕吐、腹泻或神经功能损伤时，无法提供肠道营养会导致肠上皮细胞萎缩及细菌移位。建议使用止吐药、胃保护药，并为有功能的 GI 部位提供肠内营养。

15. 药物剂量、选择及代谢

在小动物重症监护病房中使用大量药物非常普遍。但是，如果太过频繁，药物的代谢或作用会互相干扰，可能会使一些药物的效果下降，或增加其他药物的毒性。因此，每种药物，每天都要考虑它们的剂量、作用机制，及其代谢，防止出现不良的相互作用。

16. 营养

重症动物的营养支持是最重要的，机体需要原料来恢复健康。另外，缺乏肠道营养会迅速导致肠上皮细胞萎缩，并增加细菌移位、败血症，及患病动物发病率和死亡率的风险。REE 应该以肠内或肠外营养的方式提供，或两种方法同时使用。

17. 镇痛和疼痛控制

疼痛会使患病动物的结果恶化，提高代谢，引起免疫抑制并影响伤口愈合。当治疗低血压或低血容量动物的疼痛时，即使存在低血压，小心使用阿片类药物如芬太尼、氢吗啡酮或吗啡也有益且安全。

18. 护理及患病动物的活动

护理可能是治疗重症动物最重要的方面，甚至可能高于或超过除液体外所有药物的干预方法。如果动物处于侧卧时，可能发生坠积性水肿、失用性萎缩及肺不张。因此，需要经常改变侧卧方向、用软垫支撑患病动物防止褥疮性溃疡、进行被动运动练习，这些仅仅是护理重症动物重要方面的一小部分。

19. 伤口和绷带护理

绷带发生渗漏或被弄湿会使来自周围环境的细菌和碎片移动到伤口或导管处，增加医源性感染的风险。被污染的绷带要立即更换，防止感染。无论何种类型的导管包扎，即便没有明显的污染，也要每天拆开检查导管入口处，确保该处没有渗出或红疹，因为这些症状意味着导管或插管相关性感染。

20. 细心看护

细心看护是兽医重症护理中重要的方面之一。就像离开家庭环境住院的人，动物同样会变得沉郁，这会影响痊愈。护理、定时外出和家人的探望能够降低与医院环境相关的应激，并从主观上改善动物的行为和预后。

在细心的监护和关注以及以上条目的指导下，根据其原发病和对治疗的反应，发生出血性、低血容量性、分布性和梗阻性休克的动物可能会有更好的预后。

第 9 章

液体治疗的病例范例

病例 1：Gunther

病例 2：Casey

病例 3：Zeke

病例 4：Buster

病例 5：Lolita

病例 6：Lucky

病例 7：Mango

病例 8：Jake

病例 9：Rocket

  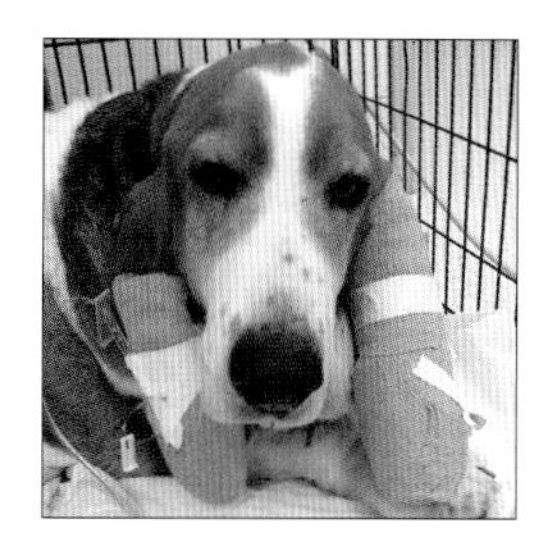 

病例 1：Gunther

Gunther 是一只 10 岁，86lb（39kg）的雄性去势德国牧羊犬（图 117），病史为持续一周的反复昏睡以及厌食。它的主人说今天该犬的腹部看起来比之前大。今天没有进食。没有呕吐及腹泻。主人不知道是否可能接触过毒素或化学物质。该犬目前还没有用过药，刚做过免疫，之前并没有其他疾病。

图 117 Gunther，一只 10 岁的雄性去势德国牧羊犬，病史为近 1 周反复昏睡及厌食。

就诊时，黏膜呈极度白粉色，毛细血管再充盈时间（CRT）延长（2.5s）。心音轻度不清，但没有明显的杂音或节律不齐。心率高达 170 次 /min。股动脉与心率同步，偏弱。胸部听诊时肺音清楚，未发现呼吸困难。腹部扩张，冲击触诊可能存在液态波动。此时神经、骨骼及皮肤系统未见异常。

Ⅰ. Gunther 的问题是什么?

- 反复昏睡
- 腹部扩张
- 厌食
- 可能存在腹腔积液
- 心音轻度不清
- 心动过速
- 脉搏质量下降
- CRT 延长

Ⅱ.Gunther 的心血管情况如何?

Gunther 表现的症状提示失代偿性休克，包括心动过速、心音不清、CRT 延长及脉搏质量下降。

Ⅲ. 鉴别诊断列表是什么?

鉴别诊断包括：肿瘤（肝脏、肾上腺、肾、脾）、肠穿孔和腹膜炎、心脏疾病（心衰、心包填塞）、胰腺炎和肝衰竭。

Ⅳ. 在做诊断性检查前应如何稳定 Gunther 的情况?

放置外周头静脉导管，输注 1/4 休克量（860mL）的 Normosol-R。计算输注量时：在犬的体重数（lb）后加一个 0（也就是乘以 10），约等于低血容量性休克时输注的晶体液量（90mL/kg）的 0.25。输注完 1/4 休克量后，重新评价心率、CRT、黏膜颜色和血压。

该犬的血压并没有变化，虽然它的心率开始下降，黏膜颜色和 CRT 已经改善。输注第二个 1/4 休克量的晶体液。

Ⅴ. 诊断计划是什么?

初步诊断计划包括测量血压、心电图（ECG）、全血细胞计数、血清生化检查、尿液分析、胸部 X 线及腹部 X 线检查、血清乳酸浓度。

诊断检查结果：

- 胸部 X 线评估显示无异常。
- 全血细胞计数：白细胞 18 580 个 /μL，其中中性粒细胞为 78%，淋巴细胞为 12%，单核细胞为 8%，嗜酸性粒细胞为 2%；血小板计数为 123 000/μL；血细胞比容（Hct）为 32%。
- 生化检查项目除高血糖，[葡萄糖为 197mg/dL（10.9mmol/L）]，以及低蛋白血症，[总蛋白为 3.8g/dL（38g/L）] 外，其他结果正常。
- 腹部 X 线检查表现为中腹部广泛性软组织密度阴影，腹部细节减少（图 118）。
- 血压测量结果显示低血压，收缩压为 98mmHg，舒张压为 48mmHg。

Ⅵ. 是否还有其他问题应当加入 Gunther 的问题列表中?

- 腹部肿物
- 腹部细节差
- 轻度血小板减少症

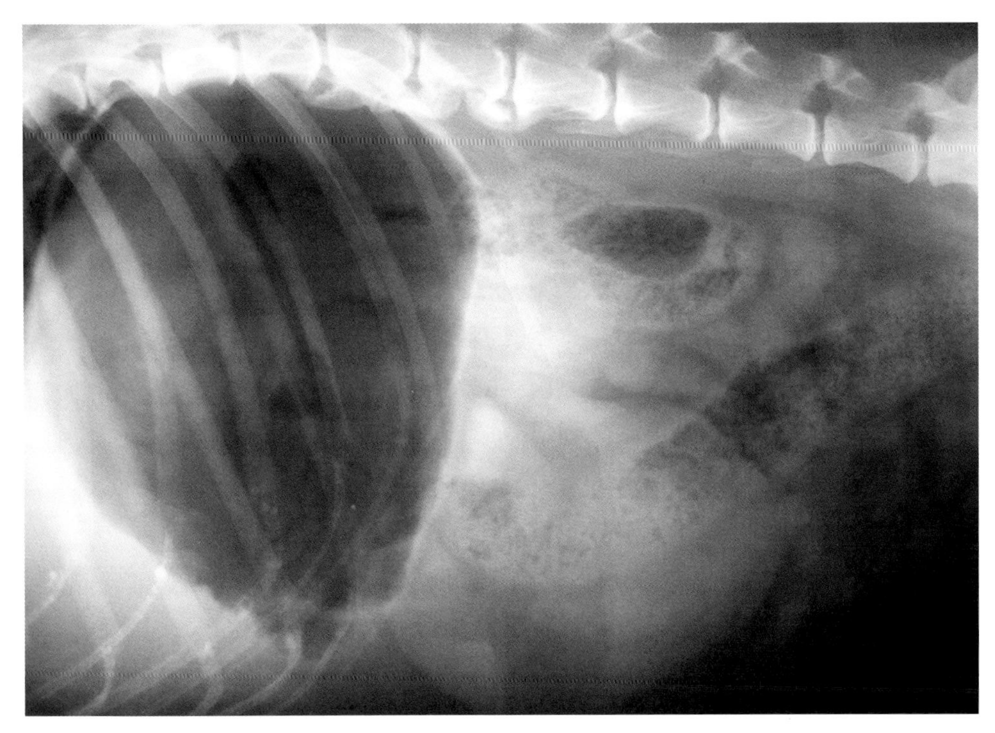

图 118 腹部侧位 X 线片显示中腹部的软组织肿物。

- 高血糖
- 低蛋白血症
- 轻度贫血
- 低血压

Ⅶ. 诊断为?

Gunther 具有细节不清的中腹部肿物，表现出低血容量或出血性休克的临床症状。

Ⅷ. 还需要考虑做哪些其他检查?

根据腹部细节丢失，临床症状提示低血容量性 / 出血性休克，以及 X 线片上显示广泛性中腹部肿物，由于这些情况提示 Gunther 可能存在血腹，所以需要测定血型。

进行腹腔穿刺：存在未凝集的血性液体，证明了所怀疑的血腹。

Ⅸ. 下一步需要考虑什么?

理想中，应做腹部超声和心脏超声检查来排除是否存在转移，并定位肿物来自哪个器官。不过，如果没有超声设备，并且考虑到 Gunther 整晚都可能会持续出血，应对其进行手术。

手术时，发现一个大型空洞化脾肿物，同时没有见到转移（图 119）。之后进行了常规脾切除术，并在术中复查血细胞比容。此时，Gunther 的 Hct 下降至 22%，并在麻醉中处于低血压状态（收缩压 76mmHg，舒张压 34mmHg）。

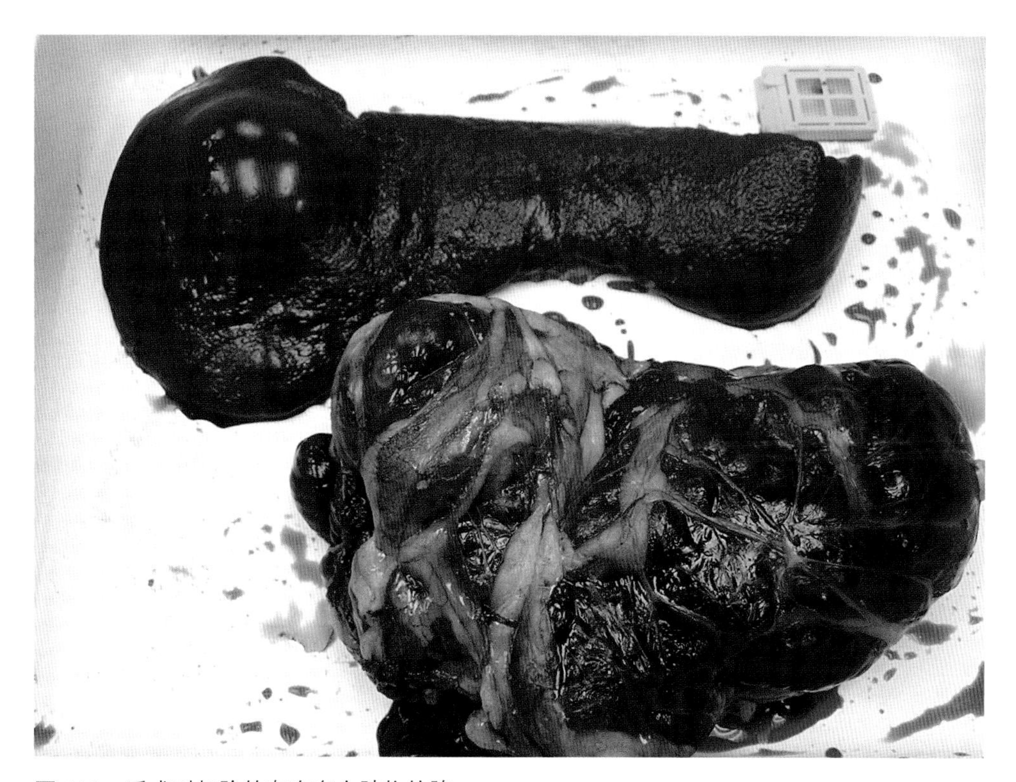

图 119　手术时切除的存在多个肿物的脾。

Ⅺ. 现在的关注点是什么?

应当关注低血压和贫血的程度。虽然某些表面上的贫血可以解释为术中输注晶体液和血液稀释，但是贫血伴低血压非常危险，这两者都能导致氧气向组织的输送减少。测血型的过程中，可以输注胶体液（5mL/kg，IV）来尝试升高 Gunther 的血压。之后对其进行输血。

Ⅻ. 应使用哪种血液制品?

开始时 Gunther 的总蛋白低于正常值，所以使用新鲜冷冻血浆（FFP）或冷冻血浆可能有利于轻度升高总蛋白，但仍需要 RBC，所以给它使用了特定血型术的全血。它的血细胞比容已经下降至 22%，理想情况下应升至 30%（从它现在的 Hct 升高 8 个百分点）。每输 1mL/lb 全血，Hct 将会升高 1%。Gunther 体重为 86lb，Hct 需要升高 8%，因此应输（8×86）= 688mL 全血。在临床中，将要输注的全血量可能约等于或稍微高于预期的计算量。如果没有可用的血，也可以使用血红蛋白携氧载体提供携氧能力，并作为胶体扩充血管内液体容积和血压。

术后，通过使用维持用晶体液、镇痛，并在腹部切口愈合前限制活动，Gunther 恢复良好。

病例 2：Casey

Casey 是一只 35kg（77lb），5 岁的雄性去势澳大利亚牧羊犬 / 边境牧羊犬杂种犬（图 120），是从其他医院转诊来的急诊病例，怀疑可能发生乙二醇中毒。3d 前，Casey 在吃下 1lb（0.45kg）葡萄干后，开始呕吐和腹泻。主人说从犬腹泻的粪便里看到过葡萄干。Casey 曾经出现过胃部敏感的病史，但没有其他疾病。主人不知道它是否接触过化学物品或垃圾。除每月预防心丝虫外，无其他用药史。

图 120　Casey，一只 5 岁的雄性去势杂种犬，食入 1lb（0.45kg）葡萄干后就诊。出现了呕吐及厌食，之后逐渐发展为无尿性肾衰竭。

在前一家动物医院中，一开始对 Casey 进行了皮下补液并使用了甲氧氯普胺。采集的血液和尿液被送往外部实验室进行评估。兽医让主人接 Casey 出院，并附了一张说明，上面写着给予它温和的食物，如果仍呕吐则与医院联系。今天早上，血检结果回到医院，上面显示为肾性氮质血症，BUN99mg/dL，肌酐 4.2mg/dL（370mmol/L），尿比重为 1.018，伴有尿糖和无定形碎片，但没有白细胞或红细胞，没有细菌。尿酮为阴性。

送至本院时，Casey 处在昏睡状态，黏膜干燥，CRT 正常。心率为 68 次 /min，正常的窦性节律，股动脉强且同步。存在浆液样鼻分泌物，结膜轻度水肿。口臭，嘴周围有呕吐过的痕迹。胸腔听诊显示正常节律且无杂音。肺音轻度湿性啰音。腹部触诊肾周区域疼痛，膀胱很小。直肠检查正常。

Ⅰ.Casey 的问题是什么?

- 呕吐
- 腹泻
- 水合过度
- 氮质血症伴低尿比重
- 口臭
- 水样鼻分泌物
- 球结膜水肿
- 相对性心动过缓
- 黏膜干燥
- 肺音粗粝
- 肾周疼痛

Ⅱ. 如何进行诊断?

Casey 临床表现为水合过度，并且仍呕吐和腹泻，导致液体丢失。正常情况下，出现液体丢失时，肾脏应代偿并保留液体，以尝试维持循环血量。心率相对缓慢，可能与很多疾病有关，包括肾上腺皮质功能减退、高血钾（其他原因所致，包括肾衰竭和尿腹）或失代偿性休克末期。虽然通过评估脉搏来评估动物的真实血压不是非常敏感，但强劲的脉搏预示着失代偿性休克的可能性极小。主要的关注点之一为原发性或继发性肾衰竭。

Ⅲ. 初步诊断计划是什么?

初步诊断计划应包括 ECG 和血压、腹部 X 线检查以排除异物或胃肠道梗阻、尿道结石，或因腹水导致腹部细节下降。最初的血液检查结果约为 24h 前得到的，理想情况应重新检查全血细胞计数、血清生化分析和尿液分析，与之前的血检结果进行比较。由于湿性肺音，应考虑进行胸部 X 线检查。肾脏指标升高应考虑细菌感染，如肾盂肾炎和钩端螺旋体病。

Ⅳ. ECG 结果（图 121）。提示什么?

该 ECG 图纸显示为心房静止。虽然某些品种，如史宾格可能会出现单次心房静止，但缺乏 P 波与 QRS 复合波增宽同时出现，则意味着高钾血症。

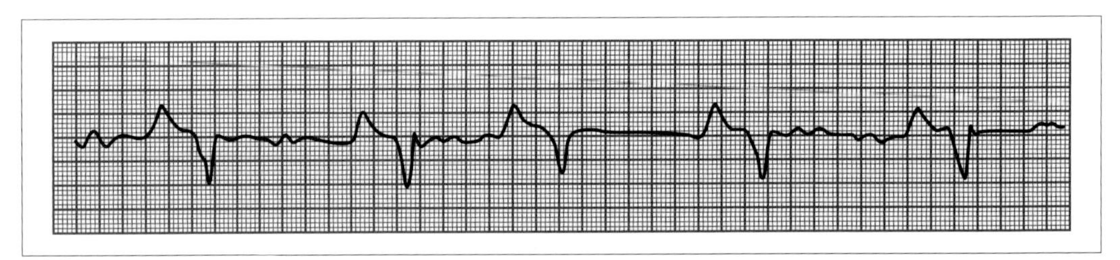

图 121 患高钾血症和急性肾衰竭动物的 ECG 图纸。该 ECG 是典型的心房静止。

Ⅴ. 在做追加诊断前，应当做什么?

怀疑少尿或无尿性肾衰竭的患病动物出现心房静止时，如果不进行治疗就会迅速引起死亡。保护心脏不受高钾血症毒性作用的治疗方法包括 IV（静脉输液）葡萄糖酸钙或氯化钙。另外，给予碳酸氢钠或 IV 短效胰岛素和葡萄糖能够驱使钾离子进入细胞内。使用葡萄糖酸钙时要缓慢注射，时间大于 10min。

Ⅵ. 下一步应做哪些检查?

用示波法测量血压，显示 Casey 存在高血压，收缩压为 203mmHg，舒张压为 120mmHg。

血检结果显示 Casey 的氮质血症似乎恶化了。BUN 为 128mg/dL，肌酐为 7.6mg/dL（672μmol/L）。Casey 还存在高钙血症［总钙 13mmol/L（52mg/dL）］和高磷血症［>16mmol/L（50mg/dL）］。血清钾为 9.6mmol/L。尝试通过膀胱穿刺获得尿液样本，但由于膀胱非常小而没有成功。通过导尿管获得 3mL 尿液。眼观尿液澄清，非常淡的淡黄色。尿比重为 1.006。尿沉渣检查可见无定形碎片，但没有结晶和管型。

Ⅶ. 还有什么新问题需要加入 Casey 的诊断列表？

- 高血压
- 心房静止
- 低渗尿
- 氮质血症恶化
- 高钙血症
- 高磷血症
- 几乎无尿的小膀胱

Ⅷ. 关注点是什么？

面对持续性呕吐时，Casey 的氮质血症正在恶化，仅有少量到没有尿液产生。存在无尿性肾衰竭的临床症状，伴有肺啰音、球结膜水肿及浆液样鼻分泌物。另外，电解质也存在异常，出现高钾血症、高钙血症和高磷血症。所有这些异常情况都可归为肾衰竭；但是，其他疾病如胆钙化醇杀鼠药中毒及肾上腺皮质功能减退也应考虑在内。

Ⅸ. 这可能是乙二醇中毒吗？

乙二醇能够引起呕吐、脱水、氮质血症、肾周疼痛、高钾血症及高磷血症症状。但是，随着草酸钙结晶在肾小管内沉积，应该会出现低钙血症，而不是高钙血症。另外，尿沉渣检查时没有发现结晶（一水草酸钙或无水草酸钙，也没有马尿酸盐）。虽然这些发现无法确实排除乙二醇中毒，但降低了因其引起肾衰竭的可能性。

Ⅹ. 应制订什么样的初始治疗计划？

考虑到存在水合过度（球结膜水肿、浆液样鼻分泌物和肺啰音）的情况，应该“跳跃式启动”Casey 的肾脏。有报道称药物如呋塞米（4mg/kg，IV）、甘露醇（0.5 ~ 1g/kg，IV）、多巴胺［3 ~ 5μg/（kg · min），IV，CRI］，以及地尔硫卓［0.1 ~ 0.5mg/kg，IV，慢输，之后 1 ~ 5mcg/（kg · min）］有助于产生尿液。有些药，如地尔硫卓也被用于肾衰动物的利尿，并有降低高血压的优点。

Ⅺ. Casey 应该输多少液体？其中有什么需注意的吗？

Casey 已经表现出无尿及容量过负荷的症状。额外的液体对于容量过负荷的患病动物来说会使肺水肿恶化。不过，肾脏需要液体来产生尿液，与药物一同给予一些液体来促进利尿符合程序。如果仅考虑不可感失水［0.3mL/（kg · h）］，那么应输入的液速为（35kg × 0.3）= 10mL/h。

在急性肾衰竭时，钙被认为能够促进永久性肾脏损伤。钙通道阻断药如地尔硫卓被推荐用于治疗患少尿或无尿性肾衰竭动物的高血压。Casey 使用了地尔硫卓 CRI，由于可能会转变为极为严重的低血压，应严密监测血压。也可以考虑使用呋塞米［2 ~ 4mg/kg IV，之后 0.7 ~ 1mg/（kg · h）CRI］。对于出现血管容量过负荷的无尿动物应严禁使用甘露醇，甘露醇的渗透效应会将间质中的液体拉入血管中并使容量过负荷恶化。

Ⅻ. 什么才是合适的监测计划?

测量中心静脉压（CVP）使我们能够监测 Casey 的肺水肿趋势以及是否有可能发生恶化。插入颈静脉导管，并通过侧位胸部 X 线片检查放置位置（图 122）。

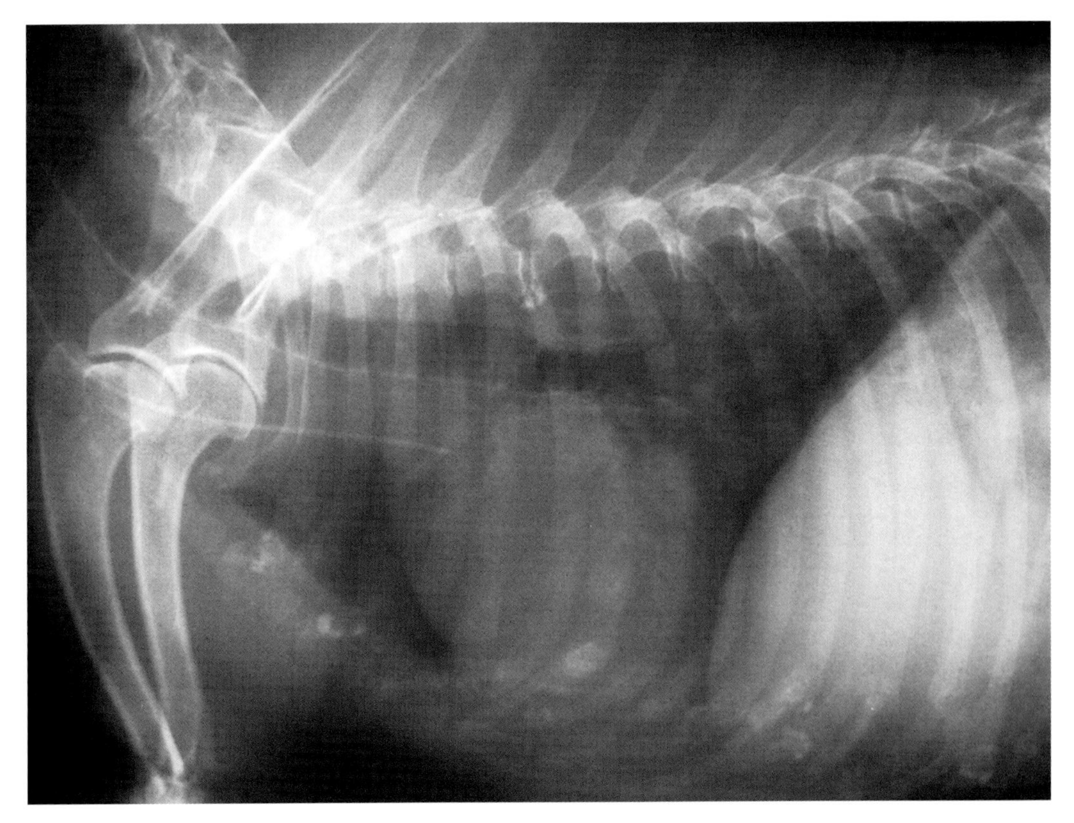

图 122　颈静脉导管尖端紧贴右心房外侧动物的侧位胸部 X 线片。

导管看起来处于正确位置，也就是尖端紧邻右心房外。初始 CVP 为 8cmH_2O。肺部没有表现出可见的间质至肺泡浸润，这些征象可提示肺水肿。但是，X 线片上出现肺水肿的时间会晚于开始出现呼吸急促、浆液样鼻分泌物及球结膜水肿等症状的时间。应仔细监测 CVP，在液体治疗的开始阶段至少 1h 一次，而 Casey 的呼吸频率和状态也需要反复评估。每隔几小时测量一次体重，并与基础值进行对比也是一种评估再水合及容积情况的良好方法。

留置导尿管并监测尿量。水合良好的动物正常尿量为 1 ~ 2mL/（kg · h）。如果怀疑无尿，而间质及血管内液体缺乏量已经得到纠正，可以测量“入量与出量”，也就是输入的液量（对于 Casey 这个病例，193mL/h）与 Casey 以尿液、呕吐及不可感失水［20 ~ 30mL/（kg · d）］的形式排出的液量相比较。

XIII. 对于 Casey，哪种补液方法是最好的？

Casey 存在高钾血症、高钙血症、氮质血症和高磷血症。理想情况下，应考虑不含钙或钾的液体，如 0.9%NaCl。生理盐水（0.9%）能够促进钙和钾的排泄。

XIV. 还需要考虑哪些问题？

Casey 仍存在心房静止，虽然 0.9%NaCl 在一定程度上稀释了钾并促进其排泄，但高钾血症的毒性效应会导致心跳骤停。已经使用了葡萄糖酸钙来保护心脏，并可以采用静脉输注短效胰岛素与葡萄糖的方法，使钾进入细胞内。

在 3h 内，Casey 的 CVP 已经升至 11cmH_2O，但血压降至收缩压 170mmHg，舒张压 80mmHg。可以看到尿液从导尿管中慢慢一点点流到尿袋里。CVP 超过 10cmH_2O 时，即将发生肺血管过负荷的风险极高。尽管如此，没有哪一件事是绝对的，将 CVP 的趋势与这只动物的临床表现相结合更为重要。如果 CVP 在 24h 内从基础值升高了 5cmH_2O 以上，或者如果 CVP 值已经超过 10cmH_2O，而动物的呼吸更加急促且伴有肺啰音、鼻部分泌物恶化、外周水肿，和 / 或球结膜水肿，意味着临床表现更为糟糕。

Casey 看起来有所改善，此时推荐进行肾活检。使用经皮 Tru-cut 活检针，在超声引导下做了肾活检。经过组织病理学检查，发现肾小管被无定形碎片堵塞。同时有证据证明肾小球基底膜出现了有丝分裂，提示肾正在改善并尝试再生（图 123）。

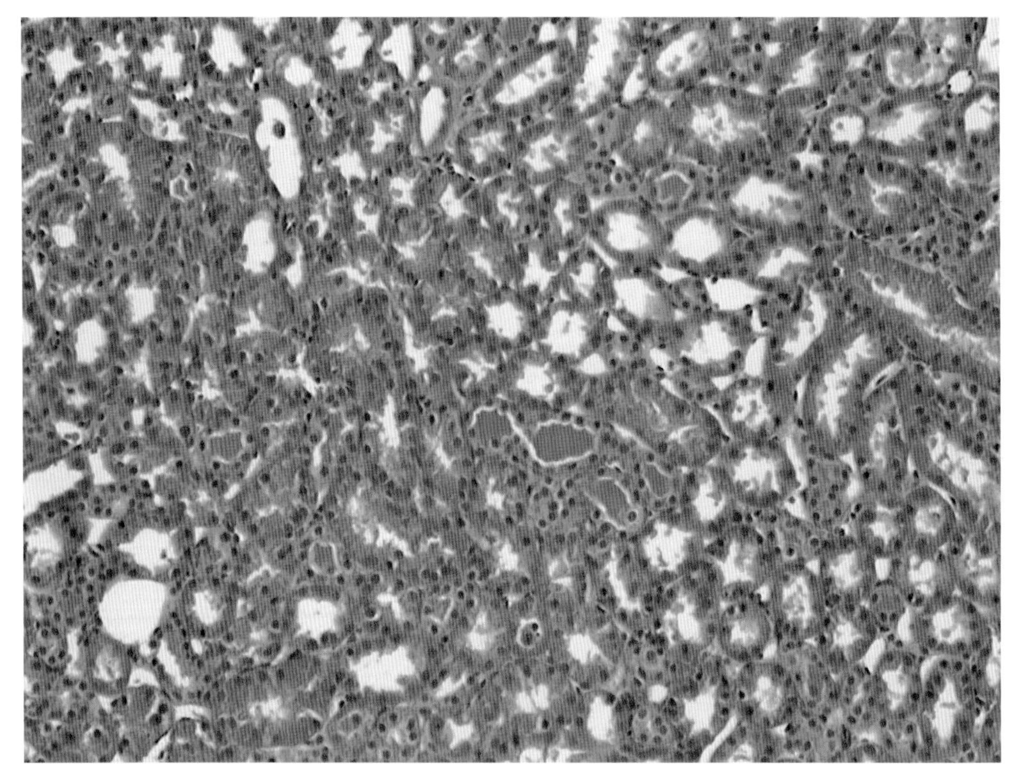

图 123　Casey 肾脏的组织病理学切片。组织病理学分析显示除肾基底膜再生外，肾小管被碎片堵塞。

很多物质都能够引起肾损伤。已经发现葡萄干和葡萄对某些动物具有毒性。确切的中毒剂量和中毒原理尚不明确。不过，因食入葡萄或葡萄干引起肾衰竭有关的典型临床症状包括呕吐、腹泻且粪便中含有葡萄皮或葡萄干，以及发展为少尿或无尿性肾衰竭。肾小管堵塞似乎是少尿或无尿的构成原因之一。随着肾脏的恢复，会发生压倒性的阻塞后利尿，此时必须计算液体的摄入和排出量。

静脉输液 24h 并补充液体缺乏量后，计算“入量与出量”，可见液体排出量最早为 1mL/（kg · d），12h 后已经增加到 8mL/（kg · d）。

XV. 需要做什么?

液体的补充速度必须与液体的排出相匹配，所以需要对 Casey 进行持续监测，以紧跟它增加的排出量。Casey 每天至少应称 3 ~ 4 次体重。体重的迅速变化总是与存在呕吐、腹泻、伤口渗出、肾衰竭动物的液体丢失或液体丢失量增加有关。

病例 3：Zeke

Zeke，一只 70lb（32kg）的 4 岁雄性去势巴吉度犬（图 124），因急性虚脱就诊。主诉当天早些时候还一切正常，在主人离开家时 Zeke 还可以进入用围栏围起来的后院。约 1h 后在后院中被找到，虚脱并反应迟缓。主人称后院的门廊上有数堆呕吐物，Zeke 旁边有棕色的脂肪样腹泻粪便。根据主人所知道的情况，它没有接触过化学物品、毒物或垃圾。饮食上也没有变化。近两个月中，因为肥胖，主人让 Zeke 进行了节食。但它的体重下降不明显。在主人找到它前，没有发现其他异常情况。

根据体格检查结果，Zeke 患有肥胖症，且反应迟钝。黏膜呈砖红色且干燥，CRT 严重延长，几乎达到 4s。胸腔听诊时很难听到心音。体温、脉搏和呼吸分别为 97.4 °F（36.3℃），120bpm 和 40 次 /min。

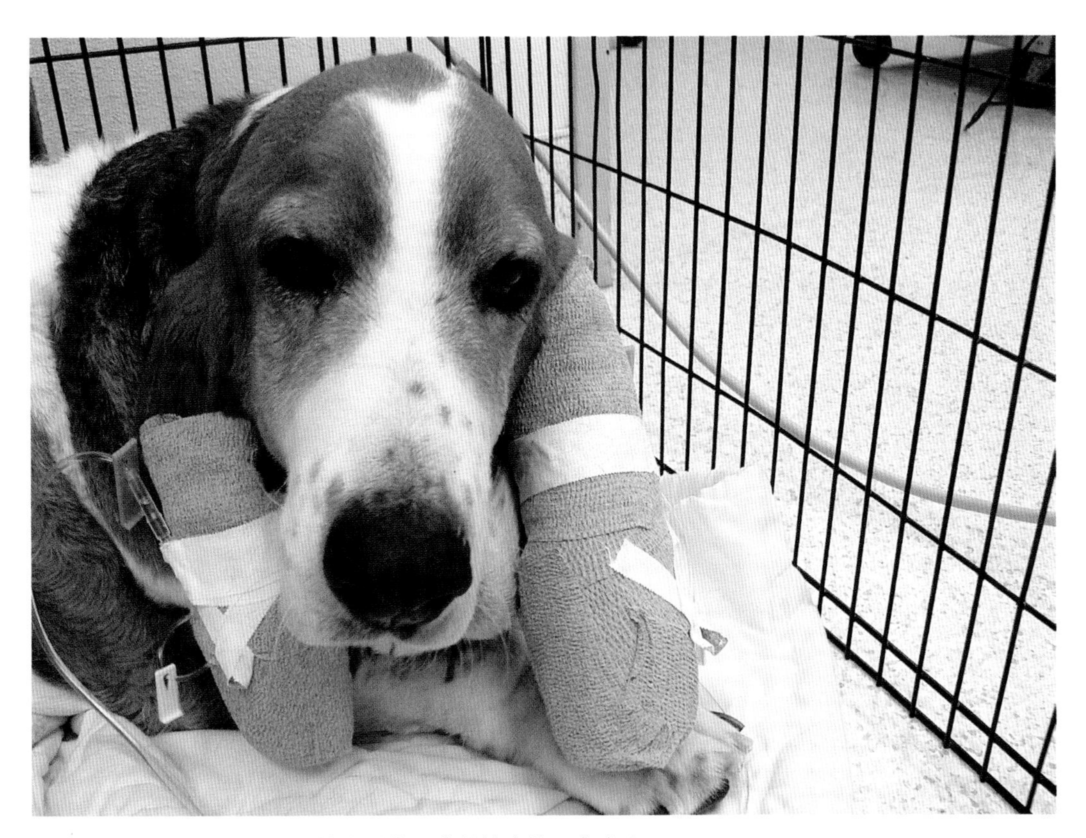

图 124　Zeke，一只出现急性虚脱的 4 岁雄性去势巴吉度犬。

Ⅰ. Zeke 的问题是什么?

- 肥胖
- 反应迟钝
- 黏膜干燥：呈砖红色
- CRT 延长
- 呕吐
- 腹泻
- 低体温
- 不当的心动过缓

Ⅱ. 如何进行诊断?

引起呕吐和腹泻的原因很多，包括饮食不谨慎、中毒、过敏反应、炎性肠病、GI 梗阻（异物、肠套叠或肿瘤）、胰腺炎、细菌或真菌性胃肠炎或继发于某些其他感染、肠系膜扭转、肾脏或肝脏衰竭，及代谢性损伤如糖尿病酮症酸中毒或肾上腺皮质功能减退。

Zeke 表现出神经症状及循环受损。心音不清，这可能与心包积液、气胸、胸腔积液或低血容量有关。黏膜呈砖红色，通常暗示败血性休克。在脱水和/或败血性休克时，可以预测动物的心率是升高的，除非病例处于失代偿性休克末期，此时心率会发展为心动过缓。不当的心动过缓可与很多问题有关，在这个病例中由于 Zeke 表现出重度低血容量，所以其具有重大意义。身体对血管内容积减少的正常反应为通过升高心率，尝试维持心输出量和血压进行代偿。不当的心动过缓可能要考虑失代偿性休克、迷走神经张力增加，或电解质异常如高钾血症和高镁血症。

肥胖可能与它现在的问题没有直接关系，不过，这会影响对疾病的诊断和治疗。

Ⅲ. 初步诊断计划是什么?

对于所有存在严重呕吐、腹泻及虚脱的患病动物，初步诊断计划应包括血压、ECG、全血细胞计数、尿液分析、粪便漂浮和细胞学检查、胸部 X 线检查、腹部 X 线检查，可能的话进行腹部超声检查。

Ⅳ. 适当的初步治疗计划是什么?

对于所有存在呕吐、腹泻和虚脱病史的动物，初步治疗计划应包括静脉补液。理想情况是应在静脉输液前，就诊时采集血样。

多次尝试经外周头静脉、外侧隐静脉、内侧隐静脉放置导管，由于患病动物的解剖、外周血管收缩以及严重肥胖等原因均没有成功。

Ⅴ. 能够尝试哪种代替方法?

如果没法开通外周血管通路，可以尝试中心静脉导管。另外，在适当的血管做静脉切开插管也是另一种选择。

由于肥胖的程度妨碍了插管，尝试放置颈静脉导管也失败了。

Ⅵ. 为了尽可能提供静脉补液，还有其他位置可以放置导管吗?

髓内导管可用于很难或不能打开血管通路的动物。不幸的是，由于 Zeke 太胖，并且它的骨骼已经骨化，可能很难放置并维持髓内导管。代替方法是，在 Zeke 的耳部尝试放置耳缘静脉导管。很幸运这次成功了，两根 20G 导管分别插入了右耳和左耳，开始静脉输注晶体液。

Ⅶ. 应使用哪些液体?

对于失代偿性休克的病例，重要的一点是首先确定不存在心脏疾病（在本病例中，缺乏提示有心包积液可能性的心音），之后输注平衡晶体液如乳酸林格液、Normosol-R、Plasmalyte-A，或 0.9% 氯化钠。先给 1/4“休克”量的液体（Zeke 的体重为 70lb，液量为 700mL），然后重新评估 CRT、心率、血压、尿量等灌注指标。

除低胆固醇血症［77mg/dL（2mmol/L）］、低血糖［63mg/dL（3.5mmol/L）］、低钠血症（123mmol/L）、低氯血症（78mmol/L）、高钾血症（7.2mmol/L）外，其他血检结果相对正常。

ECG 节律显示正常的窦性节律，尽管存在高钾血症。注意，即使是轻度的高钾血症也可能存在心房静止，而缺乏心房静止或存在正常窦性节律也不能排除高钾血症，这点很重要。

拍摄胸部 X 线片，经评价后显示为与肺炎一致的间质 - 肺泡浸润，伴有食道扩张。

Ⅷ. 可能的诊断是什么?

根据 Zeke 的症状和病史，一只年轻的巴吉度犬出现急性虚脱、呕吐和腹泻，结合 X 线检查显示的食道扩张，以及血液检查的异常结果，包括氮质血症、高胆固醇血症、低血糖、低钠血症、低氯血症及高钾血症，这些症状在肾上腺皮质功能减退，或艾迪生病的动物非常常见。但是，上述发现没有哪项能够确诊艾迪生病，需要进行确诊性诊断，也就是进行促肾上腺皮质激素（ACTH）刺激试验。

在患艾迪生病动物的血检中，一个很有趣而又常常被忽略的“异常”是正常的全血细胞计数。对于一只严重脱水、低血容量且虚脱的动物，应激反应会使白细胞（WBC）移行减少，引起典型的应激性白细胞像，包括中性粒细胞增多及淋巴细胞减少。在通过其他方面证明前，正常的白细胞像对于危重动物来说是一种异常的结果。生病的动物缺乏应激性白细胞像增加了对肾上腺皮质功能减退的怀疑指数。对于可能因吸入呕吐物造成肺炎的动物，WBC 很可能浸润到受累的肺叶，可能不出现白细胞增多症。但相对淋巴细胞，仍会出现中性粒细胞增多症。

Ⅸ. Zeke 应如何治疗?

通过静脉输注晶体液治疗低血容量性休克是最重要的。首先，失代偿性休克需要通过输注晶体液来治疗（每次输 1/4 休克量），直到血压正常。也可以输注胶体液如羟乙基淀粉（每次输 5mL/kg）。如果胶体液和晶体液升血压都没有成功，可能需要使用正性肌力药物或血管升压素。

理想情况下，应考虑使用 0.9% 氯化钠来促进钾的排泄。可以通过将葡萄糖（2.5%）与晶体液混合使用来治疗低血糖。可以使用镇痛药来治疗呕吐，通过使用广谱抗生素和吸氧来治疗肺炎。应仔细监测 Zeke 的葡萄糖和电解质情况，每天至少 2 ~ 3 次，以避免持续性低血糖或血清钠浓度纠正过快，这会导致脑桥中央髓鞘溶解症。肾上腺皮质功能减退的根本性治疗包括使用泼尼松补充糖皮质激素，以及使用醋酸氟氢可的松（Florinef）或去氧皮质酮新戊酸酯（DOCP）来补充盐皮质激素活性。该病例使用了地塞米松磷酸钠（0.5mg/kg，IV），因为它能够提供糖皮质激素而不会干扰 ACTH 刺激试验。

病例 4：Buster

Buster 是一只 13 岁的雄性去势家养短毛猫（图 125），因间歇性呕吐 2 周、厌食及可能出现体重下降而就诊。它是一只完全在室内生活的猫，与一只巴哥犬住在一起。就它的主人所知，不可能食入毒物、化学物质、垃圾、植物或异物。

送至动物医院时，Buster 的体况很差，被毛相当蓬乱。黏膜非常干燥，还存在中度牙结石和齿龈炎。皮肤弹性下降。头和背部棘突周围的肌肉量更突出一些。听诊存在Ⅱ ~ Ⅲ / Ⅵ级左侧胸骨旁杂音，脉搏质量强，无节律异常。肺音清楚。虽然看起来仍超重，但腹部触诊时肾脏轻度缩小且无痛。膀胱很大，但不紧张或疼痛。

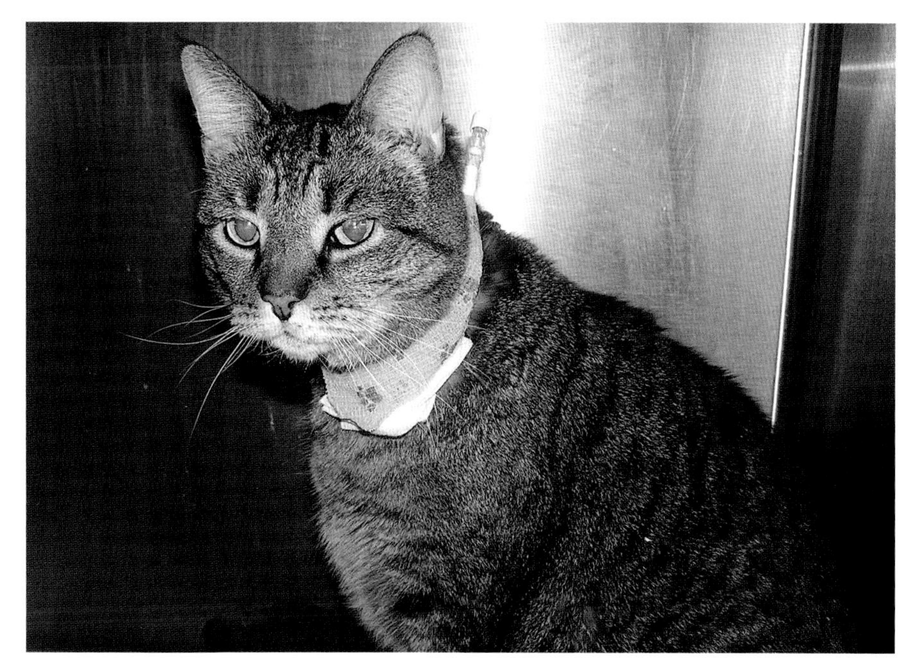

图 125　Buster 是一只 13 岁的雄性去势家养短毛猫，病史为呕吐、厌食、体重下降。

Ⅰ. Buster 的问题是什么？

- 呕吐
- 厌食
- 肌肉萎缩
- 脱水
- 牙结石和齿龈炎
- 杂音
- 肾脏可能萎缩

Ⅱ. 应做哪些检查？

诊断性检查应包括全血细胞计数、生化检查、尿液分析、胸部 X 线检查、超声心动，如果可能则进行腹部超声检查。

进行胸部 X 线检查（图 126）。背腹位观时，心脏呈经典的瓦伦丁形。预约影像专家在 2d 后对其进行超声心动检查。

全血细胞计数显示 WBC 为 14 280，其中 82% 为分叶中性粒细胞，13% 为淋巴细胞，5% 为单核细胞。血小板计数正常，为 178 000/μL。血涂片羽状缘有一些血

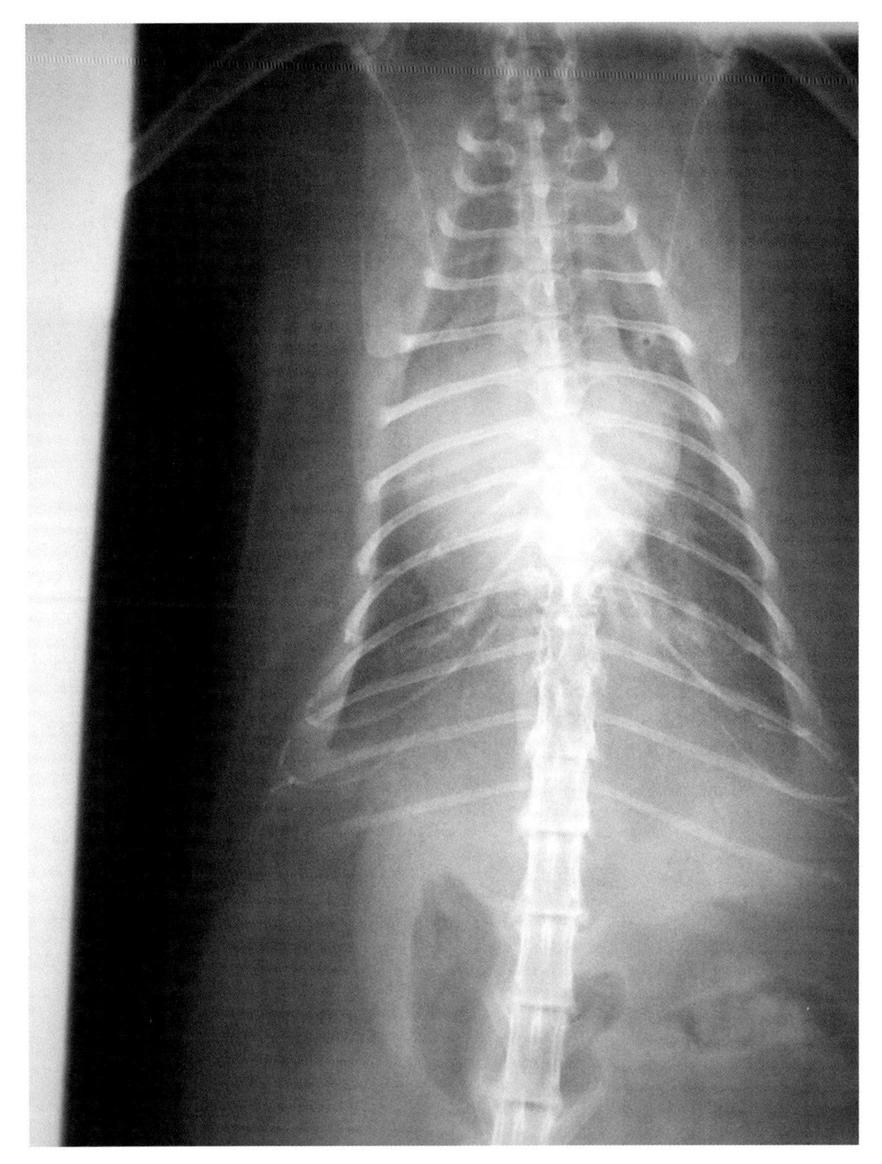

图 126　背腹位胸片显示经典的双心房增大，或“瓦伦丁心”及肥厚性心肌病。

小板凝集簇。血细胞比容为 32%，总蛋白为 8.2g/dL（82g/L）。生化结果显示明显的氮质血症，BUN125mg/dL，肌酐 5.6mg/dL（495mmol/L），低钾血症 3.2mmol/L。尿液分析显示尿比重为 1.018，尿中有一些杆菌和 WBC。

Ⅲ.Buster 更新后的问题是什么?

- 瓦伦丁心，符合肥厚性心肌病
- 与脱水有关的贫血

- 氮质血症
- 低钾血症
- 等渗尿
- 细菌尿
- 脓尿

只看血细胞比容（32%）的情况下，初看贫血的程度似乎并不严重。但是，当考虑到贫血的同时存在脱水症状及高蛋白血症时，贫血可能很严重。可以进行网织红细胞计数确定贫血是再生性还是非再生性。

Ⅳ. 进一步应做哪些检查?

根据尿沉渣检查中存在细菌和 WBC，需要做尿液培养来确定是否是尿道感染或肾盂肾炎引起了 Buster 的临床症状和血液检查异常。还应进行腹部超声来检查肾脏和膀胱。理想中应在静脉输液前先进行超声检查，因为肾盂肾炎和静脉输液都能引起肾盂扩张。

某些临床兽医在治疗慢性肾衰动物时，会根据经验给予患病动物 2 倍或 3 倍维持液体需要量。对于很多慢性肾衰患猫，不花时间计算液体缺乏量、维持量和正在丢失量，仅根据经验计算静脉补液量，会导致治疗过程中脱水。静脉液体治疗不仅可以补充间质的水合状况，还可以稀释并排出尿毒素，正是尿毒素使 Buster 感到恶心和呕吐。Buster 脱水约 7%。体重 6kg（13lb）。为了确定水合的缺乏量使用以下公式：

缺乏量（mL）=（体重 kg× 脱水量 %）×1000

=（6×0.07）×1000

= 420mL 缺乏量 /24h

= 17.5mL/h

为了计算它的维持液需要量：

维持液=（30× 体重 kg）+ 70 = mL/d

=（30×6）+ 70

= 250mL/d 或 10.4mL/h

将缺乏量和维持量相加= 17.5mL/h + 10.4mL/h ≈ 29mL/h

V. 还有什么需要关注的吗?

Buster 有心杂音，胸部 X 线片表现为双心房增大。过度静脉输注晶体液或胶体液，会引起之前无症状的患病动物出现充血性心力衰竭及肺水肿、胸腔积液或两者均出现。放置颈静脉导管或内侧隐静脉长导管，使尖端紧邻右心房外侧或在后腔静脉中可用来测量猫的 CVP。监测从基础值开始的变化趋势（24h 内从基础值升高不要超过 $5cmH_2O$）和实际 CVP，动物的体重变化，及是否存在即将发生肺水肿的临床症状如呼吸急促、呼吸力度增加、肺啰音、浆液样鼻分泌物或球结膜水肿，这些应一同用于辅助预防肺血管超负荷。

但对于 Buster 这个病例要加倍谨慎，不但要频繁地评估患病动物，而且每天要监测肾脏指标，并仔细监测体重和 CVP。通常，在积极输液治疗的前 48h 内，肾脏指标不会显著下降。如果经过这些治疗后肾脏指标增高，就意味着预后变差。48h 后，理想情况下肾脏指标会继续下降至稳定水平。一旦稳定，建议逐步减少动物的静脉液体量，每天减少 25%，以免过快减少液体支持和利尿作用。

Buster 除了存在肾功能不足和心脏疾病外，还存在低钾血症导致肌肉无力。静脉液体中应补充氯化钾，剂量不要超过 0.5mEq/（kg · h）。

经速度为 29mL/h 的晶体液治疗 48h 后，Buster 的临床表现看起来更舒服一些，并且停止呕吐。体重增加了 0.5kg（1lb），BUN 和肌酐分别下降至 56mg/dL 和 3.2mg/dL（283mmol/L）。总体上，CVP 升高没有超过 $5cmH_2O$。由于 Buster 对治疗的反应良好，所以继续对其进行治疗。

病例 5：Lolita

Lolita 是一只 35kg（77lb）10 个月大的雌性绝育澳大利亚牧羊犬（图 127），从其他医院转诊来，过去 3d 一直在那家医院住院。6d 前做了绝育，主人离开家时，将它的伊丽莎白脖圈摘下了约 1h。回来时发现 Lolita 舔咬了它的腹中线切口，并咬坏了一部分空肠。其他医院的兽医对 Lolita 进行了紧急手术，并切除了近 9 英寸损伤的空肠。它看起来表现得很不错，也吃了主人喂的食物，直到今天早上，被发现处于重度昏睡状态，黏膜为砖红色且 CRT 缩短。笼子中有它的呕吐物，并粘在嘴罩周围。直肠温度为 104 °F（40℃）。心率为 160bpm，呼吸频率为 60 次 /min。尽管间断性使用氢吗啡酮（0.1mg/kg，IV，q6h），触诊腹部时仍表现紧张和疼痛。

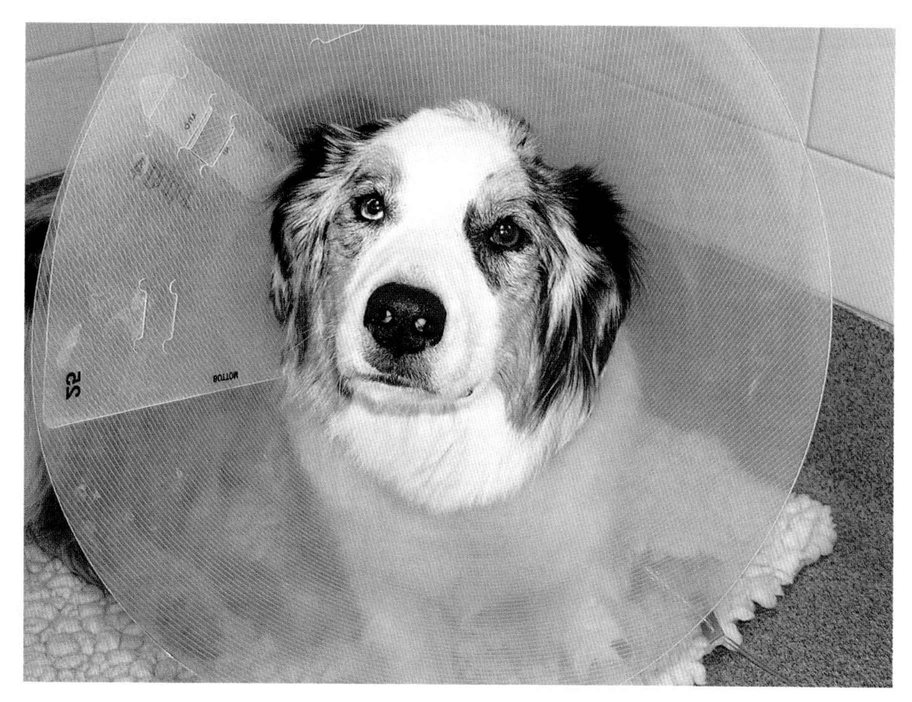

图 127　Lolita 是一只 10 个月大的雌性绝育澳大利亚牧羊犬，病史为绝育切口开裂后进行了肠切除吻合术。

Ⅰ.Lolita 的问题是什么？

- 刚做过肠切除吻合术
- 昏睡
- 呕吐
- 发热
- 心动过速
- 呼吸急促
- 砖红色黏膜
- CRT 缩短
- 腹部紧张而疼痛

Ⅱ. 可能的临床状况？

根据 Lolita 在 3d 前刚做过手术、心动过速、呼吸急促、腹部疼痛及砖红色黏膜和 CRT 缩短、呕吐，Lolita 的空肠发生开裂并出现腹膜炎的可能性极大。表现出败血性休克的症状。

Ⅲ 应该做什么?

理想情况下，应进行腹部超声检查评价腹腔是否存在液体。可以使用非引导的腹部穿刺术：如果腹腔积液超过 5 ~ 7mL/kg，叩诊应为阳性。

采取了非引导的腹部穿刺并取得液体（图 128）。

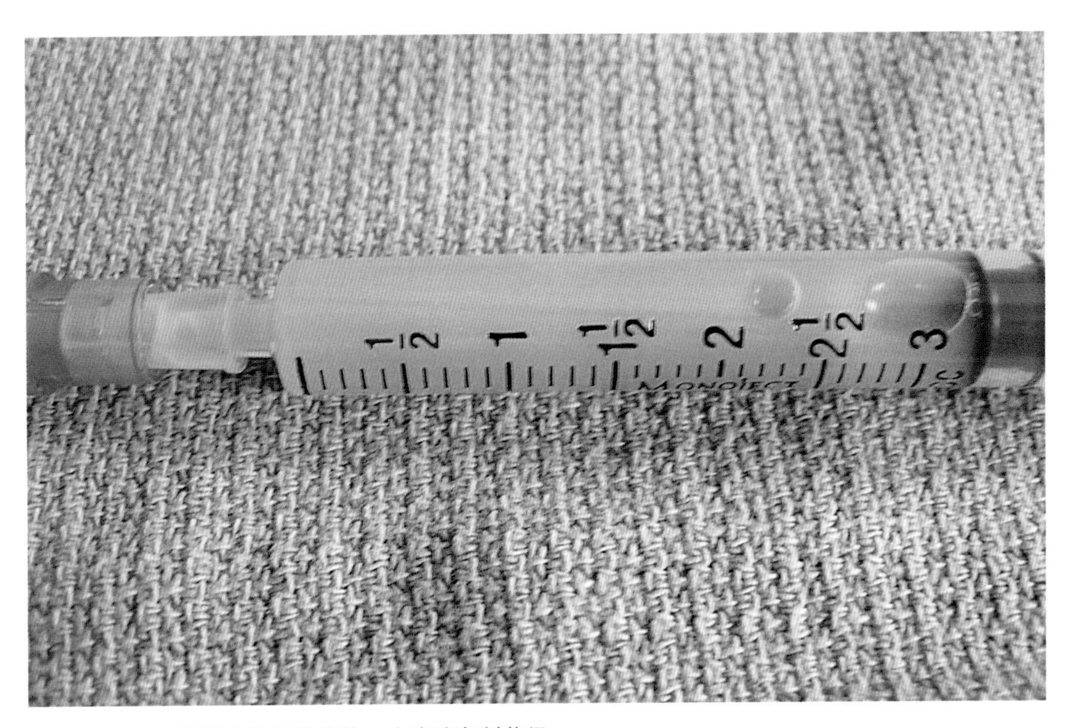

图 128 Lolita 腹腔中的脓性液体，由腹腔穿刺获得。

Ⅳ. 下一步做什么?

液体呈黄色，含有肉眼可见的絮状物，看起来像脓。应对液体进行细胞学检查。

液体与败血性腹膜炎一致，其中含有退行性中性粒细胞及细胞内和细胞外细菌。

Ⅴ. 适合手术吗?

根据所有的临床症状及腹腔液的细胞学检查结果，Lolita 需要重新开腹。

Ⅵ. 需要实施治疗的关注点是什么?

Lolita 需要静脉补液。它的液体丢失并进入腹腔，过去 5d 中呕吐且缺乏食欲，直到昨天吃了主人喂给它的芝麻饼。使用静脉内晶体液补充评估的 7% 脱水量比较理想。CRT 延长证明它还存在血管内液体缺乏。虽然可以计算它的间质水缺乏量，但此时更重要的是治疗血管内液体缺乏。输注 1/4“休克量”的晶体液（Normosol-R，输液量在它的 lb 体重后加“0”），并团注了羟乙基淀粉（5mL/kg IV）。在给予任何用于手术的负性肌力、负性变时效应及血管舒张性麻醉药前，必须先补充血管内液体缺乏量。

Lolita 还极可能将电解质和白蛋白丢失到腹腔液中。由于天然抗凝性抗凝血酶丢失到腹腔液中，还有 DIC 的风险，也可能因败血症出现低血糖；血清葡萄糖每天应至少监测 2 ~ 3 次，并且如果需要，也可以将额外的葡萄糖加入晶体液中。

Ⅶ. 如何对 Lolita 进行胶体和蛋白支持?

白蛋白和胶体渗透压（COP）对伤口愈合很重要。COP 可以通过使用天然和合成胶体维持。FFP 仅能提供少量白蛋白形式的蛋白、一些凝血因子和极少量的抗凝血酶。使用 FFP 补充白蛋白的成本常常很高。因此，应使用浓缩人血或犬专用白蛋白来补充血清白蛋白，使其升至 2.0g/dL（20g/L）。对于败血性休克的病例，由于可能潜在丢失凝血因子到腹腔渗出液中，使用 FFP 补充凝血因子可以与白蛋白浓缩液、晶体液及合成胶体液联合使用，来帮助维持 COP。合成胶体液如羟乙基淀粉也可以考虑用于维持 COP，方法是在液体治疗计划中加入 20 ~ 30mL/（kg · d），IV，CRI。由于羟乙基淀粉和白蛋白均为胶体，有助于将输入的液体保持在血管内，计算的液体量应减少 25% ~ 50%。也就是说，代替 153mL/h，开始时应给予 0.75（153） = 115mL/h，每天应至少评估 2 ~ 3 次体重。Lolita 的“入量与出量”也可以通过监测 Jackson-Pratt 引流壶（“球状壶”）中的液量和尿量，以及评估不可感失水量，决定应该输多少液体。在 Lolita 这个病例中，考虑到它不能立即进食，还应考虑使用空肠造口饲管补充营养或经中心静脉管给予肠外营养。调整低白蛋白血症的最好补救方法之一是提供氨基酸作为营养支持的一部分。最终，需要使用广谱抗生素直到腹腔培养的结果恢复正常。

Ⅷ. 以上计划有没有需要注意的地方?

使用浓缩人血白蛋白还存在争议，所有使用了浓缩人血白蛋白的犬都能够产生抗白蛋白抗体，并出现即时或迟发反应。必须仔细观察 Lolita，检查在使用浓缩人血白蛋白的数天至数周内是否出现血管炎、荨麻疹、跛行及关节积液等临床症状。并不是所有病例都会发生反应，但是当出现反应时，需要使用抗炎剂量的糖皮质激素进行治疗，用 3 周以上时间慢慢减少剂量。

病例 6：Lucky

Lucky 是一只 5 岁，25lb（11.3kg）的雄性去势可卡犬（图 129），因可能存在中腹部肿物，以及贫血转诊来院。Lucky 昨天开始昏睡，并出现湿咳。当发现 Lucky 的尿中带血时，主人今天早上带它去了另一家动物医院。Lucky 做了腹部 X 线检查排除了膀胱结石，在中腹部可见一个大型软组织密度阴影。这家医院怀疑是脾肿物，将动物转诊来做脾切除术。

来院时，Lucky 极度虚弱，并存在明显的呼吸窘迫。它的巩膜出血，黏膜呈白色，濒死呼吸状。对其进行气管插管，接上 ECG 及血压袖带。血压无法测出，但敏锐的技术人员在做初步体格检查前已经放置了外周头静脉导管。

在发现巩膜出血、黏膜发白及濒死呼吸的同时，也注意到鼻衄、心动过缓、虚弱的股动脉及腹股沟区域瘀紫。Lucky 排出的尿液呈亮红色。

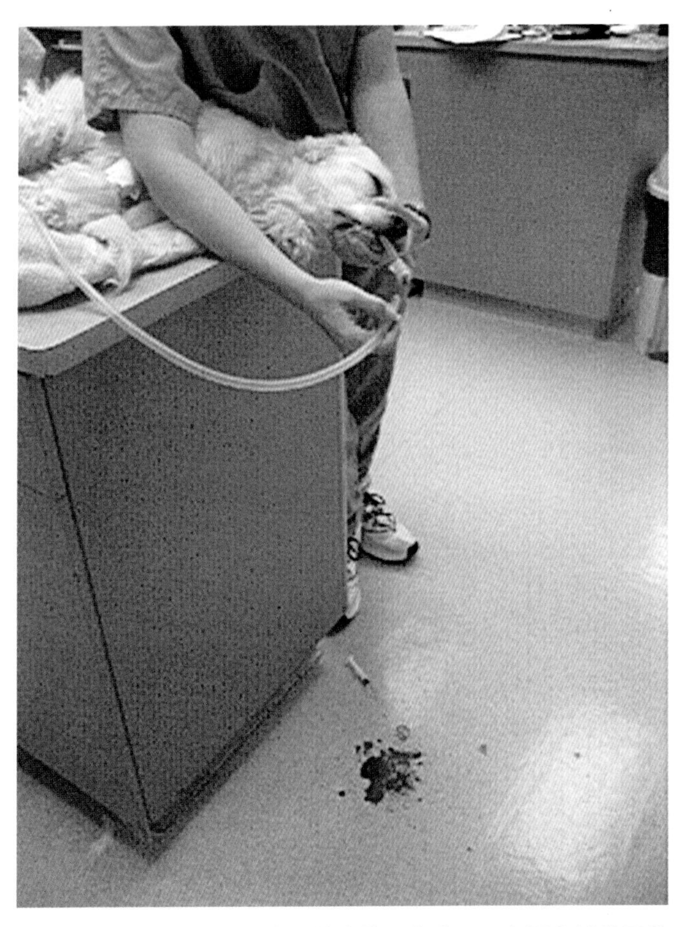

图 129　Lucky，一只 5 岁雄性去势可卡犬，因血尿和继发于肺出血的明显呼吸窘迫就诊。

Ⅰ. Lucky 的问题是什么?

- 虚弱
- 昏睡
- 咳嗽
- 贫血
- 可能存在中腹部肿物
- 血尿
- 白色黏膜
- 巩膜出血
- 低血压
- 濒死呼吸
- 瘀紫
- 鼻衄
- 股动脉弱

Ⅱ. Lucky 发生了什么?

出现急性发作的多系统凝血障碍临床症状（巩膜出血、可能的血尿、黏膜苍白及可能的中腹部肿物），高度怀疑维生素 K 拮抗性杀鼠药中毒，或可能存在免疫介导性血小板减少症。

Ⅲ. 可以做什么来确定凝血障碍的严重程度?

一个完整的凝血套组测试通常包括血小板计数、凝血酶原时间（PT）、活化部分凝血活酶时间（APTT）、D- 二聚体和纤维蛋白降解产物（FDP）。不过，对于这个病例，需要能够分辨引起它临床出血的两个主要原因，也就是维生素 K 拮抗性杀鼠药与免疫介导性血小板减少症的方法。有两项试验能够快速并有效地评估患者，包括活化凝血时间（ACT）和血涂片来评估是否存在血小板减少症。

Ⅳ. 还需要做些什么?

在做血液检查的同时，Lucky 需要呼吸支持，濒死的呼吸模式没有功能，无法使足够的空气进入肺。另外，Lucky 表现出典型的出血性 / 低血容量性休克症状，如黏膜苍白、脉搏微弱、出血的临床症状。虽然可能需要 RBC，不过还是先经静脉输了 250mL（1/4 “休克量”）Normosol-R，以再充盈血管腔。

第一轮团注的液体仅轻微改善了黏膜颜色和 CRT。它仍存在低血压。

Ⅴ. 下一步能做什么?

Lucky 既需要维持血容量，也需要维持携氧能力。可以输注特定血型全血，或如果可以，可给予 5mL/kg 血红蛋白携氧载体。输注新鲜全血，能够同时提供维生素 K 依赖性凝血蛋白且有携氧能力的 RBCs。无论何时面对一只急性出血的动物，总存在一个治疗上的窘境，那就是使用的血液制品量太少无法恢复血压和灌注，而过快给予大量血液制品时会潜在引起稀释性凝血障碍，或升高血压而使已经形成的血凝块脱落，造成二次出血。因此，要一直监测血压，使患病动物恢复到一个特定的血压，理想血压为收缩压 100mmHg，舒张压超过 40mmHg，平均动脉压为 60mmHg。

Lucky 的血小板为每油镜视野下 8 ~ 10 个，PT 过高以致分析仪无法读取。

Ⅵ. Lucky 的临床情况如何?

每油镜视野下 8 ~ 10 个血小板大概等于 80 000 ~ 150 000 个 /μL。在血小板下降到 50 000/μL 前不会自主发生临床出血。PT 用于检测外源性凝血级联反应，也就是因子Ⅶ，维生素 K 依赖性凝血因子，它在循环中的半衰期最短，在维生素 K 拮抗性杀鼠药中毒的病例中消耗得最快。Lucky 的主人现在开始询问 Lucky 的情况是否可能与维生素 K 拮抗性杀鼠药中毒有关，因为家中的其他犬由于接触了杀鼠药正在使用维生素 K_1 进行治疗。

Ⅶ. 现在应该采取哪些治疗?

维生素 K 拮抗性杀鼠药中毒的治疗由补充活化维生素 K 依赖性凝血因子（Ⅱ、Ⅶ、Ⅸ、Ⅹ）、维生素 K 及维持血容量组成。理想状态下，需要使用 FFP 对 Lucky 进行治疗，剂量为 10 ~ 15mL/kg。在使用温水融化血浆时，Lucky 开始自主呼吸，它的黏膜颜色也有所改善。全身血压增加至收缩压 80mmHg，舒张压 45mmHg。继续供氧，并用非常小规格的针头分多点皮下注射 5mg/kg 维生素 K_1。

Ⅷ. 下面需要做什么?

Lucky 仍需要血浆，虽然开始使用任何血液制品时最好先缓慢输注以监测反应的症状，但由于严重的内出血，Lucky 极为需要凝血因子，并且已经经历了一次呼吸骤停。增加液体量有助于补充血管内容积的消耗量，但无法改变低凝状态。以能够接受的最大速度输注血浆来补充凝血因子并帮助停止激活的出血状态。

Ⅸ. 什么时候应该检查凝血酶原时间?

在 FFP 输完后，PT 一般会非常快地开始恢复正常。对于某些病例，根据血细胞比容的降低情况，可能需要输全血和 / 或 pRBC。需要继续使用维生素 K_1（2.5mg/kg PO bid）治疗 4 ~ 6 周，直到维生素 K 拮抗性杀鼠药完全代谢并排出体外。

随着活化维生素 K 依赖性凝血因子、血容量、维生素 K 及供氧的使用，Lucky 持续出现明显改善，不久后拔掉了插管。2d 内，它的情况恢复正常，主人将它接出院，并进行长期维生素 K_1 治疗。

病例 7：Mango

Mango 是一只 4 岁，4kg（8.8lb）重的雌性绝育家养短毛猫（图 130），被车撞伤后 30min 内送至医院。主人说它跑到车轮下，似乎滚到了车下，之后穿过街道跑到邻居的院子里。开始时看起来能走动且意识清醒，但后来开始有些昏睡。之前没有任何健康问题，也没有用过任何药物。

图 130　Mango，一只 4 岁雌性绝育家养短毛猫，被车撞伤后就诊。

就诊时，Mango 的瞳孔缩小，对光反射缓慢且迟钝。简单的体格检查发现黏膜颜色为粉色，CRT 正常至加快。心肺听诊正常，没有杂音和节律异常，所有肺野的肺音良好，没有端坐呼吸的症状。腹部软而无痛，股动脉强且一致。就诊 5min 内，Mango 的头向背侧屈曲并出现癫痫大发作。

Ⅰ. Mango 的问题是什么?

- 创伤 / 车祸
- 瞳孔缩小，对光反射迟缓
- 抽搐

Ⅱ. 如何进行诊断?

创伤、瞳孔缩小及迟缓，并逐渐发展为抽搐的病史提高了对颅内压升高和脑水肿的怀疑程度。由于创伤会引起应激反应，儿茶酚胺释放会导致血浆葡萄糖升高和高血糖。在猫头部创伤后，高血糖的程度会导致不利的临床后果。当血糖降至 60mg/dL（3.33mmol/L）以下时，低血糖也可以引起抽搐。但是对于这个病例，根据情况，更常预测为高血糖。进行血糖检查来排除是否为低血糖引起的抽搐。

Ⅲ. 需要进行哪些检查?

首先，放置外周内侧隐静脉导管建立血管通路极为重要，可以静脉给予抗惊厥药。禁止在颈静脉中放置导管，因为导管会堵塞静脉，减少来自头部的静脉回流，使颅内压加剧上升。另外，在膈前任何位置放置导管都会使员工处于潜在的危险中，如果需要给动物使用抗惊厥药时，处于抽搐发作期的动物会咬伤员工。血压和 ECG 也需要记录。

脑灌注压（CPP）由平均动脉压（MAP）减去颅内压（ICP）所得。灌注是由血管不同末端的压力差产生的。由于 MAP 下降或 ICP 升高，导致脑灌注下降。因此，为了维持脑灌注，医生必须采取治疗计划来增加 MAP，降低 ICP，或同时进行。虽然脑部有特殊的自我调节机制来避免 MAP 下降或 ICP 升高时脑灌注发生变化，这种自我调节并不能克服所有情况下灌注受到的损害。由于颅骨或头骨本质上是一个密闭的拱形，只有极少数指标可以改变来维持头骨内的恒定压力。这些包括实质、血液和脑脊液（CSF）。随着压力增加，为了维持 ICP，脑内容积必须下降。因血流可以自我调节，而 CSF 是恒定的，迅速改变 ICP 会导致脑干从枕骨大孔背侧疝出。另外，机体会通过在 ICP 升高时反射性降低心率进行代偿，避免脑血流增加。当全身血压急剧升高时，因迷走神经张力，心率会反射性下降以尝试降低脑血流和 ICP。这称为库欣反射，标志着预后不良，除非采取紧急措施。

ECG 显示为窦性心动过缓，心率为 51 次 /min，测得的收缩压为 230mmHg。这是非常典型的库欣反射。Mango 的血糖为 280mg/dL（15.5mmol/L），符合应激性高血糖。

Ⅳ. 现在需要做什么？

注射地西泮（1.25mg IV），使用面罩吸氧。禁止使用鼻塞或鼻氧管吸氧，可能会引起喷嚏并升高 ICP。禁止使用糖皮质激素来降低 ICP，没有资料显示头部创伤的患病动物使用皮质类固醇有任何益处，并且还会使高血糖及脑部酸中毒恶化。替代方法是使用 3mL/kg 高渗盐水，推注时间大于 15min，高渗盐水能够减轻脑水肿，并将液体从间质中拉入血管内。输完高渗盐水后，使用羟乙基淀粉 5mL/kg IV，之后使用乳酸林格液（8mL/h）维持。10min 后，Mango 的全身血压开始下降，心率增加至 120bpm。

Ⅴ. 还有什么可以做的吗？

Mango 看起来对高渗盐水有反应。尽管如此，还需要使用甘露醇（0.5 ~ 1g/kg）作为渗透性利尿剂来减轻脑水肿。使用甘露醇后（0.5g/kg），Mango 的瞳孔大小稍有增加，它开始有更多反应。虽然它离“脱离险境”还相距甚远，不过已经有所改善。

高渗盐水是严重头部创伤病例需要考虑使用的液体。由于作用时间很短，需要给予静脉内胶体液来维持效果，防止从间质和细胞内拉入血管中的液体回到原来的位置。因为液体会从细胞内被拉出，需要持续使用静脉内晶体液进行治疗来补充细胞内的电解质和液体。

由于 Mango 的情况仍然非常严重，采用“20 项法则”进行监测和护理。Mango 躺在一个硬木板上，在木板下方放置一个毛巾使它的头部抬高 20°。仔细护理，便给了 Mango 存活的机会。

病例 8：Jake

Jake 是一只 1 岁，22kg（48lb）重的雄性未去势彭布罗克威尔士柯基（图 131），被车撞后约 20min 就诊。汽车的速度约为 40 迈 /h（64km/h），它的主人说 Jake 被撞到了左侧。它被抛向空中，然后跑到了邻居的院子里，之后倒下了。主人注意到 Jake 的腿部有一些擦伤，呼吸频率增加。它没有失去意识，发生事故后没有排尿也没有排便。到现在为止，没有其他既往病史和用药史。

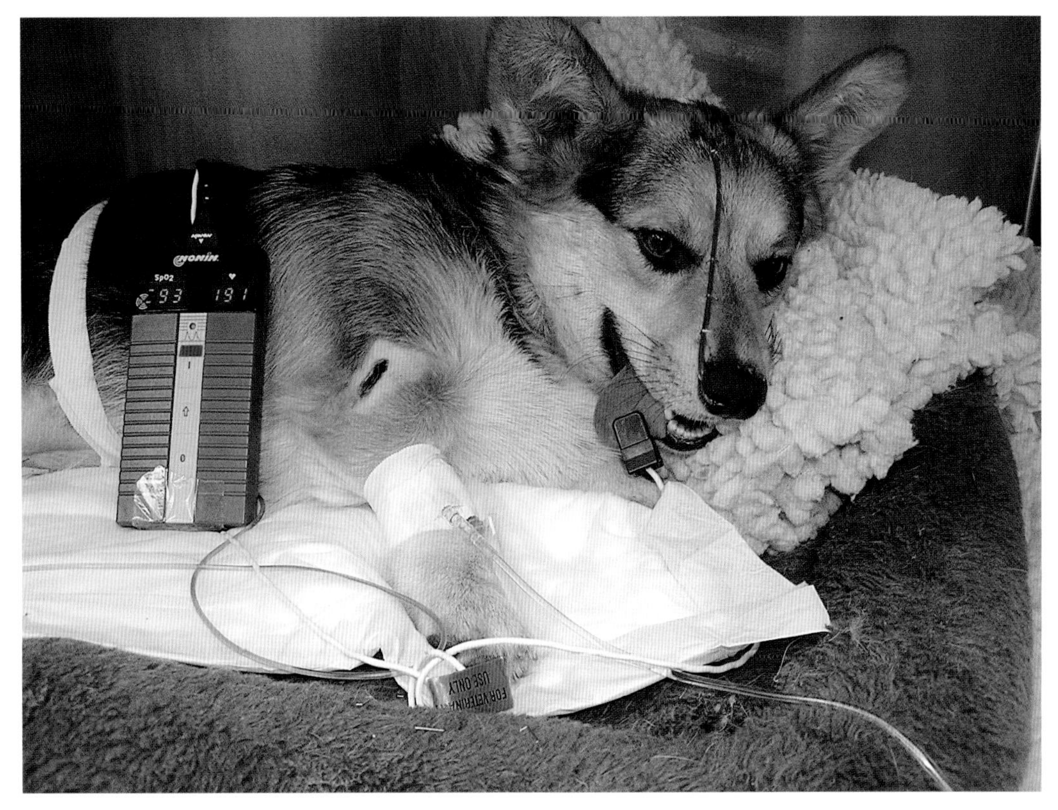

图 131　Jake 是一只 1 岁的彭布罗克威尔士柯基，因车祸就诊。

体格检查时，Jake 能够来回走动，且呼吸急促，呼吸频率为 60 次 /min。呼吸快而浅。黏膜呈浅灰粉色，CRT 稍稍超过 2s。心动过速，心率为 160bpm，脉搏强而一致。左侧肺音粗粝。腹部和四肢触诊正常，没有明显的骨折和软组织肿胀。没有明显的神经缺陷。

Ⅰ. Jake 的问题是什么?

- 车祸病史
- 擦伤
- 呼吸急促
- 心动过速
- 肺音粗粝
- 灰色的黏膜
- CRT 延长

Ⅱ. 开始时应当做什么？

对于所有被机动车撞到的患病动物，应当关注可能发生的内部及外部损伤，包括气胸、肺挫伤、膈疝、内出血、膀胱破裂及器官撕裂。它具有发展为心肌挫伤和创伤性心肌炎伴心脏节律不齐的潜在可能，从而降低心输出量和血压。因此，理想情况下，应测量血压和 ECG 来获得基础值，并监测是否出现低血压及心律失常。记住创伤和急诊的“ABC”：稳定气道和呼吸，之后处理循环。在做诊断检查前，必须优先稳定 Jake 的呼吸和循环情况。

对于所有被车撞到的动物，在初始稳定后，应进行胸部和腹部 X 线检查来排除膈疝、气胸和肺挫伤。由全血细胞计数和血清生化检查组成的血检基础值同样需要在刚就诊时取得，如果患病动物的情况恶化，基础值可以用来进行比较。

Jake 的 ECG 显示为窦性心动过速，血压为收缩压 80mmHg，舒张压 43mmHg。血液样本已经取得，此时正在等待实验室检查结果。Hct 为 48%，总蛋白为 6.2g/dL（62g/L）。

Ⅲ. 还有什么需要处理？

Jake 的低血压必须进行治疗。任何创伤患病动物都提倡在就诊时放置一根外周头静脉导管。如果存在内出血，即便是最“稳定”的动物也可能迅速出现失代偿。

Ⅳ. 应对 Jake 做些什么？

理想情况下，开始时应给予 1/4 休克量的晶体液来改善血压。全部休克量为 90mL/kg；Jake 的体重约为 48lb，所以 1/4 休克量为 480mL 的平衡晶体液如乳酸林格液。另一个需要考虑的问题是 Jake 已经表现出肺挫伤的症状。肺挫伤本质上是肺内的大面积挫伤，临床症状及 X 线表现都将在接下来的 24 ～ 48h 恶化。过度补液会加重肺水肿，致使通气 – 灌注失衡以及低血氧。

代替方法是，给予其 5mL/kg（110mL）胶体液，如羟乙基淀粉，并重新评估灌注指标如心率、CRT、黏膜颜色和血压。高渗盐水（3mL/kg）也可以同胶体液一同使用，因其将液体从间质移动到血管内保留的时间较短。

Ⅴ. 还有什么可以做的事吗？

Jake 处于低血氧状态，氧饱和度较低，可以通过供氧纠正。可以使用的供氧方法包括氧箱、flow-by、输氧面罩、鼻氧管或鼻咽氧管。供应经鼻咽部的湿氧，氧流量为 100mL/（kg · min）。开始吸氧后，Jake 的呼吸频率和力度有所改善。对于创伤动物，尤其是那些表现出呼吸窘迫症状的动物，供氧是首要选择，即使是进行体格检查时。

此时，补液后 Jake 的血压有所改善，收缩压达到 100mmHg，舒张压达到 54mmHg。

Ⅵ. 下一步应做什么?

应进行胸部 X 线检查（图 132）。腹部 X 线片没有发现明显异常。

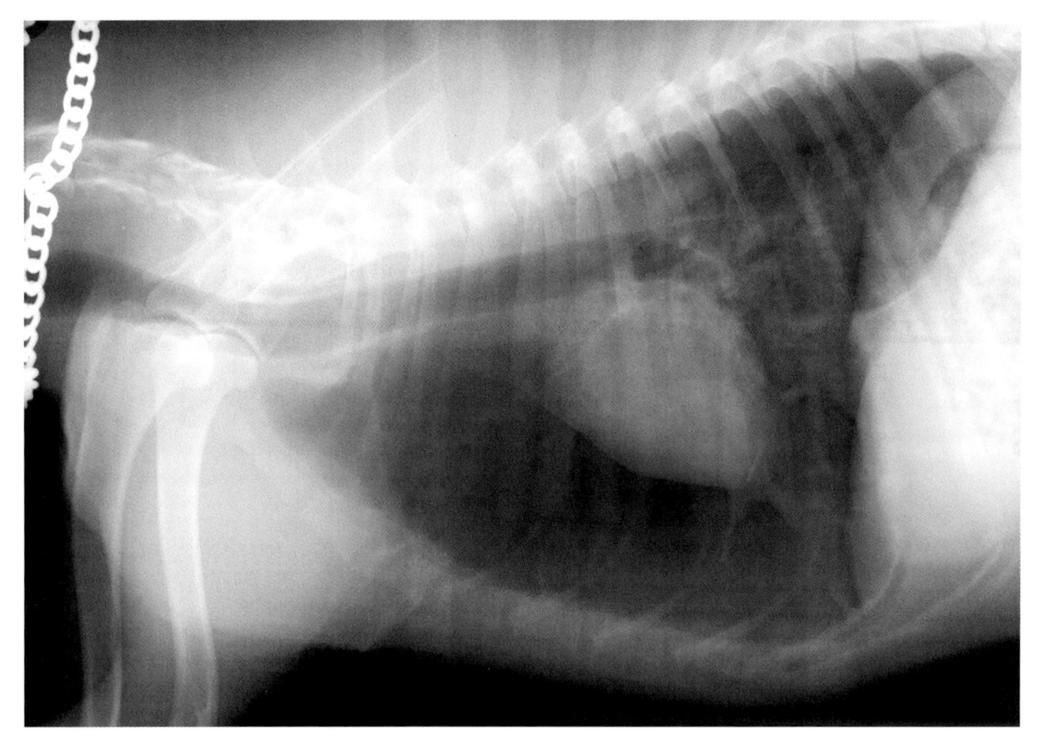

图 132 车祸后，胸部侧位 X 线片可见心脏抬高与胸骨分离，肺叶回缩，证明为气胸。

Ⅶ. 诊断是什么? 需要采取哪种治疗方法?

气胸。理想情况下，只要存在气胸，就应当通过胸腔穿刺排出气体。每侧胸腔都要进行穿刺，直到两侧都形成负压。如果无法得到负压，或如果频繁地反复积聚气体，引起呼吸力度增加并损害呼吸，应放置胸腔引流管或胸造口管。在 Jake 这个病例中，疼痛、因呼吸做功增加形成的焦虑，以及气胸都可能引起低血压，而虽然它存在低血压，也应使用止疼药来控制不适感。使用一次氢吗啡酮（0.1mg/kg，IV）来控制不适感。

接下来进行胸腔穿刺，迅速剃掉 Jake 胸壁两侧的毛并将针由第 7 肋间插入胸廓，从两侧抽出气体直到达到负压。虽然呼吸频率和力度有所改善，Jake 仍存在限制性呼吸状态和肺啰音。它在室内空气中的脉搏氧饱和度为 86%。

Ⅷ. 如何继续治疗?

此时 Jake 的血压正常，应密切监测。但是，过度补液是有害的并促使肺水肿出现。因此，推荐给予维持液，速度为（30mL/d× 体重 kg）+ 70mL/d，并一直反复评估灌注指标是否有发生内出血的可能。其余治疗包括支持护理和一些时间，直到 Jake 肺部的挫伤愈合，可以离开氧气。

病例 9：Rocket

Rocket 是一只 5kg（11lb）重的 10 周大澳洲牧牛犬幼犬（图 133），因两日来呕吐白色泡沫和胆汁样液体及腹泻，现在发展为出血性腹泻而就诊。主人试着用眼药水瓶喂它喝水，但它会立即呕吐。在这之前，这只幼犬很活跃也很健康，每天去狗公园散步。主人声称它已经在兽医站那里打过两针疫苗。没有摄入任何毒物、化学物质或垃圾的可能，主人最近也没有改变它的饮食。不清楚是否食入了玩具或其他异物，也没有吃过桌上的剩饭。

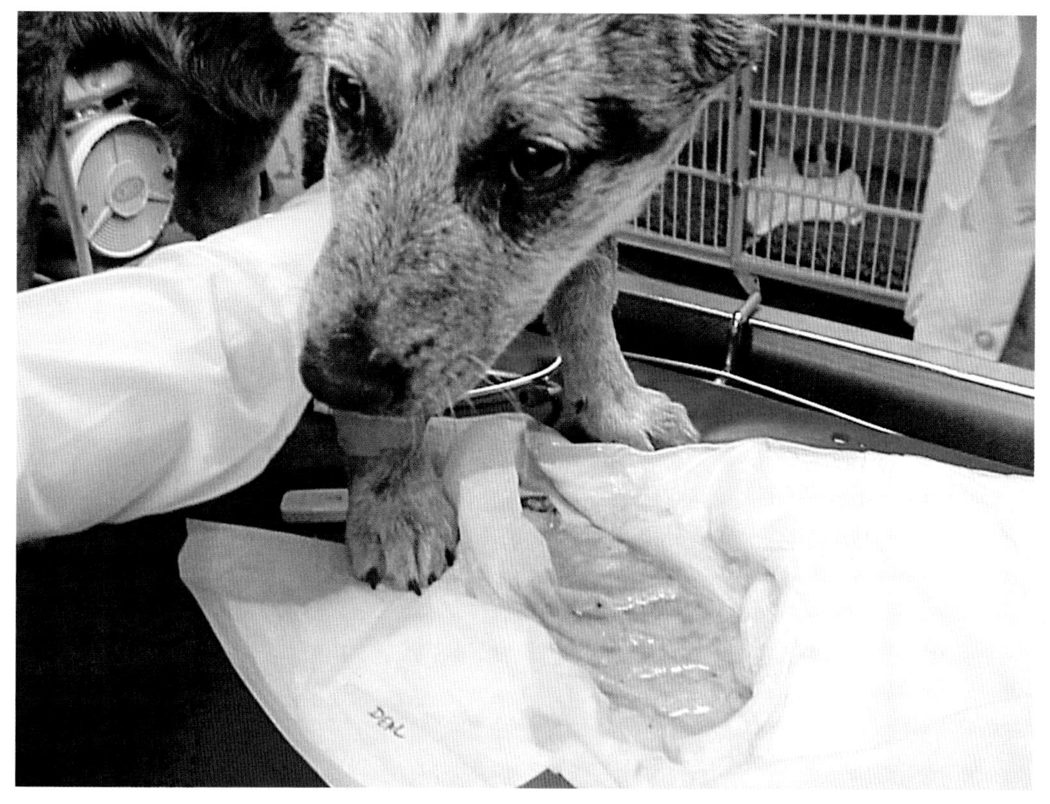

图 133　Rocket，一只 10 周大的澳洲牧牛犬，因呕吐和出血性腹泻就诊。

体格检查显示该犬严重昏睡，黏膜干燥而呈苍白的粉白色，CRT 延长。眼球凹陷到眼眶内，没有明显的眼分泌物。没有鼻分泌物，肺音正常，没有表现出明显的呼吸困难。心音正常没有杂音或节律不齐。腹部触诊柔软，没有可触及的肿物。但是，肠道内感觉充满液体。会阴部周围粘有微微带血的粪便。该犬的皮肤弹性下降，在慢慢回到正常位置前可以保持 1.5s 以上。

Ⅰ. Rocket 的问题是什么？

- 呕吐
- 腹泻（血性）
- 昏睡
- 苍白、干燥的黏膜
- 脱水
- 低血容量
- CRT 延长

Ⅱ. 应做哪些检查？

可能的诊断结果为 GI 病毒如细小病毒和冠状病毒、GI 寄生虫、中毒、异物及 GI 梗阻。推荐进行细小病毒测试和全血细胞计数、血清电解质及葡萄糖检查，该犬开始进行静脉补液。在做细小病毒粪便抗原 ELISA 检测的过程中放置静脉导管。

Ⅲ. 应放置哪种导管？

虽然外周导管更容易放置，但它可能被呕吐物和腹泻污染。使用颈静脉导管更好，不太可能被污染，放置也相对简单，即使是幼犬耐受性也很好。另外，需要多次采取血样检查血清葡萄糖和电解质，使用中心静脉管使其不用反复进行静脉穿刺。重要的是要注意，如果放置颈静脉导管会延误治疗，在颈静脉导管更容易放置前，应考虑放置外周导管或髓内导管。

有很多种单腔和多腔导管可供使用。如果有需要，多腔导管可以同时使用多种液体和血液制品，如血浆。另外，中心导管能够提供高渗溶液如肠外营养给这只虚弱的幼犬。

Ⅳ. 应给予多少液体（mL/h）？

根据存在干燥的黏膜、眼球下陷、皮肤弹性严重下降、心动过速及轻度低体温，评估这只小狗的脱水情况接近 10%。一旦一只动物脱水到出现心动过速的程度，那么已经出现了血管内低血容量。维持液体需要量及持续丢失量都要进行计算。

$$5kg \times 0.1 \times 1000 = 500mL \text{ 缺乏量}$$

$$500mL \text{ 缺乏量} /24h \approx 21mL/h$$

$$\text{每日维持液} = (30 \times \text{体重 kg}) + 70$$

$$= (30 \times 5) + 70 = 220mL/d$$

$$= 220mL/24h \approx 9.2mL/h$$

持续丢失量：

记住 1mL 呕吐或腹泻物的重量约为 1g。一种比较合理的评估持续丢失量的方法是在将垫子放入笼子前先称重，等到被污染后再次进行称重。评价这只幼犬持续丢失量是否匹配的最好方法是多次称量体重，每天至少 3 次，以确保它在液体治疗的情况下没有丢失体重。

Ⅴ. 应使用哪种类型的液体？

这只幼犬需要同时补充血管内和间质中的液体缺乏量。虽然它目前还没出现低白蛋白血症，但在腹泻停止前，它有经 GI 道丢失大量蛋白的潜在可能。推荐使用平衡晶体液如 Normosol-R。

Ⅵ. 还应加入其他液体吗？

这只幼犬可能会因腹泻丢失电解质。此时，它的血清钾正常，但是这可能发生变化必须密切监测。应在液体中添加钾（20mEq KCl/L）。需要注意该犬缺乏肠内营养并存在频繁的呕吐，可能会出现低血糖。在它的呕吐次数减少以前，不建议使用鼻饲管喂食。不过，可以使用鼻饲管抽出胃中的液体，通过防止胃部过度扩张来减少呕吐。肠内营养优于微量肠内营养。微量肠内营养，通过缓慢少量饲喂氨基酸溶液或均衡的肠道饲喂产品，如 Clinicare，即使是对仍呕吐的幼犬也能起到有益作用。为肠上皮细胞提供少量微量肠道营养已经显示出能够改善患细小病毒性肠炎幼犬的存活率并缩短住院时间。

Ⅶ. 还有什么需要考虑的吗？

肠内营养远好于肠外营养，但这只幼犬仍存在大量呕吐。虽然将葡萄糖添加到晶体液中来供应葡萄糖更容易，但通过静脉简单地给予少量葡萄糖（2.5% ~ 5%）就能够提供足够的葡萄糖，使血糖维持在 60mg/dL（3.3mmol/L）以上。葡萄糖不能提供足够的能量来维持幼犬的代谢能量需求。因此，它需要肠外营养。

Ⅷ. 幼犬的静息能量需求是什么?

静息能量消耗（REE）与代谢水需求相同，它消耗 1mL 水来代谢 1kcal 能量。

$$REE = (30 \times \text{体重 kg}) + 70$$
$$= (30 \times 5) + 70 = 220\text{kcal/d}$$

由于认为幼犬处于生长期，需要考虑将这个值乘以 1.2 ~ 1.4。不过，以碳水化合物的形式过度提供能量可能是有害的，这会使它分泌更多二氧化碳。对于这个病例，决定在第一天时提供 REE，然后考虑在之后几天中有所改变。

Ⅸ. 如何计算肠外营养?

肠外营养中，20% 的能量为葡萄糖，80% 的能量为脂肪，每 100kcal 能量加入 3g 蛋白质。

葡萄糖：20%REE

= (0.2 × 220) = 44kcal 葡萄糖，50% 葡萄糖为 1.7kcal/mL

= 44kcal × 1mL/1.7kcal ≈ 26mL50% 葡萄糖

脂肪：80%REE

= (0.8 × 220) = 176kcal 脂肪，20% 脂肪为 2kcal/mL

= 176kcal × 1mL/2kcal = 88mL20% 脂肪

蛋白质：每 100kcal 能量提供 3g

= 220/100 × 3 = 6.6g 蛋白质，8.5% 氨基酸溶液含 0.085g 蛋白质 /mL

= 6.6g 蛋白质 × 1mL/0.085g 蛋白质

≈ 78mL8.5% 氨基酸溶液

把它们加到一起：

26mL50% 葡萄糖

88mL20% 脂肪

77mL8.5% 氨基酸溶液 = 191mL

191mL/24h = 7.95 或 ≈ 8mL/h 肠外营养液

这些肠外营养液可以通过专用管道输注，或者可以制成全营养混合液，加入这只幼犬的每日液体需要量中，这两种都很简单。记住，这样做仍然需要加上任何持续性液体丢失。如果可以使用多腔导管及多个输液泵,肠外营养可以单独作为一种液体使用。不过，如果只有单腔导管，且可用的输液泵有限，那么作为全营养混合液与液体一同输注更简单一些。

X. 还有什么需要考虑的吗?

对于存在潜在电解质及液体缺乏、低血糖、免疫系统受损及潜在的细菌移位和败血症的幼犬来说，需要采用“20 项法则”监护计划来确保液体丢失、葡萄糖和能量需求，以及电解质异常均得到处理。第一代头孢菌素和恩诺沙星，或头孢菌素加甲硝唑，第二代头孢菌素，或 β－内酰胺类如氨苄西林与恩诺沙星都是可用于该幼犬的广谱抗生素的良好选择。为了治疗呕吐，还应使用强效止吐剂如多拉司琼（0.6mg/kg，IV，每日一次）或马罗匹坦（1mg/kg SQ，2mg/kg，PO），与甲氧氯普胺［1 ~ 2mg/（kg · d），IV，CRI］一同给药。虽然这只幼犬的血清白蛋白在脱水时可能正常，但它会丢失到腹泻的粪便中而迅速下降。因此，除肠外营养和晶体液外，一些临床兽医还会根据经验使用羟乙基淀粉［20mL/（kg · d），IV，CRI］进行胶体支持。绷带的维护是最重要的，因为患细小病毒性肠炎的幼犬会很快弄脏导管的绷带，粪便残渣和呕吐物会通过绷带的毛细作用到达导管处，引起污染和感染。

参考文献

第1章

[1] Wellman ML, DiBartola SP, Kohn CW (2006). Applied physiology of body fluids in dogs and cats. In: DiBartola SP (ed). Fluid, Electrolyte, and Acid–Base Disorders in Small Animal Practice, 3rd edn. Saunders Elsevier, St Louis, pp. 3–26.

[2] Mazzaferro EM, Rudloff E, Kirby R (2002). Role of albumin replacement in the critically ill veterinary patient. J Vet Emerg Crit Care 12(2):113–124.

[3] Kern MR (1997). Osmolarity, hyperosmolarity. In: Tilley LP, Smith FWK Jr (eds). The 5-Minute Veterinary Consult, 2nd edn. Lippincott, Williams & Wilkins, Philadelphia, pp. 310–311.

[4] Silverstein DC (2009). Daily intravenous fluid therapy. In: Small Animal Critical Care Medicine. Saunders-Elsevier, St. Louis, ch 64, pp. 271–275.

[5] de Morais HA, Biondo AW (2006). Disorders of chloride: hyperchloremia and hypochloremia. In: DiBartola SP (ed). Fluid, Electrolyte, and Acid–Base Disorders in Small Animal Practice, 3rd edn. Saunders Elsevier, St Louis, pp. 80–90.

[6] Wingfield WE (2002). Fluid and electrolyte therapy. In: Wingfield WE, Raffe MR (eds). The Veterinary ICU Book, Teton Newmedia, Jackson Hole, ch 13, p. 170.

[7] Walton RE, Wingfield WE, Ogilvie GK, Fettman MJ, Matteson VL (1996). Energy expenditure in 104 postoperative and traumatically injured dogs with indirect calorimetry. J Vet Emerg Crit Care 6(2):71–79

第2章

[1] Davis H (2009). Central venous catheterization. In: Silverstein DC, Hopper K (eds). Small Animal Critical Care Medicine. Saunders-Elsevier, St. Louis, ch 63.

[2] Davis H (2009). Peripheral venous catheterization. In: Silverstein DC, Hopper K (eds). Small Animal Critical Care Medicine. Saunders-Elsevier, St. Louis, ch 61.

[3] Giunti M, Otto CM (2009). Intraoosseous catheterization. In: Silverstein DC, Hopper K (eds). Small Animal Critical Care Medicine. Saunders-Elsevier, St. Louis, ch 62. 4 Otto CM, Kaufman GM, Crowe DT (1989). Intraosseous infusion of fluids and therapeutics. Comp Cont Educ Pract Vet 11(4):421–424.

[5] Hackett TB, Mazzaferro EM (2006). Veterinary Emergency and Critical Care Procedures, Blackwell Scientific, London.

[6] Mazzaferro EM (2009). Arterial catheterization. In: Silverstein DC, Hopper K (eds). Small Animal Critical Care Medicine. Saunders-Elsevier, St. Louis, ch 49.

[7] Hughes D, Beal MW (2000). Emergency vascular access. Vet Clin North Am Small Anim Pract 30(3):491–507.

[8] Beal MW, Hughes D (2000). Vascular access: theory and techniques in the small animal emergency patient. Clin Tech Small Anim Pract 15(2):101–109.

[9] Bliss SP, Bliss SK, Harvey KJ (2002). Use of recombinant tissue-plasminogen activator in a dog with chylothorax secondary to catheter-associated thrombosis of the cranial vena cava. J Am Anim Hosp Assoc 38:431–435.

[10] Marsh-Ng ML, Burney DP, Garcia J (2007). Surveillance of infections associated with intravenous catheters in dogs and cats in an intensive care unit. J Am Anim Hosp Assoc 43(1):13–20.

[11] Lobetti RG, Joubert KE, Picard J, et al. (2002). Bacterial colonization of intravenous catheters in young dogs suspected to have parvoviral enteritis. J Am Vet Med Assoc 220(9)1321–1324.

[12] Coolman BR, Marretta SM, Kakoma I, et al. (1998). Cutaneous antimicrobial preparation prior to intravenous catheter preparation in healthy dogs: clinical microbiological, and histopathological evaluation. Can Vet J 39(12):757–763.

[13] Mathews KA, Brooks MJ, Valliant AE (1996). A prospective study of intravenous catheter contamination. J Vet Emerg Crit Care 6(1):33–42.

第3章

[1] Rudloff E, Kirby R (1998). Fluid therapy: crystalloids and colloids. Vet Clin North Am Small Anim Pract 28(2):297–328.

[2] Rudloff E, Kirby R (2001). Colloid and crystalloid resuscitation. Vet Clin North Am Small Anim Pract 31(6):1207–1229.

[3] Griffel MI, Kaufman BS (1992). Pharmacology of colloids and crystalloids. Crit Care Clinics 8(2):235–253.

[4] Mathews KA (1998). The various types of parenteral fluids and their indications. Vet Clin North Am Small Anim Pract 28(3):483–513.

[5] DiBartola SP, Bateman S (2006). Introduction to fluid therapy. In: DiBartola SP (ed). Fluid, Electrolyte, and Acid–Base Disorders, 3rd edn. Saunders-Elsevier, St. Louis, pp. 325–344.

[6] MacMillan KL (2003). Neurological complications following treatment of canine hypoadrenocorticism. Can Vet J 44(6):490–492.

[7] Rozanski E, Rondeau M (2002). Choosing fluids in traumatic hypovolemic shock, the role of crystalloids, colloids, and hypertonic saline. J Am Anim Hosp Assoc 38:499–501.

[8] Wingfield WE (2002). Fluid and electrolyte therapy. In: Wingfield WE, Raffe MR (eds). The Veterinary ICU Book. Teton NewMedia, Jackson, pp.166–188.

[9] Starling EH (1894). On the absorption of fluids from the connective tissue spaces. J Physiol 140:312–326.

[10] Waddell LS, Brown AJ (2009). Hemodynamic monitoring. In: Silverstein DC, Hopper K (eds). Small Animal Critical Care Medicine. Saunders-Elsevier, St Louis, pp. 859–864.

[11] Rudloff E, Kirby R (2000). Colloid osmometry. Clin Tech Small Anim Pract 15(3):119–125.

[12] Gabel JC, Scott RL, Adair TH, et al. (1980). Errors in calculated oncotic pressure in the dog. Am J Physiol 239(Heart Circ Physiol 8):H810–H812.

[13] Navar PD, Navar LG (1977). Relationship between colloid osmotic pressure and plasma protein concentration in the dog. Am J Physiol 233(2):H295–H298.

[14] Brown A, Dusza K, Boehmer J (1994). Comparison of measured and calculated values for colloid osmotic pressure in hospitalized animals. Am J Vet Res 55(7):910–915.

[15] Machon RG, Raffe MR, Robinson EP (1995). Central venous pressure measurements in the caudal vena cava of sedated cats. J Vet Emerg Crit Care 5(2):121–129.

[16] Berg RA, Lloyd TR, Donnerstein RL (1992). Accuracy of central venous pressure monitoring in the intraabdominal inferior vena cava: a canine study. J Pediatr 120(1):67–71.

[17] Syring RS, Otto CM, Drobatz KJ (2001). Hyperglycemia in dogs and cats with head trauma:122 cases (1997–1999). J Am Vet Med Assoc 218(7):1124–1129.

第4章

[1] Mathews KA (1998). Various types of parenteral fluids and their indications. Vet Clin North Am Small Anim Pract 28(3):483-513, 1998.

[2] Rudloff E, Kirby R (1998). Crystalloids and colloids. Vet Clin North Am Small Anim Pract 28(2):297–328.

[3] Moore L (1998). Fluid therapy in the hypoproteinemic patient. Vet Clin North Am Small Anim Pract 28(3):709–715.

[4] Bumpus SE, Haskins SC, Kass PH (1998). Effect of synthetic colloids on refractometric readings of total solids. J Vet Emerg Crit Care 8(1):21–26.

[5] Kirby R, Rudloff E (1997). The critical need for colloids: maintaining fluid balance. Comp Cont Educ Pract Vet 19(6):705–717.

[6] Rudloff E, Kirby R (2000). Colloid osmometry. Clin Tech Small Anim Pract 15(3):119–125.

[7] Rackow EC, Falk JL, Fein IA (1983). Fluid resuscitation in circulatory shock: a comparison of the cardiorespiratory effects of albumin, hetastarch, and saline solutions in patients with hypovolemic and septic shock. Crit Care Med 11(11):839–850.

[8] Suda S (2000). Hemodynamic and pulmonary effects of fluid resuscitation from hemorrhagic shock in the presence of mild pulmonary edema. Masui 49(12):1339–1348.

[9] Gabel JC, Scott RL, Adair TH, et al. (1980). Errors in calculated oncotic pressure in the dog. Am J Physiol 239(Heart Circ Physiol 8):H810–H812.

[10] Navar PD, Navar LG (1977). Relationship between colloid osmotic pressure and plasma protein concentration in the dog. Am J Physiol 233(2):H295–H298.

[11] Brown A, Dusza K, Boehmer J (1994). Comparison of measured and calculated values for colloid osmotic pressure in hospitalized animals. Am J Vet Res 55(7):910–915.

[12] Griffel MI, Kaufman BS (1992). Pharmacology of colloids and crystalloids. Crit Care Clinics 8(2):235–253.

[13] Smiley LE (1992). The use of hetastarch for plasma expansion. Prob Vet Med 4(4):652–667.

[14] Yacobi A, Gibson TP, McEntegart CM, Hulse JD (1982). Pharmacokinetics of high molecular weight hydroxyethyl starch in dogs. Res Commun Chem Pathol Pharmacol 36:199–204.

[15] Thompson WL, Fukushima T, Rutherford RC, Walton RP (1970). Intravascular persistence, tissue storage and excretion of hydroxyethyl starch. Surg Gynecol Obstet 131:965–972.

[16] Madjdpour C, Thyes C, Buclin T, et al. (2007). Novel starches: single dose pharmacokinetics and effects on blood coagulation. Anesthesiology 106(1):132–143.

[17] Cheng C, Lerner MA, Lichenstein S, et al. (1966). Effect of hydroxyethyl starch on hemostasis. Surgical Forum: Metabolism 17:48–50.

[18] Wierenga JR, Jandrey KE, Haskins SC, Tablin F (2007). In vitro comparison of the effects of two forms ofhydroxyethyl starch solutions on platelet function in dogs. Am J Vet Res 68(6):605–609.

[19] Thyes C, Madjdpour C, Frascarolo P, et al. (2006). Effect of high- and lowmolecular weight low-substituted hydroxyethyl starch on blood coagulation during acute normovolemic hemodilution in pigs. Anesthesiology 105(6):1228–1237.

[20] Mailloux L, Swartz CD, Cappizzi R, et al. (1967). Acute renal failure after administration of low-molecular weight dextran. N Engl J Med 277:1113.

[21] Modig J (1988). Beneficial effects of dextran 70 versus Ringer's acetate on pulmonary function, hemodynamics and survival in porcine endotoxin shock model. Resuscitation 16:1-12.

[22] Drobatz KJ, Macintire DK (1996). Heatinduced illness in dogs: 42 cases (1976–1993). J Am Vet Med Assoc 209(11):1894–1899.

[23] Grimes JA, Schmiedt CW, Cornell KK, Radlinsky MAG (2011). Identification of risk factors for septic peritonitis and failure to survive following gastrointestinal surgery in dogs. J Am Vet Med Assoc 234(4):486–494.

[24] Mazzaferro EM, Rudloff E, Kirby R (2002). Role of albumin replacement in the critically ill veterinary patient. J Vet Emerg Crit Care 12(2):113–124.

[25] Mathews KA (2008). The therapeutic use of 25% human serum albumin in critically ill dogs and cats. Vet Clin North Am Small Anim Pract 38(3):595–605.

[26] Trow AV, Rozanski EA, deLaforcade AM, Chan DL (2008). Evaluation of use of human albumin in critically ill dogs: 73 cases (2003–2006). J Am Vet Med Assoc 233(4):607–612.

[27] Hughes D, Boag AK (2006). Fluid therapy with macromolectular plasma volume expanders. In: DiBartola SP (ed). Fluid, Electrolytes, and Acid–Base Disorders in Small Animal Practice. Saunders-Elsevier, St. Louis, pp. 621–634.

[28] Cohn LA, Kerl ME, Lenox CE, Livingston RS, Dodham JR (2007). Response of healthy dogs to infusions of human serum albumin. Am J Vet Res 68(6):657–663.

[29] Martin LG, Luther TY, Alperin DA, Gay JM, Hines SA (2008). Serum antibodies against human albumin in critically ill and healthy dogs. J Am Vet Med Assoc 232(7):1004–1009.

[30] Francis AH, Martin LG, Haldorson GJ, et al. (2007). Adverse reactions suggestive of type III hypersensitivity in six healthy dogs given human albumin. J Am Vet Med Assoc 230(6):873–879.

第5章

[1] Lower R (1989). A Treatise on the Heart on the Movement and Colour of the Blood and on the Passage of the Chyle into the Blood. In: Frankin KJ (ed). Special edition, The Classics of Medicine Library, Gryphi Editions, Birmingham, p. xvi.

[2] Giger U (2009). Transfusion medicine. In: Silverstein DC, Hopper K (eds). Small Animal Critical Care Medicine. Saunders-Elsevier, St. Louis, ch 66, pp. 281–286.

[3] Hohenhaus AE (2006). Blood transfusion and blood substitutes. In: DiBartola SP (ed). Fluid, Electrolyte, and Acid–Base Disorders. Saunders-Elsevier, St. Louis, pp. 567–583.

[4] Wardrop KJ, Reine N, Birkenheuer A, et al. (2005). Canine and feline blood donor screening for infectious disease. ACVIM Consensus Statement. J Vet Intern Med 19:135–142.

[5] Giger U, Oakley D, Owens SD, Schantz P (2002). Leishmania donovani transmission by packed RBC transfusion to anemic dogs in the United States. Transfusion 42(30):381–383.

[6] Owens SD, Oakley DA, Marryott K, et al. (2001). Transmission of visceral leishmaniasis through blood transfusions from infected Foxhounds to anemic dogs. J Am Vet Med Assoc 219(8):1076–1083.

[7] Steiger K, Palos H, Giger U (2005). Comparison of various blood-typing methods for the feline AB blood group system. Am J Vet Res 66(8):1393–1399.

[8] Giger U, Stieger K, Palos H (2005). Comparison of various canine bloodtyping methods. Am J Vet Res 66(8):1386–1392.

[9] Blais MC, Berman L, Oakley DA, Giger U (2007). Canine Dal blood type: a red cell antigen lacking in some Dalmatians. J Vet Intern Med 21:281–286.

[10] Giger U, Akol KG (1990). Acute hemolytic transfusion reaction in an Abyssinian cat with blood type B. J Vet Intern Med 4(6):315–316.

[11] Weinstein NM, Blais MC, Harris K, Oakley DA, Aronson LR, Giger U (2007). A newly recognized blood group in Domestic Shorthair cats: the Mik red cell antigen. J Vet Intern Med 21:287–292.

[12] Wardrop KJ (2007). New red blood cell antigens in dogs and cats: a welcome discovery. J Vet Intern Med 21:205–206.

[13] Giger U, Bucheler J (1991). Transfusion of type-A and type-B blood to cats. J Am Vet Med Assoc 198(3):411–418.

[14] Bucheler J, Giger U (1990). Transfusion of type A and B blood in cats. J Vet Intern Med 4(2):111.

[15] Giger U, Gorman NT, Hubler M, et al. (1993). Frequencies of feline A and B blood types in Europe. Anim Genet 23(Supp 1):17–18.

[16] Giger U, Griot-Wenk M, Bucheler J, et al. (1991). Geographical variation of feline blood type frequencies in the United States. Fel Pract 19:22–27.

[17] Knottenbelt CM (2002). The feline AB blood group system and its importance in transfusion medicine. J Fel Med Surg 4:69–76.

[18] Auer L, Bell K (1981). The AB blood group system in cats. Anim Blood Groups Biochem Genet 12:287–297.

[19] Griot-Wenk ME, Callan MB, Casal ML, et al. (1996). Blood type AB in the feline AB blood group system. Am J Vet Res 57:1438–1442.

[20] Chiaramonte D (2004). Bloodcomponent therapy: selection, administration and monitoring. Clin Tech Small Anim Pract 19(2):63–67.

[21] Jutkowitz LA (2004). Blood transfusion in the perioperative period. Clin Tech Small Anim Pract 19(2):75–82. 20 Chiaramonte D (2004). Bloodcomponent therapy: selection, administration and monitoring. Clin Tech Small Anim Pract 19(2):63–67.

[22] Weingart C, Giger U, Kohn B (2004). Whole blood transfusions in 91 cats: a clinical evaluation. J Fel Med Surg 6(3):139–148.

[23] Giger U, Gelens CJ, Callan MB, Oakley DA (1995). An acute hemolytic transfusion reaction caused by dog erythrocyte antigen 1.1 compatibility in a previously sensitized dog. J Am Vet Med Assoc 206(9):1358–1362.

[24] Haldane S, Roberts J, Marks SL, Raffe MR (2004). Transfusion medicine. Comp Cont Educ Pract Vet 26(7):502–517.

[25] Waddell LS, Holt DE, Hughes D, Giger U (2001). The effect of storage on ammonia concentration in canine packed red blood cells. J Vet Emerg Crit Care 11(1):23–26.

[26] Sprague WS, Hackett TB, Johnson JS, Swardson-Olver CJ (2003). Hemochromatosis secondary to repeated blood transfusions in a dog. Vet Pathol 40(3):334–337.

第6章

[1] Rose BD (1994). Hyperosmolar states –hypernatremia. In: Clinical Physiology of Acid–Base and Electrolyte Disorders, 4th edn. McGraw-Hill.

[2] Marks SL, Taboada J (1998). Hypernatremia and hypertonic syndromes. Vet Clin North Am Small Anim Pract 29:533–543.

[3] Manning AM (2001). Electrolyte disorders. Vet Clin North Am Small Anim Pract 31(6):1289–1321.

[4] Burkitt JM (2008). Sodium disorders. In: Silverstein DC, Hopper K (eds). Small Animal Critical Care Medicine. Elsevier Saunders, St. Louis, pp. 224–229.

[5] Phillips SL, Polzin DJ (1998). Clinical disorders of potassium homeostasis. Vet Clin North Am Sm Anim Pract 28(3):545–564.

[6] Dow SW, LeCouteur RA, Fettman MJ, Spurgeon TL (1987). Potassium depletion in cats: hypokalemic polymopathy. J AmVet Med Assoc 191(12):1563–1568.

[7] Dhupa N, Proulx J (1998). Hypocalcemia and hypomagnesemia. Vet Clin North Am Small Anim Pract 28(3):587–608.

[8] Martin LG, Matteson VL, Wingfield WE, et al. (1994). Abnormalities of serum magnesium in critically ill dogs: incidence and implications. J Vet Emerg Crit Care 4:15.

[9] Martin LG (1998). Hypercalcemia and hypermagnesemia. Vet Clin North Am Small Anim Pract 28(3):565–585.

第7章

[1] Remillard RL, Darden DE, Michel KE, Marks SL, Buffington CA, Bunnell PR (2001). An investigation of the relationship between caloric intake and outcome in hospitalized dogs. Vet Ther 2(4):301–310.

[2] Lippert AC, Armstrong PJ (1989). Parenteral nutritional support. In: Kirk RW, Bonagura JD (eds). Current Veterinary Therapy X, pp. 25–30.

[3] Lippert AC, Fulton RB, Parr AM (1993). A retrospective study of the use of total parenteral nutrition in dogs and cats. J Vet Intern Med 7:52–64.

[4] Remillard RL (2002). Nutritional support in critical care patients. Vet Clin Small Anim Pract 32:1145–1164.

[5] Reuter JD, Marks SL, Rogers QR, Farver TB (1998). Use of total parenteral nutrition in dogs: 209 cases (1988–1995). J Vet Emerg Crit Care 8:201–213.

[6] Remillard RL, Armstrong PJ, Davenport DJ (2000). Assisted feeding in hospitalized patients: enteral and parenteral nutrition. In: Hand MS, Thatcher CD, Remillard RL, Roudebush P (eds). Small Animal Clinical Nutrition, 4th edn. Mark Morris Institute, Walsworth, Marceline.

[7] Chandler ML, Guilford WG, Payne-James J (2000). Use of peripheral parenteral nutritional support in dogs and cats. J Am Vet Med Assoc 216(5):669–673.

[8] Armstrong PJ, Lippert AC (1988). Selected aspects of enteral and parenteral nutritional support. Semin Vet Med Surg (Small Anim) 3(3):216–226.

[9] Freeman LM, Labato MA, Rush JE, Murtaugh RJ (1995). Nutritional support in pancreatitis: a retrospective study. J Vet Emerg Crit Care 5(1):32–41.

[10] Pyle SC, Marks SL, Kass PH (2004). Evaluation of complications and prognostic factors associated with administration of total parenteral nutrition in cats: 75 cases (1994–2001). J Am Vet Med Assoc 225(2):242–250.

[11] Mauldin GE, Reynolds AJ, Mauldin GN, Kallfelz FA (2001). Nitrogen balance in clinically normal dogs receiving parenteral nutrition solutions. Am J Vet Res 62:912–920.

[12] Walton RS, Wingfield WE, Ogilvie GK, et al. (1996). Energy expenditure in 104 postoperative and traumatically injured dogs with indirect calorimetry. J Vet Emerg Crit Care 6:71–79.

[13] O'Toole E, Miller CW, Wilson BA, Mathews KA, Davis C, Sears W (2004). Comparison of the standard predictive equation for calculation of resting energy expenditure with indirect calorimetry in hospitalized and healthy dogs. J Am Vet Med Assoc 225(1):58–64.

[14] Chan DL, Freeman LM, Rozanski EA, Rush JE (2001). Colloid osmotic pressure of parenteral nutrition components and intravenous fluids. J Vet Emerg Crit Care 11(4):269–273.

[15] Mathews KA (1998). The various types of parenteral fluids and their indications. Vet Clin Small Anim Pract 28(3):483–513.

[16] Lewis LD, Morris ML, Hand MS (1990). Small Animal Clinical Nutrition. Mark Morris Associates, Topeka, pp.5-35–5-41.

[17] Chan DL, Freeman LM, Labato MA, Rush JE (2002). Retrospective evaluation of partial parenteral nutrition in dogs and cats. J Vet Intern Med 16:440–445.

[18] Mohr AJ, Leisewitz AL, Jacobson LS, Steiner JM, Ruaux CG, Williams DA (2003). Effect of early enteral nutrition on intestinal permeability, intestinal protein loss, and outcome in dogs with severe parvoviral enteritis. J Vet Intern Med 17(6):791–798.

第 8 章

[1] Day TK, Bateman S (2006). Shock syndromes. In: DiBartola SP (ed). Fluid, Electrolyte, and Acid–Base Disorders in Small Animal Practice. Saunders-Elsevier, St. Louis, ch 23, pp. 540–564.

[2] Pachtinger GE, Drobatz K (2008). Assessment and treatment of hypovolemic states. Vet Clin North Am Small Anim Pract 38:629–643.

[3] Rudloff E, Kirby R (2008). Fluid resuscitation and the trauma patient. Vet Clin North Am Small Anim Pract 38:645–652.

[4] Rudloff E, Kirby R (2001). Colloid and crystalloid resuscitation. Vet Clin North Am Small Anim Pract 31(6): 1207–1229.

[5] de Papp E, Drobatz KJ, Hughes D (1999). Plasma lactate concentration as a predictor of gastric necrosis and survival among dogs with gastric dilatationvolvulus: 102 cases (1995–1998). J Am Vet Med Assoc 215(1):49–52.

[6] Zacher LA, Berg J, Shaw SP, Kudei RK (2010). Association between outcome and changes in plasma lactate concentration during presurgical treatment in dogs with gastric dilatation-volvulus: 64 cases (2002–2008). J Am Vet Med Assoc 236(8):892–897.

[7] Lagutchik MS, Ogilvie GK, Hackett TB, et al. (1998). Increased lactate concentrations in ill and injured dogs. J Vet Emerg Crit Care 8:117–126.

[8] Boag AK, Hughes D (2005). Assessment and treatment of perfusion abnormalities in the emergency patient. Vet Clin North Am Small Anim Pract 35:319–342.

[9] Moore KE, Murtaugh RJ (2001). Pathophysiologic characteristics of hypovolemic shock. Vet Clin North Am Small Anim Pract 31(6):1115–1128.

[10] Rozanski E, Rondeau M (2002). Choosing fluids in traumatic hypovolemic shock: the role of crystalloids, colloids and hypertonic saline. J Am Anim Hosp Assoc 38(6):499–501.

[11] Mandell DC, King LG (1998). Fluid therapy in shock. Vet Clin North Am Small Anim Pract 28(3):623–645.

[12] Stump DC, Strauss RG, Hennksen RA, et al. (1985). Effect of hydroxyethyl starch on blood coagulation, particularly factor VIII. Transfusion 25:349.

[13] Schertel ER, Schneider DA, Zissimos AG (1985). Cardiopulmonary reflexes induced by osmolality changes in the airways and pulmonary vasculature. Fed Proc 44:835.

[14] Brown AJ, Mandell DC (2009). Cardiogenic shock. In: Silverstein DC, Hopper K (eds). Small Animal Critical Care Medicine. Saunders-Elsevier, St. Louis, ch 35, pp. 146–150.

[15] Mittleman Boller E, Otto CM (2009). Ch 107: Septic shock. In: Silverstein DC, Hopper K (eds). Small Animal Critical Care Medicine. Saunders-Elsevier, St. Louis, ch 107, pp. 459–463.

[16] Brady CA, Otto CM, Van Winkel TJ, King LG (2000). Severe sepsis in cats: 29 cases (1986–1998). J Am Vet Med Assoc 217(40):531–535.

[17] Purvis D, Kirby R (1994). Systemic inflammatory response syndrome: septic shock. Vet Clin North Am Small Anim Pract 24:1225.

[18] Smarick SD, Haskins SC, Aldrich J, et al. (2004). Incidence of catheter-associated urinary tract infections among dogs in a small animal intensive care unit. J Am Vet Med Assoc 224(12):1936–1940.

第 9 章

[1] Mohr AJ, Leisewitz AL, Jacobson LS, Steiner JM, Ruaux CG, Williams DA (2003). Effect of early enteral nutrition on intestinal permeability, intestinal protein loss, and outcome in dogs with severe parvoviral enteritis. J Vet Intern Med 17(6):791–798.

索　引

J

K

L

M